AF750492

L'ÊTRE TECHNOLOGIQUE

Fidèle à sa volonté de maintenir vivant l'ensemble du catalogue et de continuer à rendre accessible à tous la richesse de son contenu, Les marques du groupe L'Harmattan proposent les ouvrages, même s'ils sont épuisés dans leur premier tirage, et les impriment à la demande.
Au vu de l'ancienneté de ce titre, un exemplaire original a été numérisé pour être réimprimé, ce qui pourrait altérer légèrement la qualité de certains passages.

5-7, rue de l'Ecole polytechnique ; 75005 Paris

http://www.librairieharmattan.com
diffusion.harmattan@wanadoo.fr
harmattan1@wanadoo.fr

ISBN : 978-2-296-06004-3
EAN : 9782296060043

Guy Boy et Jean Pinet

L'ÊTRE TECHNOLOGIQUE

Une discussion entre un chercheur et un pilote d'essais

L'Harmattan

Cognition et Formation

Collection dirigée par Georges Lerbet et Jean-Claude Sallaberry

Les situations de formation sont complexes. Elles s'appuient sur des processus cognitifs eux aussi complexes.

Appréhender ces situations et ces processus signifie que les sujets (chercheurs, formateurs, "apprenants"...), leurs milieux et leurs relations sont considérés comme des systèmes autonomes en interactions. Cela conduit à mettre l'accent sur une nouvelle pragmatique éducative développée au fil des volumes de la collection.

Déjà parus

Max PAGÈS, *L'implication dans les sciences humaines. Une clinique de la complexité*, 2006.
Mylène ANQUETIL-CALLAC, *L'accueil de l'expérience,* 2006.
Bernard CLAVERIE, *Cognitique*, 2005.
Franck VIALLE, *La construction paradoxale de l'autonomie en formations alternées*, 2005.
F. MORANDI et J.C. SALLABERRY (Coord.) *Théorisation des pratiques,* 2005.
Jean-Claude SALLABERRY, *Dynamique des représentations et construction des concepts scientifiques*, 2004.
Yvette VAVASSEUR, *Relation pédagogique et médiation de la voix*, 2003.
Martine BEAUVAIS, *« Savoirs-enseignés » - Question(s) de légitimité(s)*, 2003.
Christian GERARD, Jean-Philippe GILLIER (coord.), *Se former par la recherche en atlernance*, 2001.
Pierre PEYRÉ, *Compétences sociales et relations à autrui*, 2000.
André de PERETTI, *Energétique personnelle et sociale*, 1999.
Edgard MORIN et Jean-Louis LE MOIGNE, *L'intelligence de la complexité*, 1999.
Christian GÉRARD, *Au bonheur des maths,* 1999.
Georges LERBET, *L'autonomie masquée. Histoire d'une modélisation,* 1998.
Jean-Claude SALLABERRY, *Groupe, création et alternance*, 1998.
Lev VYGOTSKY, *Théorie des émotions,* 1998.

Sommaire

Préface

Ce livre s'adresse à tous ceux qui s'intéressent à la technologie, et surtout à son évolution et son utilisation. La problématique que nous allons vous faire partager associe plusieurs disciplines de base comme la physique, les mathématiques, la logique, l'informatique, la psychologie, la physiologie, la sociologie et la philosophie. De nouvelles disciplines plus intégrées ont été récemment développées comme l'interaction Homme-machine, les facteurs humains, l'ergonomie et, pour ce qui va être le thème central de ce livre, l'ingénierie cognitive.

Qu'apporte donc l'ingénierie cognitive dans le monde plus large des sciences de l'ingénieur ? Cette nouvelle discipline, née au début des années quatre-vingt, intègre la prise en compte des facteurs humains émergents tout au long du cycle de vie d'un produit, et plus spécifiquement au sein du processus de conception ; nous parlons alors de conception anthropocentrée. L'ingénierie cognitive s'intéresse aux aspects cognitifs de l'utilisation du produit.

Pourquoi la cognition est-elle devenue aussi importante à comprendre et à prendre en compte dans le façonnage et l'utilisation de machines ? Pour répondre à cette question, nous vous proposons une discussion entre un pilote d'essais, à la fois un aviateur et un ingénieur, et un chercheur qui a activement participé au développement de l'ingénierie cognitive depuis ses débuts. Le jeu des questions-réponses offrira au lecteur, nous l'espérons, un cadre à la fois pragmatique et théorique. Après avoir compilé plusieurs enregistrements de nos discussions et les avoir transcrites, nous nous sommes aperçus combien les points de vue et les concepts énoncés et défendus par les deux protagonistes convergent. Nous pensons que ceci est principalement dû à l'expression du sens commun et de l'expérience que cette nouvelle discipline tente de capturer et de formaliser en utilisant certains résultats pertinents des sciences cognitives. La richesse et la complexité du sujet obligent parfois à des répétitions, comme dans toute discussion.

Nous avons travaillé ensemble pendant plusieurs années sur ce sujet dans le domaine aéronautique. De ce fait, beaucoup d'exemples se réfèrent aux avions et à l'espace aérien. Nous avons pris le parti de conserver ces exemples au prix d'une spécialisation. Même si notre domaine de travail est spécifique, nous pensons que l'approche de l'ingénierie cognitive, dont nous discutons dans ce livre, est tout à fait générale et s'applique à l'analyse, la conception et l'évaluation de tout système dont on cherche à améliorer l'utilisation par rapport à des critères de sécurité, de performance et de confort.

Notre discussion a commencé en 2003 et a duré deux ans. Nous avons mis du temps à éditer ce livre pour diverses raisons. On nous a dit que ce livre était inclassable, tout simplement parce qu'il est à l'intersection de plusieurs disciplines ou thèmes habituels. L'ingénierie cognitive a émergé de l'apport de plusieurs disciplines de base, déjà citées, et du domaine d'application concerné.

Nous avons essayé de débattre et de mettre à plat certains concepts qui nous ont paru importants à la fois du point de vue opérationnel et du point de vue de la conception. L'approche anthropocentrée met en présence utilisateurs et concepteurs. Nous avons tenté de faire émerger les éléments constitutifs de ce type d'approche dans nos réflexions et échanges.

Guy Boy et Jean Pinet, Toulouse, Juillet 2007.

Chapitre 1

De quoi parle-t-on et à qui ?

PAS SEULEMENT AUX TECHNICIENS…

Guy Boy. Quand tu parles de technicien, tu t'adresses à ce qu'il est convenu d'appeler en France un ingénieur. Etends-tu le qualificatif de « technicien » à d'autres professions ?

Jean Pinet. Nous voici confrontés à ce problème de vocabulaire, primordial dans le monde des chercheurs. J'utilise le mot technicien pour désigner tous ceux qui, de près ou de loin, pratiquent la technique. Il s'agit donc pour moi évidemment des ingénieurs mais aussi des opérateurs, des pilotes en particulier et plus généralement de tous ceux qui ont une culture de base technique sérieuse.

G.B. Tu es bien placé pour parler de cette profession de pilote, et l'ingénierie cognitive[1], dont nous allons parler dans ce livre, sera fortement illustrée par des exemples venant de l'aéronautique. Cependant, je te propose que nous discutions de cette discipline dans la perspective d'une mise en pratique plus générale. L'être humain a toujours construit et/ou utilisé des outils pour augmenter ses capacités. Finalement, tout le monde est un peu technicien, constructeur et utilisateur d'objets divers et variés. Notre discussion devrait être utile à tous ceux qui désirent apprendre ce qu'utiliser une machine veut dire afin de mieux la (re)-construire pour une meilleure utilisation.

J.P. Certainement. Dans ce qui suit, on verra vite pourquoi l'aéronautique est prise comme support à notre réflexion. Cependant n'étant pas uniquement pilote dans la vie courante, mais aussi conducteur de voiture et utilisateur de machines très diverses, y compris des appareils domestiques,

---

[1] Nous définirons l'ingénierie cognitive comme la discipline qui étudie la cognition dans le travail et plus particulièrement qui s'intéresse aux aspects cognitifs dans la conception de systèmes complexes impliquant souvent un traitement accru de l'information. Pour plus de détails, se référer au livre « Ingénierie Cognitive : IHM et Cognition » paru chez Hermes-Sciences (Lavoisier, Paris) en 2003, et édité par l'un d'entre nous.

j'ai pu constater de nombreuses analogies dans l'utilisation de toutes ces machines. Il ne doit donc pas être trop difficile d'extrapoler les observations faites en aéronautique à la conduite automobile, aux transports en général, au nucléaire et même aux appareils familiers de notre vie de tous les jours, par exemple.

G.B. Nous devons faire une distinction entre les domaines nécessitant une forte expertise et ceux qui sont destinés au « grand public ». Dans les domaines du nucléaire, de l'aéronautique ou encore du maritime industriel, les utilisateurs doivent apprendre leurs métiers pendant de longues périodes de temps. À l'opposé, il est inconcevable de demander une telle formation à tous les usagers qui doivent réserver un billet de train à la gare, ou retirer de l'argent à un distributeur dans la rue. Nous n'aurons donc pas les mêmes approches en conception selon que nous sommes dans le cas de systèmes et de tâches demandant une forte expertise et ceux qui n'en demandent pas et ne doivent pas en demander. C'est la complexité[2] des tâches, des êtres humains impliqués, de l'environnement et des systèmes artificiels de plus en plus cognitifs, qui fait la différence.

J.P. Les niveaux d'expertise et les situations sont différents, mais il s'agit toujours du même cerveau humain avec les mêmes fonctions neurologiques gérant notre vie courante. Donc, si l'on traite les problèmes les plus difficiles, à mon avis ceux qu'on trouve en aéronautique, dans le nucléaire ou les transports en général, il devrait être relativement aisé de transposer les méthodes d'analyse, peut-être les résultats, aux domaines grand public.

G.B. Il est vrai qu'un pilote d'essais se confond à tous les autres passants dans la rue lorsqu'il va chercher de l'argent au distributeur bancaire automatique. Mais son degré de spécialisation est-il réellement le même que les autres passants ? Je n'en suis pas certain. Le pilote d'essais développe ce qu'il est convenu d'appeler dans le jargon des « *patterns* »

---

[2] La complexité est un concept dont nous allons beaucoup parler. Nous ne pouvons pas analyser des problèmes complexes comme s'ils se posaient isolément en dehors de tout contexte. L'analyse de la complexité cognitive de l'interaction homme-machine ne peut pas être effectuée d'un seul point de vue, elle est fondamentalement multidisciplinaire. En ce sens, un chantier est ouvert en ingénierie cognitive qui, elle-même, prend ses racines dans la multidisciplinarité des sciences cognitives.

par un apprentissage long. Ces « *patterns*[3] » lui permettent de gagner du temps, de comprendre plus vite ce qui se passe et ce qu'il faut faire. Ils sont souvent qualifiés de modèles opérationnels intégrés, d'automatismes ou d'habilités. Ils permettent d'aller droit au but ! Mais l'expertise a des limites, celles de l'espace pratique dans lequel elle a été développée. Lorsqu'un expert se trouve face à une situation qu'il ne connaît pas à l'avance, il peut se retrouver dans le cas du piéton quelconque qui va au distributeur pour la première fois. Mais, comme je l'ai déjà évoqué, le degré de complexité du système à manipuler est très souvent le facteur limitatif : l'informatique a permis de construire des systèmes que nous qualifions aujourd'hui de cognitifs, dont la complexité intrinsèque est de plus en plus grande. Un système cognitif est défini par les connaissances qu'il inclut et utilise. Ces connaissances peuvent être traitées en temps réel ou compilées donnant lieu à des processus de stimulus-réponse. La somme des connaissances accumulées dans de tels systèmes engendre une grande complexité. J'aimerais que nous parlions des questions relatives à ce type de complexité...

LA COMPLEXITE, SOURCE DE MOTIVATION

J.P. C'est vrai. Si les « mécanismes cognitifs » de base sont identiques pour utiliser une machine à laver ou un avion, les degrés de complexité sont très différents et par conséquent les niveaux d'expertise demandés le sont aussi. En fait, les mécanismes de perception, de raisonnement et d'action étant les mêmes, cette augmentation de la complexité nous a obligés à mettre en place les méthodes nécessaires qui font partie de l'ingénierie cognitive aujourd'hui. Ces méthodes devraient être partagées au sein de la communauté des techniciens – j'entends ici tous les concepteurs et utilisateurs de machines ou objets construits par l'Homme – afin qu'ils utilisent les mêmes principes d'étude, de conception et d'utilisation.

G.B. Pouvons-nous parler d'un être technologique ?

---

[3] Le terme « pattern » est un anglicisme qui dénote une routine « générique » apprise par un entraînement plus ou moins long. On peut assimiler une telle routine à un programme informatique utile pour résoudre plus facilement un problème donné.

J.P. Certainement ! Et cet être technologique a appris à s'adapter à une complexité technologique de plus en plus grande.

G.B. Cette complexité n'a pas cessé de grandir avec le développement technologique, surtout en automatisant et en informatisant. C'est un paradoxe puisque les ingénieurs ont souvent cherché à automatiser et informatiser pour diminuer la complexité d'usage, dans la conduite automobile par exemple. Nous avons cherché à rendre plus faciles certaines tâches et à diminuer la charge de travail. Il en résulte l'émergence de nouveaux types de problèmes, d'une autre nature. Si l'ingénierie cognitive a récemment pris beaucoup d'ampleur, c'est parce que l'ordinateur, qui a fait son apparition lors de la deuxième moitié du vingtième siècle, est aujourd'hui devenu presque incontournable. L'ordinateur a généré de nouveaux types de complexité que nous ne connaissions pas auparavant.

J.P. Pour renforcer ce que tu dis, je ferais la comparaison des tâches exécutées dans un cockpit d'avion que j'ai connu, il y a quarante ans, celui de Caravelle, et de celles qui sont exécutées aujourd'hui dans un cockpit d'A340 ou A380. Le constat est frappant, peut-être paradoxal. Dans les phases délicates de vol, décollage, approche et atterrissage, le taux d'occupation des équipages est le même en dépit des améliorations et des simplifications d'usage vis-à-vis du confort et de la sécurité. Les tâches élémentaires ont changé de nature. De plus, lorsque par exemple je suis devant un distributeur de billets un peu particulier, j'ai des problèmes d'adaptation de même nature que lorsque je me suis trouvé dans un nouveau cockpit.

G.B. Effectivement, cela m'est aussi arrivé, et je peux raconter une petite anecdote à ce sujet. Il y a longtemps devant un distributeur de billets, ma fille était encore très jeune, je lui ai permis de taper le code et, après une manipulation que je n'ai pas comprise, la machine ne nous a pas restitué la carte bancaire. Alors, après réflexion, je me suis dit que mon comportement avait été totalement inconscient. Il y avait une possibilité de mauvaise manipulation, elle s'est réalisée... C'est un exemple banal. Il est cependant important de remarquer que si l'acte de retirer de l'argent est relativement simple, l'interaction avec l'outil peut être complexe lorsqu'on n'en comprend pas complètement la logique d'utilisation. Dans ce cas, c'est moi qui ai délibérément augmenté la complexité de l'interaction avec le distributeur en interposant ma fille qui n'était pas en âge de comprendre ce qui se passait. D'une manière générale, il est important de faire une distinction entre tâche et interaction. Certains systèmes sont difficiles à utiliser parce que l'interaction avec l'usager est complexe, par exemple la manipulation de boutons ou de commandes obligeant à une réflexion inhabituelle. La complexité de l'interaction est souvent due à un manque de maturité de l'usager ou du système. Nous reviendrons plus loin sur cette question cruciale de la maturité à la fois des pratiques et de la technologie.

FACTEURS HUMAINS ET HUMANISME

J.P. La raison pour laquelle nous faisons ce livre réside dans la prise de conscience de l'importance des facteurs humains en ergonomie, et leur prise en compte pour offrir une interaction Homme-machine plus naturelle. Qu'en penses-tu ?

G.B. Le siècle dernier fut une période de développement technologique incomparable dans l'histoire de l'humanité. Ce développement fut extrêmement concentré. Beaucoup de technologies furent (et sont toujours) développées pour diverses raisons : économiques..., ou même « d'humanisme pragmatique » parce qu'on voulait simplifier les tâches de chacun. Cependant, en développant ces technologies, on n'a pas vraiment tenu compte de comment elles allaient être utilisées. Bien sûr, il y a certains secteurs industriels qui font exception et je pense que l'aéronautique en est un. En effet, depuis ses débuts, l'aéronautique a inclus les pilotes dans le processus de conception. L'intervention des pilotes dans la conception et la construction des avions s'est progressivement spécialisée et le métier de pilote d'essais est né et s'est établi pour rester. Les problèmes sont apparus petit à petit avec la banalisation des outils complexes. C'est l'histoire de la grenouille que l'on jette dans de l'eau bouillante, sa réaction instantanée est de ressortir le plus vite possible, si elle en a les moyens bien sûr ! En revanche, si la grenouille est placée dans de l'eau froide et que l'on augmente progressivement la température, la malheureuse ne va pas s'apercevoir qu'elle est en train de cuire jusqu'au moment où il sera trop tard. Ne sommes-nous pas dans ce schéma concernant l'augmentation de la complexité technologique ? Comme nous l'avons déjà dit, ce n'est pas parce qu'on automatise que la complexité d'utilisation de la technologie diminue. Il faut apprendre de nouvelles tâches. Souvent, même si on a diminué la complexité de certaines tâches, on en a créé dont la complexité dépasse celle des tâches antérieures. L'un des buts de l'ingénierie cognitive est précisément de tenter de comprendre ces mécanismes d'utilisation de façon à les réinjecter au niveau de la conception. L'ingénierie cognitive formalise souvent des pratiques de conception et de développement déjà connues par certains, mais qui ne sont pas systématiquement appliquées. Au-delà de la formalisation de l'expertise et de l'expérience, l'ingénierie cognitive se développe comme un domaine scientifique et technique à part entière au service des ingénieurs. Elle spécifie la conception d'une technologie centrée sur l'Homme... *anthropocentrée*. C'est une nouvelle culture.

J.P. Quelle est cette nouvelle culture ?

G.B. Il s'agit de la culture des ingénieurs que nous devons encore faire évoluer. Cette évolution est en cours. L'intégration de l'ingénierie cognitive dans le monde des sciences de l'ingénieur est devenue récemment une réalité. Après plusieurs années de gestation, une nouvelle école d'ingénieurs a ouvert ses portes à une première promotion le 4 octobre 2004. J'ai eu l'honneur d'y donner le premier cours. C'est l'Institut de Cognitique[4] de Bordeaux (IdC). Son objectif est de former des gens qui soient capables de prendre en compte à la fois des facteurs techniques et des facteurs humains. Jusqu'à maintenant, nous avons progressivement contribué à la formation de certains spécialistes de très haut niveau : des gourous ! Il faut maintenant former des gens qui vont faire, et non plus dire ce qu'il faut faire ! Il faut aussi dépasser les antagonismes entre garants de la technique et les garants des facteurs humains dans leurs tâches quotidiennes. Le jour où les ingénieurs n'auront plus besoin des spécialistes de facteurs humains, la conception anthropocentrée sera réellement établie. Ils tiendront compte des possibilités et des limitations des utilisateurs de la technologie qu'ils conçoivent et développent. Pour cela, il faut continuer à développer l'ingénierie cognitive, ainsi que les méthodes et les outils qui lui servent de support.

---

[4] Dans ce contexte, le terme « cognitique » désigne l'étude cognitive de l'interaction homme-machine, notamment lorsque la machine est fortement informatisée. Le substantif « cognitique », cognition et informatique, est à rapprocher du terme « ingénierie cognitive ». Il en est très souvent le synonyme.

J.P. En résumé, je pense que nous sommes tous deux d'accord sur cette idée que l'ingénierie cognitive deviendra, petit à petit, quasi-nécessaire dans l'éducation des techniciens et sera intégrée dans l'enseignement au même titre que la mécanique rationnelle, l'électricité ou tout autre matière du même genre.

GENESE DE L'INGENIERE COGNITIVE

J.P. Jusqu'à présent ces thèmes de la cognition étaient le domaine privé des chercheurs. L'usage même du mot « cognition » était pratiquement inexistant dans le milieu des ingénieurs. Aujourd'hui, ils se l'approprient. Comment cela est-il arrivé ? Plus précisément quelles sont les différences entre les conceptions de l'ingénieur et du chercheur, et quelles approches ont-ils chacun de l'ingénierie cognitive naissante ?

G.B. Je suis ingénieur de formation, devenu chercheur en ingénierie cognitive. Il m'a pour cela fallu passer par un certain nombre d'apprentissages différents, dont celui des sciences cognitives. J'ai eu la chance de me former en sciences cognitives au moment où l'ingénierie cognitive naissait. Cela m'a demandé beaucoup de travail. Il m'a fallu aller piocher dans beaucoup de domaines pour construire des connaissances solides sur cette discipline émergente, et finalement participer à son développement. Une discipline ne se construit pas par décret, elle se construit au fur et mesure par nécessité. Il existait de fortes pressions pour construire des systèmes plus sûrs, plus humains, plus confortables... Nous avons souvent, malheureusement, « profité » de certains accidents difficiles à expliquer pour développer les outils conceptuels nécessaires à leur rationalisation et leur compréhension, en particulier des accidents aériens où l'équipage subissait les évènements sans pouvoir les maîtriser. L'ingénierie cognitive est née progressivement depuis le début des années quatre-vingt. La terminologie « ingénierie cognitive » a été inventée et définie à l'époque par un chercheur américain : Donald Norman[5]. Il n'était pas le seul à travailler sur le sujet ; en Europe, l'école de

[5] Norman a introduit le concept de « *cognitive engineering* » en 1982 et l'a définitivement établi dans un livre de référence publié en 1986. Pour plus de détails, se référer au chapitre : Norman, D.A. (1986). Cognitive Engineering. In D. Norman & S. Draper (Eds.), *User-Centered System Design*. (pp. 31-61). Hillsdale, NJ: Lawrence Erlbaum Associate.

Jens Rasmussen, notamment avec Erik Hollnagel, a donné son empreinte en parlant plutôt « d'ingénierie des systèmes cognitifs ». L'ingénierie cognitive, discipline naissante, a intéressé tous ceux qui ont tenté de rationaliser l'intégration de l'informatique dans notre vie. Les aspects cognitifs ont pris beaucoup d'ampleur et d'importance dans nos sociétés actuelles parce qu'ils sont de moins en moins liés aux aspects physiques.

INGENIEUR ET CHERCHEUR

J.P. Je voudrais revenir sur les différences entre ingénieur et chercheur. Tu m'as dit un jour que l'ingénieur cherche et trouve des solutions en fonction des objectifs qui lui sont donnés. Concrètement et schématiquement, il explore les résultats des recherches pour s'en servir alors que le chercheur, le scientifique, explore ces résultats pour avancer dans ses recherches tout en évitant de faire les mêmes choses, pour faire autre chose. Il y a donc un réel déphasage entre les deux. Autre élément important : l'ingénieur est obligé de trouver alors que le chercheur n'en a pas d'obligation formelle. Autre différence : dans une entreprise, l'ingénieur agit collectivement et, sauf lorsqu'il s'agit d'un brevet spécifique original, son nom est très rarement accolé à un résultat. Au contraire, l'ambition du chercheur est de briller dans le domaine de la recherche pour que son nom soit bien connu de tous. Dans ton domaine de la recherche, tu parles de disciplines s'étant construites par nécessité et par usage. Mais on observe, peut-être aussi par nécessité, que dès qu'elles ont débuté leur construction, elles débutent aussi un processus de sclérose, par exemple pour l'ergonomie, la psychologie, la sociologie... Ces matières élaborent automatiquement des cloisons pour se protéger de tout mélange. En ce sens, la pratique du chercheur est en quelque sorte l'antithèse de la pratique de l'ingénieur.

G.B. Voilà beaucoup de questions. Le métier d'ingénieur et celui de chercheur en ingénierie cognitive sont effectivement différents bien qu'ils se rejoignent très souvent étant donné le caractère appliqué qu'ils partagent. Comme nous l'avons déjà dit, l'ingénieur cherche des solutions immédiates pour concevoir et construire des systèmes, tandis que le chercheur conçoit et construit des théories, des méthodes, des modèles... La différence est donc dans la globalité du produit : le chercheur va s'intéresser à quelque chose qui va être le plus universel possible. Tout ce qui a déjà été fait dans le passé est considéré comme acquis et n'est intéressant que comme référence le cas échéant. Le chercheur va tenter d'étendre des résultats antérieurs ou de mettre au point des nouveaux modèles conceptuels ou technologiques. Tu parlais aussi de travail en groupe et de travail individuel. Les ingénieurs vont plus naturellement travailler en groupe (pour construire un avion par exemple). Le chercheur, dont l'outil principal est sa tête, son cerveau, mène sa pensée de façon continue pendant plusieurs années et par conséquent la nature de son travail est plus individuelle. Cependant, le bon chercheur échange certainement plus que l'ingénieur au niveau local, national et international : il n'y a pas de frontières au niveau des concepts à développer. Le chercheur « cherche à toutes les ouvrir ». Cet aspect lui est souvent très bénéfique car il faut qu'il se confronte à d'autres personnes pour savoir s'il a raison : il est difficile de juger un travail de recherche quand on n'est pas dans la partie. Les travaux de recherche sont toujours évalués par les pairs du domaine. Mais ce type d'approche propre à la recherche a ses limites bien sûr, car ces « pairs » font partie du « *mainstream*[6] » et il arrive que certains en sortent pour faire une révolution et découvrir quelque chose de complètement nouveau. Ceux-là ont parfois des problèmes : ce fut par exemple le cas d'Einstein. « L'excommunication » ne dure que peu de temps lorsque leur théorie ou approche est démontrée. La communauté est obligée d'admettre qu'ils ont raison, et donc de les reconnaître. Pendant quelque temps, il arrive que certains chercheurs doivent rentrer dans leur coquille et défendre leurs idées. De ce fait, il s'agit effectivement d'un combat individuel. Donc, échange dans le *mainstream* et combat individuel pour défendre un certain nombre de points de vue parce que la recherche n'est en aucun cas du prosélytisme : il faut que les produits de recherche soient approuvés par le plus grand nombre et quand, dans certains cas au niveau planétaire, il s'agit d'une théorie que tout le monde peut utiliser comme référence. Un autre aspect important concerne la multidisciplinarité de l'ingénierie cognitive. Pendant très longtemps, les disciplines ont été très cloisonnées. Elles le sont toujours d'ailleurs : il n'y a pas de pont, au niveau professionnel, entre les mathématiques et la littérature par exemple. Cela dit, il y a eu des avancées assez formidables dans l'histoire de l'humanité où la multidisciplinarité de certains chercheurs a joué un rôle significatif. Aujourd'hui, nous faisons face à ce problème : devant le cloisonnement de disciplines qui s'ignorent ou même, dans certains cas, se méprisent (!), l'ingénierie cognitive tente d'assembler un certain nombre de

[6] Courant de pensée.

composantes et de mettre en place la conception anthropocentrée. Ces composantes sont à des niveaux de développement différents et c'est là qu'est le problème. En effet, chaque fois que l'on regroupe beaucoup de disciplines ensemble, on freine l'approfondissement de chacune. Par exemple, un sprinter qui court le « cent mètres » avec des performances extraordinaires ne peut être comparé à un athlète du décathlon qui court le cent mètres aussi mais qui, en même temps, accomplit plusieurs autres disciplines de l'athlétisme...

J.P. L'ingénierie cognitive est donc une discipline de l'ingénieur, athlète de décathlon technique !

G.B. Oui, justement, « l'ingénieur cogniticien », praticien de l'ingénierie cognitive, l'est aussi dans ce cas, ou du moins il devrait l'être.

GENIE ET INGENIERIE

J.P. On revient ici à l'objectif de ce livre puisqu'il s'agit de donner de la substance aux techniciens pour qu'ils pratiquent au mieux leurs disciplines en y intégrant les questions humaines. Tu as déjà évoqué les origines de l'ingénierie cognitive et je vais être prudent dans l'usage du vocabulaire sachant la propension des chercheurs, des scientifiques, à s'approprier des mots, des termes qu'ils verrouillent sur un sens leur étant propre, et ceux qui essaient d'y toucher reçoivent une volée de bois vert ! Me référant au dictionnaire, je reviens sur une discussion que nous avons eue concernant le titre à donner à ce livre : faut-il parler de génie ou d'ingénierie ? Un génie est l'ensemble des connaissances et des techniques concernant la conception, la mise en œuvre et les applications de procédés, de dispositifs... propres à un domaine déterminé, le génie civil par exemple en matière de construction, ce qui s'applique à l'ingénieur. En revanche, l'ingénierie ajoute l'idée de synthèse car elle considère une œuvre sous tous ses aspects. Cette synthèse oblige à la coordination des travaux de plusieurs équipes de spécialistes, ce qui pour nous est une nécessité. Donc nous sommes à la fois dans le génie et dans l'ingénierie. Qu'en penses-tu ?

G.B. Effectivement, il y a le génie civil, le génie mécanique...

J.P. Le génie logiciel...

G.B. ... Le génie logiciel... Il est vrai que les chercheurs ont tendance à définir de nouveaux termes. Dans certains cas, la communauté correspondante s'approprie certains de ces termes. Dans le cas qui nous intéresse, la terminologie anglo-saxonne[7] est « *cognitive engineering* ». « *Engineering* », c'est « génie » en français. Nous devrions donc parler de « génie cognitif ». Or cette terminologie, mise en place au milieu des années quatre-vingt en intelligence artificielle, avait une connotation de construction de machines intelligentes. Pour ne pas tout mélanger, je préfère en effet utiliser la terminologie « ingénierie cognitive » pour désigner le « *cognitive engineering* » parce qu'elle englobe à la fois, l'interaction Homme-machine et l'intelligence artificielle, comme une composante indispensable, mais aussi et surtout les facteurs humains correspondants.

J.P. Ce qui satisferait d'ailleurs les ingénieurs...

OU SE TROUVE L'ESSENTIEL ?

G.B. Voilà, tout à fait. Je n'ai pas trop d'état d'âme sur la terminologie à condition qu'on se mette d'accord et qu'il y ait un consensus communautaire sur la question. En fait, le plus important est de définir cette discipline. Il fallait lui trouver un nom, mais aussi il fallait savoir quelles en sont les composantes et comment elles s'articulent entre elles. C'est par ailleurs la question que nous nous posons aujourd'hui lorsque nous enseignons cette discipline aux ingénieurs. L'ingénierie cognitive a trois composantes principales : la première est évidemment constituée des « sciences de l'ingénieur » aujourd'hui devenues classiques ; la deuxième est « l'informatique », y compris l'interaction humain-ordinateur, que beaucoup incluraient dans les sciences de l'ingénieur, en ce qui me concerne, je tiens à les séparer ; et la troisième est constituée des « sciences de la vie » et des « sciences sociales ». Il ne faut cependant pas découper en tiers mais faire un pourcentage, un dosage comme pour faire un bon gâteau... ce

[7] L'ingénierie cognitive s'est développée au niveau international et la terminologie qui la caractérise est le plus souvent en langue anglaise. De ce fait, nous donnerons souvent dans ce livre les mots principaux du domaine en anglais.

qui vient avec l'expérience, au bout de plusieurs essais. Nous sommes en train de tester le dosage avec toutes les contraintes que cela pose.

J.P. Nous ne devons pas trop nous focaliser sur des questions de vocabulaire. Nous devons rester pragmatiques au risque de subir les foudres des puristes. L'essentiel est de fournir aux techniciens, concepteurs et utilisateurs, ce dont ils ont besoin pour concevoir au mieux les machines et les systèmes, et pour les utiliser au mieux. Il faut définir quelques théories, préciser comment les utiliser et donner des méthodes utilisables par tous. Comme un ingénieur est éduqué en priorité autour des sciences « dures », il faut aussi essayer de quantifier et de mesurer, ce qui n'est certainement pas aisé avec des sciences dites « molles ».

G.B. Je voudrais revenir sur l'association entre méthode et théorie. D'un côté, l'ergonomie a pendant longtemps développé des méthodes pour observer et analyser le travail humain : il est donc important dans une formation d'ingénieur que ces méthodes soient enseignées. D'un autre côté, il est aussi important et surtout fondamental que les grandes théories des sciences cognitives soient enseignées pour servir de bases aux prochaines générations qui vont développer le processus que nous amorçons aujourd'hui. En d'autres termes, nous devons enseigner des fondements théoriques solides aux futurs ingénieurs des systèmes cognitifs.

J.P. Qu'est-ce qu'un système cognitif ?

G.B. Un système cognitif est un système qui inclut les connaissances nécessaires et suffisantes pour agir de façon appropriée dans un environnement spatio-temporel donné. Les systèmes automatisés que nous connaissons aujourd'hui sont des systèmes cognitifs. L'amélioration de l'ergonomie de ces systèmes a demandé de développer de nouvelles méthodes et techniques qui, elles-mêmes, ont contribué à l'émergence de l'ingénierie cognitive.

PRAGMATISME – SYNTHESE - DYNAMIQUE

J.P. Tu évoques l'ergonomie. Cette matière a fait un progrès considérable en aéronautique en évoluant de façon pragmatique grâce à l'observation et au bon sens. Mais jusqu'à récemment, il ne s'agissait que d'ergonomie physiologique alors que désormais on s'intéresse de plus en plus à l'ergonomie cognitive, l'un des objets de ce livre. Le bon sens ici évoqué ne sera pas oublié pour ne pas rester dans des domaines théoriques ésotériques dont on ne perçoit pas la concrétisation. Qu'en penses-tu ?

G.B. Je suis d'accord avec ce que tu viens de dire, bien que parler de « bon sens » pour l'ergonomie et de « domaines théoriques ésotériques » est très caricatural. Mais je voudrais revenir à l'ergonomie physiologique et cognitive. Comme nous l'avons déjà évoqué, l'ingénierie cognitive est par définition multidisciplinaire. Nous ne pouvons pas attribuer uniquement l'ingénierie cognitive au travail de certains psychologues ou sociologues ou physiologistes ou ingénieurs… C'est un ensemble cohérent qui en fait une véritable discipline. La prise en compte des facteurs humains dans la conception et le développement de systèmes engendre nécessairement une approche participative. Évidemment, avoir une bonne idée est la base de toute bonne conception : être visionnaire n'est pas l'apanage de tout le monde, mais il faut aussi pouvoir soutenir et surtout concrétiser une excellente idée. Dans une approche plus humaniste de la technologie, il faudrait s'attaquer à la racine même de la construction de l'idée. En d'autres termes, on va bien sûr construire un artefact[8], mais à quoi va-t-il bien servir ? Il faut itérativement le tester avec d'autres personnes, des utilisateurs potentiels, constituer une équipe de conception anthropocentrée… Maintenant, pour réintégrer une idée qui nous est chère, je pense que le bon sens naît de la participation : c'est à force de confrontation à la réalité, qu'elle soit physique ou dans l'interaction intellectuelle et émotionnelle avec d'autres personnes. Pour moi, l'ingénierie cognitive est ancrée dans cette notion de conception participative. Au cours du vingtième siècle, on a beaucoup privilégié l'approche théorique pour ensuite l'appliquer. Nous avions en tête que c'était la théorie qui donnait naissance aux applications. Intéressant, mais dangereux ! Tout le monde n'est pas Albert Einstein. Toute théorie a constamment besoin d'être vérifiée dans le monde réel. Aujourd'hui, il semblerait que c'est l'industrie et la technologie qui mènent la danse ! La science arrive difficilement à assurer son rôle de rationalisation. Il y a bien sûr encore ce grain de folie de l'inventeur qui vient gêner le

[8] Le terme « artefact » est utilisé dans nos discussions pour désigner tout ce qui est construit par l'Homme. Il se distingue des entités naturelles, c'est une entité artificielle.

développement industriel (Linux par exemple) pour ensuite être absorbé, digéré et à son tour industrialisé. Il faut toujours trouver un compromis entre la continuité et l'innovation d'une part, et entre le sens commun et la formalisation d'autre part. Il me semble que nous avons plongé le monde actuel dans une continuité très contingentée dans le formel, alors que je préfèrerais que les gens soient à la fois plus innovants et aient plus du bon sens.

J.P. En matière de cognition, nous avons aujourd'hui suffisamment d'éléments pour en faire une synthèse utilisable, même si certains domaines sont incomplets et nécessitent encore beaucoup de recherche. Il y a matière à présenter aux ingénieurs des choses concrètes pour qu'ils commencent à intégrer l'ingénierie cognitive dans leur travail quotidien. Il faut aussi donner des méthodes pratiques aux ingénieurs pour qu'ils puissent faire utilement cette intégration. J'y reviendrai plus loin, mais il ne faut surtout pas oublier les aspects dynamiques et le temps dans cette intégration.

G.B. Tu parles du support conceptuel et méthodologique pour faire de l'ingénierie cognitive, c'est-à-dire donner des outils aux ingénieurs pour qu'ils puissent faire des mesures mais aussi comprendre ce qu'ils sont en train de concevoir et de réaliser. Ces outils peuvent être des outils physiques (comme l'*électro-oculométrie*[9]) ou conceptuels (comme le formalisme des fonctions cognitives). Faut-il rappeler que nous sommes encore au début du développement de l'ingénierie cognitive, même si cette première étape aura occupé une grande période de mon existence. Nous construisons des outils pour permettre aux ingénieurs de rationaliser ce qu'ils sont en train de faire et, de ce fait, mieux les guider dans leurs travaux. La prise en compte de l'être humain dans la conception peut se faire de deux façons : soit en utilisant le support des modèles prédictifs ou explicatifs, soit en travaillant avec les utilisateurs cibles eux-mêmes (en confrontant le concept, le prototype ou le produit à des utilisateurs potentiels bien choisis). C'est par cette approche

---

[9] L'électro-oculométrie est une technique utilisée depuis plus de deux décennies pour identifier les points de fixation du regard d'un individu. Elle est rendue possible par un outillage constitué d'une caméra filmant la scène que regarde l'individu et d'un dispositif de réflexion de la pupille de l'oeil sur le film. Cette technique a beaucoup évolué depuis vingt ans pour permettre aujourd'hui des mesures fiables. Nous la qualifierons par la suite d'oculométrie.

croisée de modélisation et de conception participative que nous progressons. Les deux sont nécessaires et complémentaires.

J.P. Qu'entends-tu par « modèles » ?

G.B. Modéliser c'est capturer les paramètres et variables saillants ainsi que leurs principales relations de phénomènes du monde réel que l'on veut expliquer, prescrire ou prédire. Toutes les disciplines développent leurs modèles : la physique, la médecine, la psychologie… pour n'en citer que quelques-unes. Une grande partie de mon métier consiste à développer des modèles. J'ai commencé par développer un modèle de la fonction respiratoire dans ma thèse de doctorat. Ensuite, jeune chercheur à l'ONERA au début des années quatre-vingt, j'ai développé un modèle « multi-agents » d'un équipage interagissant avec un avion de transport et le contrôle aérien. Ce modèle nous avait permis de mettre en évidence certains comportements et des critères d'évaluation pour la certification de nouveaux cockpits, notamment pour justifier le passage du pilotage à trois au pilotage à deux membres d'équipage. D'une manière générale, les modèles de ce type permettent d'étudier et de mieux comprendre des comportements et des processus utiles au développement de nouvelles technologies. Le modèle de Rasmussen[10] est un excellent exemple de modèle explicatif du comportement humain. Il consiste à hiérarchiser le comportement d'un opérateur humain en trois niveaux : le niveau des habiletés (*skill-based behavior*), celui des procédures (*rule-based behavior*) et celui des connaissances (*knowledge-based behavior*). Le premier niveau de comportement modélise les processus sub-conscients de stimulus-réponse ou de perception-action. Il est fortement compilé par l'entraînement. Le deuxième niveau modélise l'inférence consciente de formes situationnelles perçues en tâches à accomplir. Il est mis à contribution lorsque le premier niveau est défaillant. Le troisième niveau modélise la construction de solutions lorsque les deux autres niveaux ne peuvent en donner. Il est basé sur l'identification de la situation, c'est-à-dire qu'il tente de donner du sens à ce qui se passe, de prendre une décision et de planifier des tâches à accomplir pour mettre en œuvre ces solutions.

[10] Rasmussen, J. (1986). *Information Processing and Human-Machine Interaction - An Approach to Cognitive Engineering*. North Holland Series in System Science and Engineering, A.P. Sage, Ed.

J.P. Il est clair que le modèle de Rasmussen est aujourd'hui incontournable en ingénierie cognitive. Cependant, ce modèle est limité en aéronautique dans la mesure où il ne prend pas en compte le temps... Un avion est un ensemble « dynamique » évoluant avec l'écoulement du temps. Il faut donc intégrer le facteur « temps » et prendre en compte le comportement temporel opérationnel humain. Or la plupart des modèles cognitifs actuels sont descriptifs, « cinématiques », n'intégrant pas explicitement le facteur clé « temps » dans le fonctionnement des systèmes Homme(s)-machine(s).

G.B. Je sais que le temps est l'une de tes préoccupations principales dans l'approche cognitive. Je me souviens qu'au début de ma carrière de chercheur, j'adaptais, construisais et utilisais des modèles basés sur les théories de l'automatique...

J.P. Des fonctions de transfert...

G.B. ... On utilisait même des filtres de Kalman[11] dont on essayait d'identifier des paramètres, ce qui est plus compliqué. On considérait le pilote comme une fonction mathématique qui variait dans le temps avec un nombre réduit de variables d'état (constituant un vecteur d'état), des observables et des commandes. Nous utilisions des équations différentielles et nous faisions une intégration à chaque pas pour comprendre un peu mieux comment le pilote fonctionnait. Ces modèles étaient très limités parce qu'ils ne prenaient en compte qu'un nombre très faible de variables, typiquement trois ou quatre. À l'époque, les ordinateurs n'étaient pas assez puissants et nous faisions littéralement « exploser » les machines. Ce n'était pas simple de faire de la simulation. Pourtant nous arrivions à faire atterrir un avion simulé avec ces modèles-là en faisant varier certains paramètres et en rendant d'autres constants pour chaque phase et sous-phase de vol. La phase d'atterrissage était par exemple fractionnée en plusieurs sous-phases bien précises. Nous étions dans un domaine expérimental bien borné, mais nous arrivions à expliquer certains comportements qui variaient dans le temps. Avec l'augmentation de l'automatisation, nous

[11] Les électroniciens et les automaticiens ont conçu des méthodes pour filtrer des signaux afin de ne conserver que l'information principale en éliminant les bruits inutiles. Le filtre de Kalman (du nom de son inventeur) met en œuvre une technique générale (moindres carrés récursifs) basée sur la minimisation de la trace de la matrice de covariance du vecteur d'état caractérisant un système. Il permet de mieux contrôler la conduite automatique d'un système à partir d'une loi de commande bruitée.

nous sommes aperçus que les questions opérationnelles de traitement de l'information, de communication... prenaient une importance considérable. C'est la raison pour laquelle nous sommes allés vers plus de qualitatif dans les modèles cognitifs plutôt que de rester dans le quantitatif. Nous n'avons plus pris la variable temps de façon explicite, en tout cas formellement. Il est clair qu'aujourd'hui la question se repose. Au-delà des aspects cognitifs, il y a deux aspects connexes qui prennent de plus en plus d'importance de nos jours : ce sont les aspects physiologiques, avec notamment les questions de temps associées ; et les aspects sociologiques, notamment le problème de la dynamique de l'interaction avec d'autres personnes, ou agents (pour employer le jargon qui s'est progressivement imposé). C'est le cas des interactions entre les deux pilotes de l'équipage d'un avion de transport, ainsi qu'avec le contrôleur du trafic aérien au sol. D'ailleurs, certains de ces problèmes viennent par exemple de problèmes de coordination d'équipage, de coopération, de travail collaboratif, de vérifications croisées des actions de chacun[12]... Nos études actuelles sont de plus en plus dans le champ du sociocognitif qui va au-delà des approches classiques se cantonnant au cognitif pur, très ancré dans le raisonnement, la perception, la prise de décision... Nous avons donc, d'un côté le physiologique, notamment les problèmes de fatigue, d'attention, d'émotion... et, d'un autre côté, le sociocognitif qui met en exergue les problèmes de communication, coopération, coordination et délégation, par exemple. La notion de fonction cognitive permet de capturer les éléments essentiels de ces deux directions de recherche.

PROTHESE ET OUTIL

J.P. Je vais parler d'une autre manière de ce problème d'évolution. On a progressivement compliqué les machines pour les rendre plus faciles d'utilisation et plus sures. On misait le plus souvent sur la capacité d'adaptation des utilisateurs. Je me souviens qu'il y a encore trente ans, on concevait un équipement un peu difficile d'utilisation en disant qu'une formation adéquate résoudrait le problème. On s'aperçut que cela ne marchait pas toujours et qu'on atteignait vite des limites. Déjà très tôt dans l'évolution, on a donné des *prothèses* aux pilotes, soit matérielles par exemple pour que les efforts restent compatibles avec les possibilités physiques humaines

---

[12] *Cross-checking.*

comme les commandes de vol utilisant la puissance hydraulique, soit intellectuelles comme les procédures à appliquer. L'une de ces dernières prothèses fut le « *Flight Management System* », le FMS, gérant automatiquement la navigation nécessitant des enchaînements de tâches un peu compliquées au milieu de nombreuses contraintes. Curieusement, ce dernier type de prothèse fut considéré au départ par la communauté des pilotes comme un personnage s'étant introduit dans le cockpit, alors qu'après vingt ans d'usage universel il est aujourd'hui considéré et utilisé comme un outil. Cette évolution de concept est intéressante car aussi, à l'origine, l'avion lui-même était en quelque sorte une prothèse, alors qu'il est devenu un outil.

G.B. Cette question de prothèse/outil a fait couler beaucoup d'encre. Elle a motivé des joutes parmi les spécialistes de l'ergonomie et des facteurs humains, certains d'entre eux étant d'ailleurs fortement opposés à cette notion de prothèse et favorisant par conséquent la notion d'outil. Un outil est toujours un prolongement de la main ou de l'esprit de l'Homme qui est plus ou moins maîtrisé ou plus ou moins mûr. Lorsque l'outil est arrivé à un degré de maturité suffisant, personne ne va contester la terminologie « outil ». En revanche, lors de son développement, il est souvent une prothèse et je ne vois pas de problème à augmenter les capacités de l'Homme avec certaines prothèses : l'Homme ne sachant pas voler initialement, on a alors augmenté ses capacités avec une prothèse nommée « avion[13] ». Certains considèrent le mot « prothèse[14] » comme péjoratif parce qu'ils pensent au handicap. Effectivement, on peut dire que l'Homme est handicapé par rapport à l'oiseau, mais est-ce péjoratif ? Ce type de rationalisation ne me gêne pas. D'autre part, tu as dit que le FMS a été considéré pendant longtemps comme un personnage. Il y a là une notion qui vient des systèmes informatiques capables de rester autonomes sur une certaine période de temps ou dans un espace délimité. Autonomie est souvent associée à personnage (humain). Depuis plus de deux décennies, on a

---

[13] Le terme « avion » a été inventé par Clément Ader, l'un des pionniers de l'aéronautique. Il a construit et fait décoller la machine volante « Eole » en 1890.

[14] James Reason, l'un des grands chercheurs spécialistes de l'erreur humaine, a débattu de cette question dans l'article « Cognitive Aids in Process Environments: Prostheses or Tools? » dans « International Journal of Man-Machine Studies », Vol. 27, Issue 5-6, pp. 463–470.

introduit la notion « d'agent[15] » qui capture cette notion de système artificiel intelligent interagissant avec l'humain. Le développement des modèles agents permet aujourd'hui aussi de définir des langages pour parler des fonctions cognitives de l'être humain lui-même, de la même façon qu'on prenait des fonctions de transfert pour modéliser certaines fonctions humaines dans le passé. J'ai toujours été frappé à quel point la technologie et les sciences humaines et sociales se complémentent dans la rationalisation de phénomènes, et donc dans la modélisation : l'une a besoin de l'autre et réciproquement. Effectivement, de nos jours, nous avons besoin d'humaniser les sciences de l'ingénieur et, parallèlement, les sciences humaines et sociales ont besoin d'appuis plus formels que l'ingénierie pourrait leur donner et a déjà donnés dans le passé : par exemple, les psychologues s'appuient fortement sur les statistiques et des modèles mathématiques plus ou moins sophistiqués. Enfin, pour en revenir à ce que je disais tout à l'heure, je voudrais bien insister sur l'idée qu'un objet ne devient un outil utile et utilisable que lorsqu'il a atteint une certaine maturité technique et opérationnelle.

J.P. Il faut continuer à avancer même avec des éléments qui ne sont pas définitifs et qui, pour certains, ne le seront d'ailleurs jamais.

[15] La notion d'agent a été introduite en intelligence artificielle pour désigner une entité (physique ou abstraite) caractérisée par son autonomie dans la prise de décision, ses connaissances sur lui-même et sur les autres et sa capacité d'agir. Nous dirons qu'un agent est une entité qui fait partie d'une agence (c'est-à-dire un ensemble d'agent « travaillant » dans un même but) qui y a un rôle dans un contexte donné et des ressources appropriées.

Chapitre 2

Pourquoi ce livre ?

SCIENCES DURES – SCIENCES MOLLES

G.B. Cette deuxième séance concerne le pourquoi du livre. Je te propose de commencer à discuter de notre culture d'ingénieur qui est, disons le, essentiellement positiviste. Pourquoi l'ingénieur « classique » ne sait-il pas traiter un problème en termes de facteurs humains ?

J.P. Probablement parce qu'il a été éduqué sur des sciences dites « dures » alors que le facteur humain relève plutôt des sciences dites « molles », celles où les références mesurables sont rares et/ou imprécises. Autrement dit, quelque chose n'offrant pas une motivation extraordinaire à des gens habitués aux mesures fiables et travaillant de façon précise pour aboutir à des résultats objectivement concrets, alors qu'aujourd'hui les sciences molles n'offrent au mieux que des approximations statistiques avec des mesures le plus souvent floues.

G.B. Le problème de la mesure est un problème difficile qui a intéressé beaucoup de chercheurs et d'ingénieurs. Il est souvent difficile de comprendre le comportement d'un être humain parce que les différentes parties qui le composent sont difficilement séparables. Le chercheur a l'habitude d'explorer le monde réel en le modélisant par approximations successives. Modéliser consiste à extraire un certain nombre d'aspects saillants du monde réel qui le caractérisent, et de les recombiner adéquatement pour recréer, artificiellement, certains comportements observés. Le modèle sert de support à la mesure. Tout le problème de l'ingénieur cogniticien va donc être de savoir séparer ces aspects saillants qui permettent de les mesurer. C'est difficile ! Par exemple, je prends le cas de la charge de travail : on a cherché pendant des décennies à comprendre ce que l'on entendait par charge de travail. On a essayé de mesurer la charge de travail en faisant l'hypothèse que c'était quelque chose produit par l'opérateur humain, une véritable sortie en quelque sorte. Puis on s'est aperçu que c'était une variable d'entrée utile, et même nécessaire, pour augmenter la performance… toujours sans bien la définir. Nous avons aujourd'hui admis que la charge de travail est une variable interne à l'être humain. Il est donc extrêmement difficile d'accéder à cette variable interne que l'on tente de relier à des variables externes, mesurables quant à elles, comme la variation de la fréquence cardiaque. Cela ne transforme pas pour autant la charge de travail en une variable observable. Ceci est d'ailleurs un problème caractéristique de l'être humain : beaucoup de variables « intéressantes » ne sont pas observables.

J.P. Je crois que les problèmes en matière de facteurs humains, qu'ils soient observés physiologiquement ou psychologiquement, sont traités de façon plus qualitative que quantitative. On trouve certes aujourd'hui en médecine des mesures précises sur des paramètres en général physiques (pression, température, etc.). L'ergonomie physiologique possède par exemple des mesures quantitatives standards de positionnement du corps, de l'utilisation des couleurs et de l'intensité sonore. Ce qui est quantifiable est facilement pris en compte alors que le qualitatif, parce qu'il est flou, a rebuté le technicien positiviste éduqué aux mathématiques et à la physique. Le technicien n'a jamais été très intéressé par ce qui n'est pas mesurable.

G.B. La question du flou peut être vue sous plusieurs angles. Un point de vue est celui des mathématiques floues. Il a été introduit par Lotfi Zadeh, le fondateur de la théorie des sous-ensembles flous. Une algèbre et une logique floues ont été développées… et aujourd'hui on arrive à faire des systèmes de contrôle flou : j'ai appris, il y a plusieurs années maintenant, que les Japonais construisaient des machines à laver dont le contrôle est basé sur la logique floue ! L'utilisateur manipule des variables qualitatives sachant que le système va les traiter quantitativement. Le qualitatif est transformé en quantitatif grâce à cette approche mathématique basée sur des fonctions d'appartenance. Cette mathématique continue à progresser. Un autre point de vue est de ne travailler que sur du qualitatif pur, ce que font les gens des sciences humaines et sociales, sans utiliser de mathématiques. Dans tous les cas, une approche positiviste consiste à découper le monde en petits morceaux afin de l'observer et de le comprendre. Comme l'a dit le philosophe Gaston Bachelard : « Le monde existe et il faut l'observer ». Mais la question qui se pose alors est : « Comment caractériser ces morceaux pour déterminer le monde ? » Dans le domaine de la physique, qui est beaucoup plus ancien du point de vue de la mesure, on a réussi à isoler un certain nombre de phénomènes. Cependant, dans le domaine des sciences cognitives, les variables sont beaucoup plus bouclées, interactives, et il est difficile de séparer les processus les uns des autres. Nous avons toujours le problème d'isoler un certain nombre de processus cognitifs ou fonctions cognitives pour pouvoir les étudier de façon approfondie.

APPARITION D'UNE NECESSITE

J.P. Nous reviendrons sur ce point important au cours des prochains entretiens. Aujourd'hui essayons de comprendre l'évolution de l'intérêt des techniciens vers les problèmes liés aux facteurs humains. Initialement, ils n'ont pas perçu l'intérêt de s'en occuper dans les problèmes opérationnels, et la prise en compte s'est effectuée au fur et à mesure de l'apparition des besoins. Ainsi dans les années quarante-cinquante, les procédures d'utilisation des avions et de leurs systèmes, qui sont en fait des condensés d'expertise, furent institutionnalisées. Puis les avions, leurs systèmes et le transport aérien dans son ensemble se sont progressivement compliqués et leur prise en compte par les individus concernés a aussi été progressive. Cependant, cette prise en compte a concerné un nombre croissant important de cas, participant ainsi à une évolution des mentalités de plus en plus favorables à l'attention portée aux problèmes opérationnels humains. Pour n'en citer qu'un, j'évoquerai la gestion des ressources humaines dans le cockpit, le CRM[16], née à la fin des années soixante-dix à la suite du constat d'un nombre élevé d'accidents causés par le comportement incohérent, car non coordonné, des membres d'équipage dans le cockpit lors de situations opérationnellement délicates. Par la suite, est survenue la révolution numérique, avec les paramètres de vol présentés sur écrans, ce qu'on appela les « *Glass cockpits* », la gestion automatique de la navigation avec le FMS, et l'introduction d'une certaine bureautique dans le cockpit rendue nécessaire par l'adoption d'interfaces numériques. L'évolution technologique fut tellement importante et rapide que la simple adaptation des pilotes par une formation appropriée n'était pas suffisante et il fallut remonter en amont de la conception des systèmes eux-mêmes pour que ces derniers puissent être utilisables efficacement et sans trop d'erreurs opérationnelles. En fait, la sécurité et, aussi il faut le dire, la recherche de l'augmentation de la performance humaine, ont

---

[16] *Crew Resource Management* (gestion des ressources de l'équipage).

joué un rôle prépondérant dans la prise en compte des paramètres de comportement opérationnel humain : dans les années quatre-vingt, on a réalisé que l'erreur humaine intervenait dans les trois-quarts des incidents et accidents de transport aérien !

G.B. Cette évolution de la prise en compte des facteurs humains dans l'industrie et l'émergence des nouvelles pratiques dues à la technologie pose la question de la rationalisation de l'utilisation d'outils de plus en plus sophistiqués, l'avion en étant un parmi tant d'autres. Tant que l'on s'en est tenu à des outils simples, l'interaction Homme-machine est restée simple. Cependant, dès qu'on s'intéresse à des systèmes plus complexes qui ne sont pas de simples prolongements de la main de l'Homme, se posent de nouvelles questions relatives à la formation, l'ergonomie, l'adaptation de la machine à l'Homme et de l'Homme à la machine... Avec la complexification des technologies, l'étude des facteurs humains a pris une ampleur considérable. Il n'est pas étonnant qu'on ne se soit pas trop intéressé à la chose dans le passé. Une autre raison qui a fait développer ce secteur de l'ingénierie cognitive et des facteurs humains est le problème de la sécurité. En effet, on ne finance pas des recherches sur des systèmes anodins, mais sur des systèmes à risques pour justement tenter de réduire ces risques. Les premières recherches dans le domaine des facteurs humains ont été développées dans le secteur militaire mais aussi, et surtout, dans le domaine spatial avec les premiers vols habités. On s'est intéressé à des aspects médicaux pour savoir si, par exemple, les astronautes allaient résister à des accélérations fortes, et puis progressivement on s'est intéressé à la sécurité de façon plus générale et à des systèmes plus publics. Un autre secteur qui a aidé à faire progresser la discipline des facteurs humains est le confort. Il est certain que, dans le domaine aéronautique, si la sécurité passe en premier, le confort reste un aspect important, notamment pour les passagers. Plus généralement, dans les systèmes orientés « grand public », on voit bien que les systèmes faciles à manipuler vont être plus acceptés que les autres.

FACTEURS DETERMINANTS

J.P. En résumé, trois facteurs primaires ont donc milité en faveur de la prise en compte des facteurs humains : sécurité, performance et confort. L'évolution foudroyante de la technologie dans les trente dernières années est allée dans le sens de l'optimisation de ces trois facteurs. Cependant, les nouvelles technologies ont introduit…

G.B. … plus de complexité !

J.P. Exact. Complexité et technologie d'un côté mais aussi nécessité d'augmenter la sécurité de l'autre, les deux côtés étant presque indépendants. Jusqu'aux années soixante, on pensait que la formation à donner aux équipages devait être essentiellement technique et que l'évolution de la complexité, due en grande partie à l'évolution technologique, pouvait être prise en compte par cette formation technique alliée à une adaptation humaine, une compensation « naturelle ». On a ainsi atteint assez rapidement une limitation, combinaison de facteurs physiologiques, psychologiques et cette fois-ci d'ergonomie cognitive : on croyait que l'Homme allait pouvoir s'adapter aisément à toutes les situations, mais la réalité imposa ses limites. L'Homme restait un invariant subissant une évolution technologique galopante. Nous avions beaucoup de choses à découvrir, et c'est certainement l'évolution technologique qui a poussé, qui a obligé le développement de l'ingénierie cognitive. D'abord, il fallut intervenir sur la façon d'utiliser une machine donnée et en amont sur la conception de cette machine pour qu'elle facilite la tâche de l'Homme. D'autre part, avec le constat qu'une intervention humaine négative se retrouvait dans les trois-quarts des accidents aériens, on ne pouvait plus ignorer la nécessité de s'occuper du comportement humain, c'est-à-dire de quelque chose de qualitatif, flou à prendre en compte. En conséquence, il n'était plus possible de méconnaître les problèmes de facteurs humains tant dans la conception des artefacts que dans leur utilisation.

G.B. Je voudrais revenir sur cette notion de complexité : complexité de la technologie mais également complexité de l'être humain. Si la technologie s'est de plus en plus complexifiée, l'être humain quant à lui l'a toujours été. Effectivement, on ne s'est jamais vraiment intéressé à une approche trop rationaliste de l'être humain au sens où l'on peut l'entendre dans l'ingénierie cognitive parce que pour certains ingénieurs et chercheurs, c'est quelque chose d'effrayant. En effet, il est difficile d'appréhender un système aussi complexe : on aime bien avoir des équations qui résument, qui conduisent à quelque chose de simple, pour pouvoir mener des études concrètes… se ramener à des principes. Si je reprends $E = MC^2$ d'Einstein qui résume beaucoup de choses en trois paramètres, on n'a aucun équivalent pour expliquer les phénomènes d'interaction Homme-machine. Alors bien sûr, à des niveaux microscopiques, on arrive à faire des choses assez précises comme la loi de Fitts[17], mais au niveau macroscopique de l'interaction Homme-machine, nous restons dans le domaine du qualitatif. Tout cela pour dire que les ingénieurs et les chercheurs ne s'étaient que très peu intéressés à l'être humain à cause de sa complexité. Aujourd'hui, nous n'avons plus le choix, il faut que nous nous y intéressions plus en profondeur. Plusieurs centres de recherche ont déjà fait le pas dans ce sens. Nous tentons de démonter cette complexité, mais pas dans le sens où l'on démonte une pièce d'horlogerie car l'Homme n'est pas construit comme tel. D'un côté nous construisons des théories et des modèles, et d'un autre nous observons, interagissons et expérimentons.

J.P. La recherche de la performance a toujours été une préoccupation centrale en aéronautique. Il ne faut pas oublier qu'il y a cinquante ans, il y avait souvent cinq personnes dans le cockpit d'un avion de transport. Les liaisons radio s'étant simplifiées, il n'en resta que quatre. Puis avec l'apparition des centrales à inertie, la navigation se simplifia elle aussi, et le nombre passa à trois. Enfin la maîtrise des systèmes permit de se passer du troisième membre d'équipage pour finalement ne garder que deux pilotes, encore pour un certain temps. Tout cela grâce en grande partie à l'introduction de nombreux automatismes qui cependant n'ont pas entièrement remplacé la totalité des fonctions exercées par les trois personnages supprimés, dont les résidus sont à la charge des deux pilotes actuels. Cependant en parallèle les anciennes tâches de ces deux derniers se sont aussi simplifiées en se transformant, leur permettant de gérer la totalité des tâches actuelles. Donc, cette recherche permanente de la performance dans le cockpit s'est obligatoirement effectuée de façon le plus souvent pragmatique en tenant compte des possibilités humaines et de celles de la technologie du moment. Mais si on y ajoute l'amélioration de la sécurité et du confort des passagers, on constate une augmentation importante et constante des paramètres présentés aux pilotes passant de quelques dizaines il y a cinquante ans à plusieurs centaines aujourd'hui, et devant être traités par eux, obligation n'allant pas forcément de soi.

---

[17] Paul Fitts a établi en 1954 une loi qui porte son nom et qui dit que le temps pour atteindre une cible est proportionnel à sa distance et inversement proportionnel à sa taille.

G.B. Sécurité, performance... et n'oublions pas le confort qui devient un facteur de concurrence économique. En aviation de transport, en même temps que l'on essaie d'améliorer le confort en intégrant des nouvelles technologies dans la cabine passagers, on ouvre aussi la porte à des nouveaux problèmes de facteurs humains. La « bulle » passager est en train d'être « réinventée » !

J.P. Tout à fait d'accord, c'est l'un des défis des prochaines années.

TRAVAILLER SUR LA CO-ADAPTATION

G.B. Finalement, nous nous sommes créés de nouvelles exigences. C'est un peu une spirale qui s'est installée : plus on maîtrise la technologie, plus on l'utilise, et plus on crée de nouveaux besoins d'informations et d'interaction. Ces besoins ne sont pas uniquement causés par l'utilisation de l'ordinateur mais aussi par l'utilisation du téléphone qui l'a précédé. En plus de cela, du fait de l'automatisation d'un certain nombre de tâches, on a progressivement placé l'Homme dans une situation de superviseur et de gestionnaire (*manager* en anglais). Gérer n'est pas donné à tout le monde : nous sommes en présence d'un changement de métier. Par exemple, en ce moment, nous sommes en train d'utiliser un enregistreur sur un ordinateur que nous pensons maîtriser, mais nous nous sommes aperçus tout à l'heure que ce n'était pas le cas ; tout paraît très simple parce que tout marche très bien, mais il y a, par exemple, une variable que nous ne trouverons pas aujourd'hui sans une assistance extérieure ! Si cette variable est cruciale à notre tâche, l'interaction s'arrête. Alors, bien sûr, à la longue, on pourra la trouver, mais sous pression temporelle, il est impératif que nous soit fournie *la bonne information au bon moment sous le bon format* : le concepteur n'y pense pas forcément parce qu'il n'est généralement pas un opérationnel. Alors que lorsqu'on se retrouve en situation d'exploitation, d'opération, on s'en aperçoit tout de suite, puisqu'on est confronté au problème, à ce genre de « détail », qui, dans la plupart des cas, n'est d'ailleurs pas un détail ! D'où l'intérêt d'avoir une approche de conception participative dans laquelle des utilisateurs viennent donner leur point de vue tout de suite sur des maquettes. Rappelons que nous ne sommes pas dans des mondes complètement clos, et nous n'allons pas pouvoir concevoir seuls « complètement ». Cependant, si l'on met assez

« d'acteurs » dans la boucle de conception, ils vont contribuer à donner un nombre important de renseignements qu'un concepteur ne pourrait pas imaginer tout seul à moins d'être lui-même un opérationnel. On ne peut pas être expert en tout !

J.P. Ainsi avec cette spirale d'augmentation concomitante d'utilisation de la technologie et du besoin d'informations et d'interaction, avec l'augmentation des complexités techniques liées à la complexité immuable humaine on met là le doigt sur autre chose d'essentiel. La prise en compte des facteurs humains exige l'exploitation simultanée, déjà évoquée, de plusieurs disciplines. D'où la nécessité absolue d'avoir une synthèse entre des disciplines traitées séparément par des X-ologues ou des Y-ticiens, qu'un technicien doit savoir prendre en compte, alors que ceci est beaucoup plus ardu pour lui que l'étude d'un système un peu compliqué comme la conception d'une alimentation électrique de l'A380 ou que l'étude de son anémométrie, du système de mesure des pressions donnant l'altitude et la vitesse aérodynamique. Cela nécessite un effort intellectuel original et l'acquisition de connaissances inhabituelles.

G.B. De plus, les phénomènes de régulation sous-jacents introduisent un degré supplémentaire de complexité dans la prise en compte des facteurs humains. En effet, l'être humain a une particularité : il s'adapte presque à tout, plus ou moins facilement, même à des systèmes qui ne sont pas forcément bien faits. Cette remarque plaiderait donc en faveur d'une approche « non facteurs humains » ou « non ingénierie cognitive ». En d'autres termes, on pourrait construire des systèmes sans prendre en compte les facteurs humains et l'être humain s'adapterait tout de même à leur utilisation. Je voulais signaler cela pour plusieurs raisons : s'il est vrai que dans des situations habituelles, l'être humain peut s'adapter à un système qui n'est pas forcément optimal, en revanche dans une situation de crise ou d'urgence, les choses peuvent devenir plus compliquées. En situations inhabituelles, se produisent des surprises auxquelles l'être humain n'est pas forcément capable de s'adapter. Il vaut donc mieux avoir pensé à ces situations à l'avance pour justement favoriser l'adaptation soit par une compilation préliminaire qui contribue à créer des « *patterns* » d'anticipation, soit en suggérant des comportements adaptés en situation. Il faut ajouter qu'il est très difficile de prendre en compte ce phénomène d'adaptation humaine en ingénierie cognitive parce que les utilisateurs de référence s'adaptent entre le début et la fin de la conception d'un outil. Nous sommes confrontés à un mécanisme de co-adaptation des utilisateurs et des outils en cours de développement. Cette co-adaptation est un « mal nécessaire » parce qu'elle favorise l'acceptabilité finale du produit fabriqué. Le problème reste toujours de savoir quels utilisateurs devront être impliqués, parce qu'on ne peut pas impliquer le monde entier ! Nous devrions donc parler des utilisateurs de référence en conception/développement : pilote d'essais ou pilote de ligne. Dans le domaine de l'automobile, quel est le conducteur standard ? Première réponse : il n'y en a pas...

J.P. J'ai déjà évoqué le fait que si l'Homme est très adaptable, on est cependant arrivé à percevoir les limites pratiques de cette adaptation aux prises avec la complexité, limites concernant surtout les temps de réaction, la propension aux erreurs et oublis, donc impliquant la performance et la sécurité. Nous avons traité dans cette partie de notre discussion en quoi une ingénierie cognitive est une matière essentielle pour les techniciens, concepteurs et utilisateurs d'artefacts. Mais, en parallèle, la démarche liée aux facteurs humains valorise un métier jusqu'alors basé uniquement sur la technique.

G.B. Toute la question est de savoir si l'on doit impliquer des docteurs en facteurs humains ou si l'on doit former des ingénieurs qui soient pluridisciplinaires, ou les deux...

J.P. Les objectifs sont différents.

FORMATION BASIQUE ET OBLIGATOIRE

G.B. Je pense qu'il est important qu'une nouvelle vague d'ingénieurs soient plus que sensibilisés aux sciences cognitives. Mais le terme « sciences cognitives » reste encore à définir parce que trop large pour le besoin des ingénieurs. Nous avons déjà commencé à sensibiliser les ingénieurs en formation initiale et en formation continue. Effectivement, nos collègues anglo-saxons ont déjà beaucoup avancé dans ce domaine. En Europe et notamment en France, nous avons commencé à introduire des cours dans certaines écoles d'ingénieurs et il est certain que la formation d'ingénieur plus spécialisée dans le secteur des sciences cognitives serait un élément important dans le dispositif d'une conception anthropocentrée.

J.P. Pour un ingénieur de bureau d'études concevant un système, un avion par exemple, le fait de s'intéresser à la façon dont ce système est construit, utilisé, maintenu, en tenant compte obligatoirement du comportement opérationnel humain, l'obligeant à ne pas se focaliser ni sur sa seule implication technique ni sur sa seule tâche assignée, l'amènera à considérer d'autres secteurs que le sien. Donc, cette approche lui ouvrira son champ de réflexion et valorisera son métier.

G.B. Si l'on discute de la définition de cette nouvelle catégorie d'ingénieurs, il est important que la prise en compte des facteurs humains, et notamment des aspects cognitifs, ne vienne pas nuire à la connaissance du domaine de l'ingénierie considérée. Ce que l'on cherche à faire est non seulement d'augmenter les connaissances de l'ingénieur pour construire des outils qui soient plus adaptés à l'Homme (augmenter la sécurité, le confort, la performance...), mais sans appauvrir ce que l'ingénieur sait déjà : il ne faut pas qu'en voulant faire tout, on fasse moins qu'avant ! C'est pour cela que cet aspect de l'ingénierie cognitive doit être considéré très sérieusement. De plus, comme l'on ne peut plus négliger ce genre de chose aujourd'hui, il faut donc le considérer au plus haut niveau. Il faut considérer que l'ingénierie cognitive est une grande partie de l'ingénierie : c'est une affaire très sérieuse ! En effet, aujourd'hui on ne peut plus concevoir une technologie, des systèmes, sans prendre en compte les répercussions sur l'être humain et, plus généralement, sur les catégories d'individus qui vont l'utiliser. Voilà donc le pourquoi !

J.P. Je suis persuadé que dans un futur pas très éloigné, l'ingénierie cognitive, puisqu'il faut lui donner un nom, sera enseignée dans les écoles d'ingénieurs au même titre que par exemple la mécanique rationnelle ou l'électricité, et qu'elle fera partie intégrante de l'ensemble des disciplines que l'ingénieur devra connaître à la sortie de l'école.

Chapitre 3

Premiers objectifs

POSER LE PROBLEME DES FACTEURS HUMAINS

J.P. Après une introduction peut-être un peu longue nous devons définir de façon simple l'objectif de nos entretiens.

G.B. Nos réflexions et discussions devraient donner des pistes, des recommandations, aux ingénieurs pour qu'ils puissent réaliser une conception anthropocentrée. Ceci ne veut pas dire uniquement centré sur l'utilisateur mais aussi sur tous les acteurs qui vont jouer un rôle dans le cycle de vie du produit. Ce problème des facteurs humains n'est pas abordé, habituellement, dans les écoles d'ingénieurs. Qu'ils soient impliqués dans la conception, le développement, la formation, la maintenance ou toute autre activité liée à la technologie, les lecteurs devraient recevoir des principes, des méthodes, peut-être même des recommandations d'outils, en tout cas des directions pour prendre en compte les facteurs humains depuis les premières idées et tout au long du cycle de vie d'un produit.

J.P. Mais l'action initiale pour des ingénieurs devant « manipuler » les facteurs humains est de savoir poser correctement un problème concernant ces facteurs humains. Je pense, par exemple, à l'acceptabilité sociale d'un artefact au sein d'une communauté de pratique. Il est donc important de leur donner des outils et/ou des méthodes relativement simples pour que cette phase initiale soit effectuée de façon correcte et permette ensuite d'utiliser les méthodes de résolution. Il faut commencer par enseigner à bien poser un problème.

PARTICIPATION - PLURIDISCIPLINARITE

G.B. Tu viens de dire : « comment poser un problème concernant les facteurs humains ? ». Je dirais que la question est tout simplement : « comment poser un problème ? » Dans les études que j'ai suivies, je ne me souviens pas avoir eu de cours sur la façon de poser un problème ! Toutes les universités et toutes les grandes écoles forment les étudiants à résoudre des problèmes. Par la suite, les mêmes étudiants, devenus professionnels, apprennent au cours de leur vie à poser des problèmes, souvent face à un monde qu'ils ont du mal à percevoir complètement. L'ingénierie cognitive s'attaque à cette question de la façon de poser des problèmes, et d'une manière générale, pas seulement dans le champ des interfaces Homme(s)-machine(s). Poser un problème, c'est aussi participer avec d'autres personnes à le poser : poser un problème tout seul est, le plus souvent, plus compliqué que de le poser en groupe. N'est-il pas trivial de dire que plusieurs personnes travaillant ensemble génèrent et partagent plusieurs idées. De ce fait, un groupe arrive à poser des problèmes beaucoup plus rapidement qu'un individu tout seul. Ceci n'exclut pas évidemment l'apprentissage individuel de la façon de poser des problèmes. Alors, quel peut être le rôle de l'ingénierie cognitive sur cette question ? Précisément à essayer de prendre conscience de ce qui est important, à développer un certain esprit critique (car sans un certain esprit critique, on a généralement du mal à poser des problèmes)... Poser un problème ne découle généralement pas d'un raisonnement déductif, mais le plus souvent d'un raisonnement abductif dans le sens de l'art de poser des hypothèses : art souvent très difficile ! Nous nous sommes effectivement aperçus que les pilotes d'avion procédaient beaucoup plus par abduction que par déduction.

J.P. Peux-tu re-expliquer ce qu'est l'abduction ?

G.B. En logique, c'est postuler une inférence et une conclusion pour la démontrer : on se projette devant la situation, on anticipe, on agit et on vérifie ! Si on se trompe, on recommence. En général, les bons « abducteurs » sont les gens qui ont compilé de bonnes heuristiques[18] qui permettent d'anticiper ce qui va se passer. Beaucoup de travaux ont été réalisés dans ce domaine : « *How To Solve It* », le livre du mathématicien hongrois George Polya est probablement la contribution la plus significative au concept d'heuristique depuis le Discours de la Méthode de Descartes. Polya suggère quatre étapes : comprendre le problème, imaginer un plan, suivre ce plan et revoir ce que l'on a fait (en permanence). Il

[18] Une heuristique est une règle de l'art, un savoir faire, habituellement non démontrée, mais le plus souvent vérifiée en pratique. L'heuristique se distingue de l'algorithme qui est une règle qui permet d'arriver à la solution dans tous les cas.

suggère fortement que les meilleurs mathématiciens sont ceux qui imaginent le résultat avant même de l'avoir démontré et que la démonstration n'est là que pour valider ce qu'ils ont anticipé. Je retiendrai de l'abduction, la projection dans l'avenir. On peut apprendre l'abduction. Les pilotes d'avion l'apprennent, et le traduisent en comportement d'anticipation constante. Ne dit-on pas que le pilote doit toujours être « devant son avion » ?

J.P. Je reviens sur ce que tu as dit à propos du principe de participation, car c'est important et même essentiel en ingénierie cognitive. Cet aspect participatif n'est pas forcément bien perçu par les élèves ingénieurs bien que l'évolution pédagogique actuelle renforce le travail en groupes dans les écoles d'ingénieurs. Lorsqu'on se trouve devant un problème à identifier, il est préférable de le prendre en compte à plusieurs. Seul, on peut arriver à en identifier la partie essentielle, mais il est possible qu'une faible partie, qui n'a pas été identifiée, vienne plus tard remettre en cause des solutions envisagées en obligeant à modifier les hypothèses de départ. Le risque d'oublier des éléments est diminué par les échanges d'idées et d'opinions. De même par la suite, l'élaboration de solutions robustes sera facilitée. Pour cela, il faut des outils et des méthodes d'autant plus simples à utiliser et à interpréter que les problèmes sont compliqués. Ce qui ne signifie pas que les éléments ainsi manipulés soient nécessairement simples, mais ils doivent être bien compris et assimilés par ceux qui les utilisent. Il faut être pluridisciplinaire pour traiter les cas concrets d'ingénierie cognitive, faisant pour ces cas la synthèse des matières du ressort des X-ologues et des Y-ticiens déjà cités. Pour être efficace, cette synthèse doit être d'utilisation relativement simple mais rigoureuse par rapport aux limitations des hypothèses de base. Et comme on s'adresse au comportement d'individus, matière a priori complexe, l'effort de simplification est a priori intellectuellement difficile sinon pénible. Je me souviens d'une méthode qui m'avait été enseignée lorsque j'étais sur les bancs d'une école d'ingénieur, par un professeur nous préparant à traiter des problèmes difficiles. Il nous disait : « Oh ! C'est relativement simple, vous regardez l'ensemble du système sur lequel vous cherchez des solutions, vous l'isolez mentalement et, une fois que vous l'avez bien isolé, vous repérez toutes les interactions entre ce système et l'extérieur, et à ce moment-là vous pouvez commencer à regarder ce qui se passe dans le système ». J'ai retenu la leçon et c'est efficace. C'est peut-être une piste que tout concepteur devrait prendre en compte.

G.B. Tu dis qu'il faut des méthodes de résolution simples. Je suis tout à fait d'accord : les méthodes trop compliquées non seulement embrouillent au moment où on les utilise, mais ensuite ne sont pas facilement explicables et ne sont pas traçables, car on n'arrive pas à se repérer dans le dédale du raisonnement. C'est-à-dire que longtemps après, on ne comprend pas ce qu'on a fait ou voulu faire. Non seulement d'autres ne comprennent pas, mais parfois on ne comprend pas soi-même. Ce n'est donc pas efficace parce qu'on n'arrive pas à expliquer ce que l'on a fait et souvent, dans l'industrie, on a besoin de comprendre pourquoi on a fait cela de cette façon et pas autrement. Par conséquent, je dirais que la méthode consiste à identifier le problème que l'on a en face de soi, de bien le poser et ensuite d'utiliser des méthodes simples pour le résoudre. Ceci est important et je pense que les gens qui se débrouillent bien dans leur vie sont ceux qui ont ce type de capacités.

DES FACTEURS HUMAINS

J.P. Autre remarque, sur le terme « Homme » que nous utilisons alors que les anglo-saxons parlent de « *Human* ». En français, le mot « humain » n'est généralement pas retenu et je présente mes excuses aux lectrices féminines pour persister dans l'usage du mot « Homme » alors qu'il représente évidemment sans aucune distinction les femmes et les hommes. Depuis le début de nos discussions, je suis frappé par l'utilisation que nous faisons de la terminologie « facteur humain » : elle est parfois utilisée au singulier et parfois au pluriel. Avant de continuer, il faudrait peut-être essayer de résoudre ce problème de sémantique et savoir si, pour nous, il s'agit du facteur humain ou des facteurs humains.

G.B. C'est une question intéressante. Il y avait un débat similaire sur la mathématique et les mathématiques. Il y a des facteurs humains qui peuvent être la charge de travail, la performance, les erreurs... Ce sont généralement des facteurs humains liés à l'exécution d'une tâche. Le facteur humain serait plutôt une discipline, une matière. On parle aussi, par exemple, de l'être humain (générique) et des êtres humains (comme instances ou individus). J'ai du mal à répondre à ta question. Cependant, il est de plus en plus convenu que la terminologie « facteurs humains » (pluriel) désigne la discipline. D'ailleurs, les anglo-saxons utilisent la terminologie « *human factors* ».

J.P. Donc, dorénavant nous parlerons plutôt des facteurs humains.

G.B. C'est en effet cela qui va intéresser un ingénieur : quels sont les facteurs humains qu'il va devoir prendre en compte pour résoudre son problème ? Quels sont les facteurs humains qui vont le guider pour bien poser un problème ? Et juste pour illustrer, lorsqu'on est dans la phase de « position d'un problème », on s'est aperçu en utilisant la méthode GEM[19], par exemple, que les facteurs humains étaient liés non seulement à ce que l'on cherche à résoudre mais aussi aux gens qui sont autour de la table ! Ces gens ne sont pas forcément d'accord, et donc il faut aussi tenir compte des facteurs humains des autres. En d'autres termes, les facteurs humains ne concernent pas uniquement l'utilisateur final, le réceptionnaire du produit à concevoir, mais aussi ceux qui le conçoivent. Il y a là des facteurs humains sociaux ! Ceci m'amène à dire que les facteurs humains sont de diverses natures. À ce propos, j'aimerais faire une distinction entre ingénierie cognitive orientée produit et ingénierie cognitive orientée processus. Je m'explique : L'ingénierie cognitive orientée produit concerne les facteurs humains qui vont devoir être pris en compte pour réaliser le meilleur produit par rapport à son utilisation. L'ingénierie cognitive orientée processus (de conception, de développement, de formation...) concerne les facteurs humains qui devront être pris en compte pour que ce processus soit bien réalisé. Lorsque ces facteurs humains relatifs au processus ne sont pas bien pris en compte, les répercutions au niveau de l'ergonomie du produit peuvent être considérables en termes de sécurité, et pour tous les facteurs humains liés à son utilisation. Il faut donc faire une distinction entre facteurs humains liés au produit et facteurs humains liés au processus de conception et de développement. Ces deux concepts se complémentent, et interagissent l'un avec l'autre bien sûr. Aujourd'hui, l'oculométrie permet d'étudier les facteurs humains liés au produit. Le « *knowledge management* »[20] permet d'étudier

---

[19] *Group Elicitation Method* : une méthode de réunion pour l'explicitation des connaissances d'un groupe qui a été développée et est couramment utilisée pour atteindre des consensus, prendre des décisions, faire de la conception participative et évaluer des produits par exemple.

[20] Nous utiliserons par la suite le terme de « *knowledge management* » pour designer l'approche qui consiste à gérer des connaissances. Ce terme est communément admis dans la communauté de l'ingénierie cognitive, y compris francophone.

certains aspects collaboratifs du processus de conception. Nous sommes dans des mondes, des objectifs et des approches différents, mais qui concernent l'ingénierie cognitive dans les deux cas. Je voulais faire cette distinction importante car les connaissances mises en jeu ne sont pas les mêmes, et il faut, à mon avis, prendre les deux très au sérieux.

J.P. Revenant sur ton exemple de l'oculométrie, je suis d'accord pour dire que son usage par un concepteur a pour objectif la définition d'un produit. Cependant, elle servira aussi à définir l'utilisation du produit. On y retrouve donc ces deux aspects.

RETOUR SUR LES MODELES

G.B. Si l'oculométrie permet de bien mesurer des points de fixation du regard et des enchaînements de points de fixation, ce qui est intéressant c'est l'interprétation qu'on en fait. Cette interprétation est basée sur un modèle qui peut-être explicite ou implicite, et, dans ce cas, il a des chances de ne pas être bien partagé par l'ensemble des acteurs.

J.P. Peux-tu préciser ces deux notions ?

G.B. Dans toute activité de compréhension, d'interprétation ou de prédiction, nous construisons un modèle. Ce modèle est le plus souvent implicite. Lorsque l'on veut partager nos vues avec d'autres, il est impératif de rendre ce modèle explicite. En conception par exemple, la modélisation sert de support à l'élaboration d'un produit en équipe.

J.P. De quelles natures sont ces modèles ?

G.B. Ces modèles peuvent être de diverses natures : analogique (un système électrique est modélisé comme un système hydraulique par exemple) ou syntaxo-sémantique (on extrait les caractéristiques propres d'un système ou phénomène pour le reconstruire artificiellement et mieux l'expliquer). Un modèle est un analogue lorsqu'il partage un certain nombre de propriétés pertinentes avec le phénomène étudié. On dit que « tout » se passe comme si ! Par exemple, on peut interpréter un ensemble de points de fixation du regard par la mobilisation d'une fonction cognitive associée. Plus spécifiquement, une fonction cognitive peut être l'estimation de la distance entre un point courant de fixation et le point suivant en fonction d'une logique donnée. Ce modèle de transition entre un point et un autre peut être pris en compte par une analogie avec un circuit électrique ou électronique, et donc modélisable par une fonction de transfert de Laplace par exemple. Ce modèle analogique comporte un certain nombre de paramètres qu'il convient d'identifier pour le rendre opérationnel et parfois prédictif. Les modèles syntaxo-sémantiques sont construits en fonction d'une syntaxe et d'une sémantique propre à ce qu'on étudie. Ces modèles sont créés de toutes pièces. Ils sont généralement limités à l'explication et ne se prêtent pas bien à la prédiction.

J.P. Un modèle explicatif.

G.B. Oui. Dans les deux cas, on va prendre une position. On va dire : « Je vous propose ce modèle ! ». Par exemple, Maxwell a proposé des modèles pour l'électromagnétisme qui ont servi de support à l'élaboration du fluxmètre. Par la suite, ces modèles doivent êtres testés, justifiés, démontrés avant que l'on puisse, je dirais, les vendre et les acheter ! Nous avons déjà dit que toute mesure est basée sur un modèle. L'une des questions fondamentales de l'ingénierie cognitive est de construire ces modèles ! Aujourd'hui, on peut dire qu'il existe un art pour construire des modèles et un art pour les valider. J'aimerais que nous approfondissions cette notion de modèle et de mesure surtout pour mieux cerner ce que nous avons appelé « ingénierie cognitive par rapport au produit ».

MESURES - QUANTIFICATION - RISQUE

J.P. Nous avons déjà dit que la notion de mesure et la nécessité de donner aux ingénieurs un moyen de mesurer des choses concernant les facteurs humains sont des préoccupations essentielles en ingénierie cognitive. Revenons sur la notion de mesure : pour mesurer, il faut avoir une référence, un étalon, une unité comme le mètre, l'ampère et le kilogramme. En ingénierie cognitive, comme dans les autres disciplines, on va devoir définir ces références et ces étalons.

G.B. Ceci est compliqué pour diverses raisons. Tout d'abord, je ne suis pas sûr qu'aujourd'hui on connaisse suffisamment de choses dans le domaine des sciences cognitives pour établir des « mètres étalons » pour mesurer des facteurs humains. On peut le faire très localement, mais l'un des problèmes de l'ingénierie cognitive c'est d'avoir une vue globale de ce qui se passe. Or on a du mal aujourd'hui à faire le lien entre le microscopique et le macroscopique. En revanche, on a commencé un certain nombre de recherches et la question qui se pose est : « Quels types de modèles ? ». Je voudrais que nous reparlions de la dimension qualitatif/quantitatif. Beaucoup de gens, lorsqu'on parle de mesure, pensent à des mesures quantitatives, ce qui est normal puisque mesurer c'est en général donner un nombre. Cependant, mesurer peut aussi être qualitatif. Par exemple, quand on dit : « Il fait chaud ». C'est assez subjectif, mais on sait ce que cela veut dire. Néanmoins, cette expression ne veut pas dire la même chose pour un Equatorien ou un Lapon. Donc, tout ce qui est qualitatif, comme tout ce qui est quantitatif d'ailleurs, a toujours une valeur contextuelle. Il faut prendre en compte le contexte[21] ! De ce fait, dès qu'on s'intéresse aux facteurs humains, il y a toujours un aspect contextuel qui peut être lié aux notions d'espace, de temps et de personne. En conséquence, à chaque fois que l'on va faire une évaluation, la notion de contexte va jouer un rôle considérable. C'est pour cette raison qu'il est impossible de parler d'ingénierie cognitive, de facteurs humains sans parler de contexte. J'aimerais que nous approfondissions cette notion de contexte parce qu'elle est centrale.

J.P. Au sujet du contexte, je reviens sur l'identification d'un problème. J'ai évoqué la nécessité d'isoler le système à étudier de l'extérieur, mais en prenant bien soin de répertorier toutes les interfaces avec cet extérieur car elles ont une importance primordiale dans l'étude. C'est une bonne façon de prendre en compte le contexte de façon systématique.

G.B. Ce chapitre concerne les objectifs de nos discussions et donc de ce livre. Nous avions parlé de la prise en compte des facteurs humains dans le cycle de vie d'un produit. L'Homme va se différencier d'un artefact (de ce qui est construit) par le fait qu'il agit, réagit et pense de façon autonome. De plus, il n'est pas construit de la même façon et il est difficile, et même le plus souvent impossible, à « déconstruire ». L'Homme est ! De ce fait, il va falloir apprendre à observer ce qui est pertinent à considérer dans la construction de nouveaux outils. L'Homme est unique et en particulier, il prend des risques. Je lance là

[21] La notion de contexte va revenir souvent dans notre discussion. Elle est difficile à définir parce qu'elle met en jeu beaucoup de paramètres pertinents intrinsèques et extrinsèques à un agent et son environnement. Le contexte donne un sens à une information.

quelques pistes : l'Homme fait des exploits et commet des erreurs mais il est toujours un jour conduit à prendre des risques. Le problème est d'examiner ce que veut dire le terme « risque », de prendre conscience du risque et de le mesurer. Même si l'objectif de ce livre est très général, notre expérience à tous les deux est basée sur l'étude des systèmes à risques.

J.P. Je fais ici trois remarques. D'abord sur le qualitatif pouvant être quantifié. Je peux citer un exemple concret. Au cours de la mise au point de Concorde, à la fin des années soixante, il s'agissait d'optimiser les systèmes de commandes de vol en pilotage manuel. On utilisa une échelle d'évaluation permettant le jugement de configurations, l'échelle de Cooper-Harper en usage alors aux Etats Unis. Il fallait donner une cotation comprise entre 1 (excellent) et 10 (à rejeter parce qu'impossible à piloter). La pratique de cette échelle par les pilotes nous a permis d'avancer rapidement vers les configurations rendant le pilotage de Concorde le plus précis et le plus agréable que j'ai connu, même meilleur que celui déjà excellent des Airbus. L'ingénierie cognitive s'intéresse au comportement humain, complexe et difficilement définissable à cent pour cent. Il existera toujours une partie indéfinissable amenant ainsi une part de risque dans les solutions de problèmes de facteurs humains. Avec Concorde, il y a quarante ans, on a introduit cette notion de risques associés à la fréquence probable d'occurrence des pannes et de combinaisons de situations, permettant d'évaluer sur une échelle appropriée si un risque est acceptable ou non. Par exemple, si une combinaison de pannes est estimée ne pouvoir survenir qu'au cours de cinquante millions d'heures de vol, même si les conséquences sont estimées catastrophiques on prend le risque de son occurrence. Cela s'applique aussi aux facteurs humains. On commence ainsi à évoquer des situations à problèmes qu'il va falloir expliciter pour rester dans le concret.

G.B. Avant cela, je voudrais juste revenir sur quelques points. L'échelle de Cooper-Harper, que j'ai aussi utilisée et que tu as utilisée aussi, est une échelle numérique mais qui est fortement basée sur la subjectivité de celui qui l'utilise…

EXPERTISE

J.P. A l'expérience, les différences d'appréciation entre pilotes étaient faibles.

G.B. ...Voilà ! Alors tu disais que grâce à cette échelle, Concorde était...

J.P. Grâce à elle, on a fait des choix...

G.B. ... des choix corrects. Cependant, sans critiquer l'échelle de Cooper-Harper, n'importe quelle échelle qui aurait été utilisée aurait été bonne parce que ce qui était bon là-dedans était le fait de demander l'avis des gens impliqués dans une activité donnée. C'est là l'élément central. Alors bien sûr, numériser le jugement subjectif permet de faire des statistiques, justifier... c'est bien, mais si on ne demande pas l'avis aux gens, il y aura évidemment des surprises parce qu'on va forcément retrouver ces avis plus tard, et lorsqu'on les retrouve en opération, c'est plus problématique que lorsqu'on les anticipe en cours de conception et de développement. La question centrale est de limiter le nombre de surprises. Mieux vaut prévenir que guérir !

J.P. Nous abordons là un aspect difficile à maîtriser dans l'ingénierie cognitive : tenir compte des multiples interactions entre les très différents aspects des paramètres individuels. Tu mentionnes ainsi la nécessité d'avoir des opinions diverses afin de voir l'ensemble des interactions. Or cette échelle de Cooper-Harper était à l'époque utilisée par les pilotes d'essais qui, d'après leurs propres références, jugeaient si le système évalué et choisi pouvait être mis entre les mains d'un pilote de ligne ordinaire. Par cela, nous abordons un autre sujet important en ingénierie cognitive, celui de l'expertise, méritant une attention spéciale.

G.B. Tout à fait. À propos de l'expertise, je me suis penché sur la question lorsque je travaillais avec le groupe de Banff qui s'appelait « *Knowledge Acquisition for Knowledge-Based Systems* » et qui a régulièrement organisé plusieurs colloques, entre mille neuf cent quatre-vingt-six et mille neuf cent quatre-vingt-seize. À l'époque, plusieurs méthodes sont nées. Beaucoup pensaient que tout cela était ésotérique. Mais en fait, nous avons énormément travaillé sur l'expertise et nous avons essayé de comprendre ce qu'expertise voulait dire. Ce que j'ai retiré de ce groupe-là, concrètement, est la construction de la méthode GEM. Cette méthode, que j'ai élaborée au cours du temps, au début elle était basée sur des éléments construits par d'autres personnes. Petit à petit, la méthode s'est affirmée et raffinée. Elle permet d'avoir les opinions, consensuelles ou non, d'un certain nombre de personnes dans un temps relativement court. GEM permet de se rendre compte très rapidement où se situent les problèmes majeurs d'un domaine d'étude. Elle consiste à rassembler des experts du domaine pour qu'ils donnent leurs points de vue sur un sujet donné d'abord individuellement puis progressivement en commentant les opinions des autres participants. Une session GEM dure entre quatre et cinq heures. On peut bien sûr les re-contacter plus tard. GEM inclut une méthode de cotation qui ressemble beaucoup à l'échelle de Cooper-Harper, de 1 à 10 aussi, et là on établit un classement des différents concepts qui ont été générés. Lorsque les moyennes sont faites et les consensus atteints, les gens sont forcément obligés d'entériner un consensus lorsque la réunion se termine. C'est une autre façon de poser un problème. Nous revenons donc ici à la question initiale, c'est-à-dire que pour poser un problème, on commence par se doter d'un certain nombre de techniques, qui sont le fruit de recherches très complexes et qui se traduisent en fin de compte par des choses assez simples. On peut se poser la question : « pourquoi ne pas l'avoir fait depuis longtemps ? » La réponse à cette question n'est justement pas simple. Ce que je cherche à défendre, c'est le développement d'un certain nombre de méthodes cognitives utilisables par les ingénieurs. C'est pour cela que la recherche cognitive est cruciale et doit être continuée. Où en sommes-nous ? D'une part, un certain nombre de méthodes dites « facteurs humains » font partie de l'arsenal des méthodes utilisées dans l'industrie aéronautique, et d'autre part le retour d'expérience s'installe progressivement avec l'analyse de tous les incidents et accidents opérationnels rapportés par les exploitants, pilotes, contrôleurs au sol et maintenanciers. De plus, on commence à avoir des résultats convaincants sur l'application de certaines méthodes de l'ingénierie cognitive, ce qui est très nouveau.

J.P. Pouvons-nous maintenant attaquer la nature même des problèmes ?

G.B. Je te propose d'attaquer la nature des problèmes en revenant sur les risques. La perception du risque peut être quelque chose d'inhibiteur autant que de facilitateur chez l'être humain. C'est assez intéressant : souvent, on ne fait pas quelque chose parce que le risque est trop grand et d'autres fois, on prend un risque parce qu'on ne peut pas faire autrement. Aucune machine ne prend des risques, seul l'être humain en prend ; et c'est lorsque qu'il est « embringué » dans la prise de certains risques, que le problème du contrôle de la situation se pose et que des problèmes inattendus peuvent arriver. Le sujet est bien évidemment compliqué, mais je voudrais insister sur le fait que l'être humain est toujours confronté à la prise de risques. Il prend des risques vis-à-vis de lui-même et des autres, et il en a besoin pour vivre et se développer.

LA PRISE DE RISQUE

J.P. Tu veux dire qu'il fait des choix en estimant les risques.

G.B. Le risque peut être connu ou inconnu. Dans tous les cas, l'être humain va prendre des risques en fonction de l'idée qu'il se fait de la situation. Effectivement, l'être humain prend des risques tous les jours.

J.P. Cela veut dire qu'il faut éduquer l'être humain pour qu'il prenne des risques raisonnables et non pas des risques passionnés, par exemple dans l'excitation d'une présentation aérienne où l'on veut « montrer son savoir faire » !

G.B. Voilà, c'est ça ! En fait, on en revient à la question du sens critique. N'avons-nous pas contribué à trop théoriser en minimisant le bon sens et notamment cet esprit critique dont nous avons tellement besoin. On peut se rassurer en disant que l'expérience va contribuer à construire et affiner cet esprit critique. Je me pose cependant un certain nombre de questions sur l'enseignement donné à l'école et à l'université. En effet, il est urgent de revenir sur la question initiale et fondamentale : « Comment poser un problème ? ». Lorsqu'on apprend aux jeunes uniquement à résoudre des problèmes sans leur apprendre à les reconnaître, ils seront très démunis lorsque des problèmes réels vont se présenter. Pour cela, notre contribution à l'ingénierie cognitive doit être centrée sur la position des problèmes, l'esprit critique, la vision de loin… Des choses comme ça !

J.P. Ce qui veut dire qu'on identifie un problème, puis on en étudie des solutions. Mais ensuite, ces solutions doivent faire l'objet d'un choix basé sur les risques que chaque choix implique.

G.B. Le processus « position/résolution de problème » est toujours effectué en boucle, guidé à la fois par des intentions et par des réponses à des événements externes.

NATURE DES PROBLEMES

J.P. Oui, et la grande diversité de la nature des problèmes prouve bien que l'ingénierie cognitive est une très vaste matière. Voici quelques exemples : erreurs humaines, conscience de la situation, automatismes, environnement et situations imprévues, intelligence artificielle, rationalisation du comportement opérationnel, types de tâches, charge de travail et focalisation de l'attention, vigilance, problèmes spécifiques individuels, travail en groupe, traçabilité des actions et décisions, formation, et pourquoi pas aussi les interférences médiatiques dans le choix de solutions... Voilà un inventaire à la Prévert, très incomplet d'ailleurs.

G.B. Focalisons-nous aujourd'hui sur la question initiale : où se trouvent ces problèmes ? Je pense qu'ils se trouvent dans l'entreprise qui conçoit et qui produit un artefact autant que dans l'utilisation de ce dernier.

J.P. Non seulement dans l'utilisation d'un produit mais aussi dans sa maintenance.

G.B. En effet. La contribution de l'ingénierie cognitive concerne plusieurs secteurs comme la conception, le bureau d'études, le développement, la fabrication, la mise en service, la formation, la maintenance...

J.P. Puis-je ajouter le retour d'expérience.

G.B. Retour d'expérience, cycle de vie et donc obsolescence. Quand l'artefact est-il déclaré obsolète ?

J.P. En aéronautique, l'obsolescence apparaît lorsqu'on n'arrive plus à maintenir en service un équipement, une machine, de façon économique. Par exemple quand un avion consomme trop de carburant par rapport aux nouveaux avions, ou quand sa maintenance se heurte à la difficulté d'approvisionnement des pièces de rechanges, ou simplement parce que les versions d'un type d'avion varient perpétuellement. Ainsi, un Airbus A300 des années soixante-dix n'a plus grand-chose à voir avec les derniers A300-600 livrés à Fedex. L'allure extérieure est ressemblante, mais, à l'intérieur, les systèmes sont très différents dans leur conception et leur réalisation.

LES ERREURS

G.B. Essayons donc d'analyser la nature des problèmes qui se posent dans ces divers secteurs du cycle de vie du produit. Pendant ces deux dernières décennies, l'erreur humaine a fait couler beaucoup d'encre comme si subitement on s'était aperçu que l'être humain faisait des erreurs ! Je suis volontairement provocateur à ce niveau parce que « *Errare Humanum Est* » n'est pas récent. On ne va pas redonner ici toutes les études qui ont été faites sur les classifications d'erreurs humaines. Cependant, il est bon de donner un petit éclairage sur cette notion d'erreur. Pour moi, il y a deux types d'erreurs : les erreurs qui sont bonnes à faire ou qu'il faudrait faire pour apprendre et les prévenir par la suite, pour mesurer les conséquences qu'elles peuvent entraîner et surtout pour récupérer après les avoir commises ; et les erreurs qu'il ne faut surtout pas commettre parce qu'elles mettent en danger l'individu, les autres individus et/ou leur environnement. Ceci conduit donc à deux concepts : la tolérance à l'erreur et la résistance à l'erreur, le problème étant de regarder le risque induit par une erreur.

J.P. On a commencé à recenser des erreurs au début des années quatre-vingt. La littérature de la recherche était alors pleine de classifications d'erreurs, chacun apportant son éclairage particulier suivant ses idées et son analyse. Cette nomenclature touffue et très diversifiée a eu un gros avantage : elle a réussi à déceler des erreurs dans des endroits qu'on ne soupçonnait pas. Au départ, toujours en aéronautique, on ne mentionnait que les erreurs des acteurs directs, celles des équipages. Puis on a mis en évidence les erreurs commises par les contrôleurs de trafic aérien. Il y avait aussi et surtout des erreurs dans les concepts opérationnels qu'on imposait aux pilotes. En résumé, il y avait donc des erreurs faites par le management des compagnies aériennes, des erreurs faites dans la conception des systèmes, dans l'organisation même des bureaux d'études, des erreurs faites en fabrication, lors de la réception des avions... On a donc enfin réussi à déterminer qu'il y avait des erreurs partout où il y avait l'Homme, l'humain. Ceci a provoqué dans les années quatre-vingt-dix une réflexion de base dans l'ensemble du système de transport aérien mondial. On avait essayé dans les années quatre-vingt de s'attaquer à l'erreur la plus immédiatement visible, je dirais la plus médiatiquement visible, celle de l'équipage qui est pour les passagers le dernier rempart avant la catastrophe éventuelle. Quand on a pris conscience de ce dernier rempart, on a essayé de le conforter en voulant diminuer le nombre d'erreurs humaines, c'est-à-dire en diminuant l'action de l'Homme et en augmentant le nombre d'automatismes. Ces derniers, quant à eux, sont supposés être sûrs : on leur demande de faire quelque chose et ils le font. Mais là, on s'aperçut que ça ne marchait pas comme on l'espérait, parce qu'en mettant des automatismes, on remplaçait certaines erreurs par d'autres. La conjonction de ces deux constats a enfin remis le bon sens en place : il était impossible d'éradiquer l'erreur humaine même en utilisant la technologie galopante. Il fallait donc s'attaquer, comme tu l'as dit tout à l'heure, à l'erreur tout en l'acceptant. Certains chercheurs ont essayé de trouver le type et le nombre d'erreurs pouvant être effectuées dans un cockpit. On en a tiré des résultats intéressants : il y a une moyenne d'environ quatre erreurs par heure de vol dans des circonstances relativement calmes, comme dans la phase de croisière. Ces erreurs sont le plus souvent bénignes : on bouge un bouton à la place d'un autre, on affiche 151 au lieu de 115... des choses comme cela. Cependant les pilotes perçoivent et corrigent très rapidement ces erreurs. Mais ces dernières se modifient quand on arrive dans des phases à forte demande attentionnelle, où il y a donc plus de tension dans le cockpit, en particulier dans les phases de décollage et d'atterrissage, où le nombre d'erreurs tombe entre deux et quatre. L'ennui est que, dans ces phases, on les détecte moins bien et, par conséquent, qu'elles deviennent plus dangereuses.

G.B. Pour conclure cette partie, on peut dire qu'il y a la détection des erreurs, mais aussi la correction des erreurs. En ingénierie cognitive, nous nous intéressons aux deux : évidemment, il convient de faciliter la perception des erreurs de quelqu'un, mais il faut aussi lui donner le moyen de la corriger. Nous parlons de récupération après panne ou erreur humaine. Aujourd'hui, beaucoup de systèmes ne sont malheureusement pas conçus systématiquement selon cette perspective.

Chapitre 4

L'automatisation

DES ERREURS HUMAINES A L'AUTOMATISATION

G.B. Nous abordons un chapitre important qui concerne l'erreur humaine, ou les erreurs humaines, thème que nous avons introduit dans le chapitre précédent. Les erreurs humaines et l'automatisation accrue sont souvent associées.

J.P. Ce constat de l'erreur humaine venant perturber la bonne marche d'un système fut la principale cause de la tentative d'éliminer l'Homme de la conduite des machines, dans les années quatre-vingt. La participation humaine dans les dysfonctionnements causes d'accidents atteignait le taux préoccupant des trois-quarts, nous l'avons déjà dit, et l'idée fut d'essayer de se débarrasser de cet humain faillible dans les activités à risque. À l'époque, l'avènement de la technologie numérique permettait l'espoir de pouvoir multiplier les automatismes prévenant les « fautes » humaines.

G.B. Les automatismes n'ont pas éradiqué les erreurs humaines !

J.P. Un automatisme est rigoureux et sans état d'âme, faisant exactement ce pourquoi il est programmé, sans déviation ni erreur, sauf panne dont l'occurrence diminuait avec l'augmentation de la fiabilité des équipements numériques. Mais ces automatismes n'arrivaient pas à totalement remplacer les actions humaines et l'on s'est aperçu que l'erreur humaine s'était déplacée du cockpit vers la conception des systèmes, leur maintenance, l'organisation... Comme déjà dit, on s'est finalement aperçu qu'on ne pourrait jamais éradiquer l'erreur humaine dans son principe : l'Homme est un invariant alors que la technologie augmente constamment les possibilités des outils et des prothèses que l'on peut ajouter. Comme l'Homme a encore un rôle irremplaçable dans beaucoup d'activités professionnelles, on a cherché comment tolérer l'erreur humaine et comment vivre avec.

G.B. Parlons donc de l'automatisation. J'ai reçu une formation d'automaticien et je me suis progressivement aperçu que l'automatisation était toujours pensée et réalisée d'un point de vue purement technique. On ne se demandait jamais si automatiser pouvait avoir des répercussions sur le travail de ceux qui devaient « subir » cette automatisation. Finalement, nous comptions implicitement sur l'adaptation des opérateurs humains. Mais lorsque l'automatisation n'est pas bien pensée, elle peut conduire à une spirale infernale, qui consiste à automatiser pour supprimer l'erreur humaine. Certaines actions humaines sont remplacées par les actions d'un automatisme. On constate alors qu'il faut gérer cet automatisme en utilisant une stratégie de surveillance, de « monitoring », souvent artificielle. Il est bien connu aujourd'hui que lorsque l'être humain n'a pas d'action directe sur le système à surveiller, à contrôler, sa stratégie de « *monitoring* » peut être sujette à des problèmes importants de vigilance. Ceci est dû au fait que l'absence de directivité, définie dans les choix et séquences des éléments à observer et surveiller, peut laisser le libre choix d'action aux opérateurs humains, et peut parfois conduire à une surveillance mal conduite, et donc conduire à de nouvelles erreurs. Et que crois-tu que ces nouvelles erreurs ont entraîné, et entraînent d'ailleurs encore aujourd'hui ? Une nouvelle automatisation ! C'est une spirale qui ne s'arrête jamais : un nouveau type d'erreur émerge, en réponse, on automatise et ainsi de suite. En définitive, ce processus consiste à faire successivement émerger des erreurs de nature différentes des précédentes : « Errare Humanum Est ! ». Lorsqu'un être humain doit agir, il surveille de façon déterministe, il doit aller vérifier certaines choses pour pouvoir agir correctement. Lorsqu'il n'a rien à faire, sa stratégie de surveillance est beaucoup plus aléatoire : il doit l'apprendre bien sûr, mais le type de surveillance qui en résulte donne lieu à un autre type de comportement cognitif. Dans un cas, lorsque l'être humain doit agir – ce qui est naturel dans la vie – il a une stratégie de surveillance guidée par l'action, alors que lorsqu'il n'a pas à agir directement, sa stratégie de surveillance n'est pas forcément naturelle au sens où je viens de le définir. Il y a là un problème très clair qui vient de la nature des nouvelles actions nécessaires à l'utilisation de nouvelles machines. Souvent, lorsque l'automatisation est radicale, la nature du travail change les métiers correspondants. Bien sûr, il faut alors réapprendre à utiliser les machines d'une autre façon.

J.P. On peut dire que lorsqu'on tente d'améliorer une situation dans le but de diminuer le nombre d'erreurs, on ne fait que changer la nature des erreurs induites. L'enjeu est de diminuer le nombre total d'accidents résultant d'erreurs humaines, sinon il n'y aurait aucun avantage. C'est ce qui s'est passé avec les dernières générations d'avions très automatisés, où l'on est passé en vingt ans, de trois à moins d'un accident par million de décollages. Cependant l'analyse des causes montre que le taux de participation humaine reste toujours voisin des trois-quarts. Les problèmes liés aux facteurs humains se sont déplacés sans être vraiment résolus.

G.B. Nous cherchons toujours à lutter contre l'ignorance. Nous cherchons à minimiser le nombre et l'impact des surprises. L'automatisation des machines ne fait pas exception.

J.P. Nous avons automatisé pour réduire le nombre d'erreurs et, à son tour, l'automatisation génère de nouvelles erreurs.

G.B. Sur ce point, je voudrais parler de deux choses : premièrement, de ce que l'on appelle « automatisation mal faite », qui est une traduction peut-être un peu hâtive de « *clumsy automation* », notion qui avait été introduite par Earl Wiener[22] aux Etats-Unis ; et deuxièmement, de la nature de l'erreur. Alors tout d'abord l'automatisation « mal faite ». En fait, on s'est aperçu qu'on automatisait ce qu'il était possible d'automatiser et pas forcément ce qu'il convenait d'automatiser pour une meilleure fiabilité du système Homme/machine. La question centrale est qu'il y a un couple Homme/machine, et c'est ce couple-là qu'il convient d'optimiser, ce n'est pas forcément la machine elle-même. Il faut bien sûr que la machine fonctionne de façon fiable et optimale, mais ce n'est pas parce que la machine aura un comportement optimal, au sens de l'optimalité système, que le couple Homme/machine va être optimal. Par conséquent, la question est d'aborder le système Homme/machine depuis le début de sa conception et de se rendre compte des fonctions à confier à la machine et de celles qu'il faut confier, sinon laisser, à l'être humain. C'est pour cela que, entre autres, j'avais développé l'analyse des fonctions cognitives pour permettre de mieux comprendre l'incidence de l'automatisation vue comme le transfert de certaines fonctions cognitives de l'Homme vers la machine. Ce transfert peut se faire de diverses façons et l'on s'est aperçu que certaines fonctions pouvaient très bien êtres transférées du côté

---

[22] Wiener, E.L. (1989). *Human factors of advanced technology 'glass cockpit' transport aircraft*. Technical Report 117528. NASA Ames Research Center, CA.

machine, mais d'autres devaient être conservées du côté humain. On ne peut plus faire l'impasse d'une analyse des fonctions cognitives en phase de conception d'un nouveau système. Maintenant, la deuxième question : la nature de l'erreur. Effectivement, les systèmes que nous manipulons tous les jours sont devenus plus cognitifs, essentiellement parce qu'ils renferment une quantité impressionnante de logiciels informatiques – nous l'avons déjà dit –, ce qui n'était pas le cas dans le passé. Ces derniers peuvent avoir des comportements que même les informaticiens qui les ont créés ont parfois du mal à comprendre. Les erreurs humaines sont beaucoup moins de nature sensori-motrice et beaucoup plus de nature cognitive. La distance entre l'Homme et la mécanique est devenue beaucoup plus importante à cause des systèmes informatiques qui ont contribué à baisser considérablement la charge de travail et augmenter la sécurité la plupart du temps dans, disons, quatre-vingt-dix-neuf pour cent des cas, mais le un pour cent qui reste devient de plus en plus crucial et problématique. Or, dans les cas limites, extrêmes, l'être humain est unique et c'est là qu'il doit intervenir... la machine n'est plus capable de fournir une assistance. Alors j'aimerais savoir ce qu'un pilote d'essais en pense.

J.P. Ce que tu dis est certainement vrai en grande partie. Quelque chose me gêne cependant : tu dis que l'on a introduit une nouvelle couche de logiciels entre la machine et l'Homme. Mais cette couche n'est pas totalement immatérielle, autrement dit pour utiliser ces logiciels, il faut faire des manipulations. Autrefois pour conduire un vol, on agissait directement sur les commandes de vol. Aujourd'hui, on le fait au travers d'automatismes dans la plupart des cas, mais ces automatismes sont encore gérés par des manipulations. Un jour, il sera possible qu'il ne reste que peu de manipulations, grâce à des commandes vocales ou autre chose comme des commandes en prise directe avec le cerveau. Le problème est que ces manipulations introduisent parfois des erreurs qui sont plus difficiles à comprendre. Comme tu le dis, une fois de plus on a déplacé l'endroit où se produisaient les erreurs. Un bon exemple est donné par les commandes du système de gestion du vol, le FMS[23]. Il faut agir sur des claviers ou avec un outil de pointage sur un écran, une souris informatique par exemple, et la technologie digitale étant extrêmement précise et rigoureuse, on ne peut pas se permettre d'avoir une erreur d'introduction de données par une mauvaise sélection de touche ou de donnée.

[23] *Flight Management System* : outil de gestion de la navigation sur un avion.

Une erreur d'introduction, bloque le système ou dévie les calculs. Ce type de manipulation requiert une attention extrême et soutenue de la part des pilotes au détriment d'autres tâches. Mais a contrario, en formation de base, les pilotes sont éduqués de façon à ce « qu'ils divisent leur attention », afin qu'ils évitent de se focaliser totalement sur une action, ce qui est fondamental pour la sécurité et pour l'accomplissement rapide des multiples tâches dans le cockpit. Or, la gestion des systèmes informatiques monopolise une attention extrêmement soutenue pour éviter les erreurs d'introduction de données, ou pour éviter les mauvaises sélections de touches, sources d'erreur, ce qui n'est pas très bon.

G.B. Il s'agit donc de l'interface et le domaine d'études est l'interaction humain-ordinateur[24].

J.P. Bien que nous parlions des erreurs avec les automatismes, je désire évoquer les autres types d'erreurs humaines non seulement dans le cockpit, mais dans la maintenance, dans le contrôle aérien... Comme déjà dit, elles se retrouvent non seulement auprès des acteurs directs, mais aussi auprès des organisateurs, des contrôleurs, des concepteurs... Il faut donc mettre en place des méthodes tenant compte de ces possibilités multiples d'erreurs, permettant de les détecter et de les corriger facilement tout en limitant aussi leur champ de possibilités néfastes. La tendance actuelle est de construire des systèmes résistants aux erreurs mais aussi facilitant leur reconnaissance le cas échéant.

G.B. ... et à les récupérer !

J.P. En ce qui concerne l'organisation de l'équipage du cockpit, on a introduit le CRM[25] comme nous l'avons déjà évoqué : en travaillant en équipe organisée, on arrive à s'aider mutuellement et à mutuellement détecter les erreurs et à les corriger.

---

[24] Nous préférons parler d'interaction humain-ordinateur, bien que le courant « officiel » s'appelle l'interaction Homme-machine (IHM). La terminologie anglo-saxone est *human-computer interaction* (HCI), beaucoup plus adaptée au sujet traité.

[25] CRM : *Crew Resource Management* ou gestion des sources de l'équipage.

DISTINGUONS TACHE ET INTERACTION

G.B. Je voudrais revenir sur le FMS. C'est un très bon exemple pour parler des fonctions cognitives. En effet, le FMS est essentiellement un ordinateur qui renferme une base de données de routes aériennes. Il permet une délégation de la tâche de navigation en faisant automatiquement les calculs. Il permet essentiellement d'optimiser le carburant. Ces calculs étaient, dans le passé, effectués par le pilote. Autrefois, le pilote planifiait son vol à l'aide d'un crayon, de papier, de cartes et surtout de sa tête, de son cerveau. Aujourd'hui avec le FMS, les neurones utilisés pour la planification du vol ont été remplacés par un système informatique incluant des trajectoires qui ont été initialement stockées dans une base de données. En d'autres termes, on a automatisé des fonctions cognitives relatives à la tâche de planification du vol. En revanche, les fonctions cognitives relatives à l'utilisation des instruments pour faire cette planification ont changé. Le papier et le crayon ont été remplacés par un clavier, un petit écran et toute une machinerie informatique qui permet d'aller retrouver des plans de vol, de modifier des « *way points* » (des balises), de relancer des calculs... de sorte que l'on a simplifié la tâche de planification du vol, mais d'un autre côté, on a complexifié l'interaction initiale. Le papier et le crayon sont très simples d'utilisation, mais remonter trois niveaux de menus, c'est-à-dire choisir entre plusieurs solutions à plusieurs étapes d'un processus itératif, peut mener à s'apercevoir, quand on trouve une balise, qu'on ne se souvient plus de ce qu'on avait fait au premier niveau de récursivité. De sorte que la touche RESET peut être très souvent utilisée. Effectivement, si l'on fait deux ou trois RESETs d'affilée, on commence à être un peu énervé ! Le problème est qu'on a automatisé sans se préoccuper si l'interaction avec l'outil permettait de faire les choses simplement. En fait, paradoxalement, on a simplifié d'un côté et on a complexifié de l'autre. Cette complexification de l'interaction est, on le sait aujourd'hui, un problème d'informatique. C'est pour cela que nous avons développé des recherches dans le domaine de l'interaction humain-ordinateur (*human-computer interaction*). Aujourd'hui, on commence à voir des améliorations intéressantes dans la manipulation de l'outil informatique. On n'est pas encore arrivé à des choses simples comme le papier et le crayon. Peut-être qu'un jour, comme tu l'as signalé, on aura des commandes vocales de haut niveau et dans ce cas-là, l'interaction sera sous forme de dialogue. Dans l'intérim, on a dû passer par quelque chose de plus compliqué qu'avant et l'on n'a pas bien vu pendant longtemps qu'il y avait un certain nombre de fonctions cognitives pas évidentes à mettre en œuvre comme « aller chercher la touche *flight plan* », « utiliser un clavier alphabétique[26] », « aller chercher la touche L »... ce qui n'est pas forcément aussi simple qu'il n'y paraît dans certains contextes de vol. Par exemple, il faut remonter l'alphabet pour aller chercher la lettre L, surtout si l'on est habitué à utiliser un clavier QWERTY ou AZERTY... ou pas de clavier du tout ! Redescendre des niveaux de menus n'est pas simple non plus, surtout quand on a trente-six choses à penser... Donc l'automatisation a amélioré un certain nombre de choses sur certaines tâches, par contre sur d'autres aspects qui sont relatifs à l'interaction, nous sommes en train de faire des progrès considérables suite aux recherches actuelles sur l'interaction humain-ordinateur.

J.P. N'avons-nous pas dérivé du sujet sur les erreurs et l'automatisation ?...

G.B. Nous discutons en fait d'informatisation et des erreurs qu'elle engendre. Tu parlais d'erreurs de manipulation : on peut faire des erreurs de manipulation à cause de la profondeur des niveaux de menus à remonter.

J.P. C'est précisément là-dessus que je voulais intervenir...

G.B. Et ceci n'a rien à voir avec la planification du vol, c'est uniquement l'utilisation de l'ordinateur qui est en cause. Ce n'est donc pas l'automatisation, mais bien l'interaction humain-ordinateur qui pose problème dans ce cas, et qui a introduit de nouvelles possibilités d'erreurs.

NOMBRE DE FONCTIONS ET MEMORISATION

J.P. En fait si je compare un FMS d'aujourd'hui à ceux que j'ai vus au début des années quatre-vingt, fondamentalement, ils se ressemblent assez. Cependant, quand on y regarde de plus près, on s'aperçoit que le nombre de fonctions prises en compte est nettement plus élevé. Alors qu'a-t-on fait dans l'évolution du FMS ? Rejoignant ici l'évolution

[26] Le clavier FMS est organisé de manière alphabétique.

des automatismes et de l'informatique, on a commencé par chercher ce qu'on pouvait automatiser avec une relative facilité et tu as ainsi parlé de la planification des vols. Quantité de choses ont été introduites comme la possibilité de suivre des circuits d'attente, de sélectionner n'importe quelle balise, de tous les aéroports, de préciser une trajectoire dans le plan vertical ce qui est curieusement assez difficile à concevoir, de se conformer à des limitations au passage d'un repère donné... Tout cela a été introduit petit à petit. Mais pour utiliser ces fonctions, on est parfois obligé de passer par plusieurs manipulations différentes, aisées à comprendre lorsqu'on est au calme mais obligeant à se concentrer, et le problème se situe bien là. Je prends l'exemple d'un circuit d'attente, pour lequel on est obligé de faire des manipulations sur le FMS pour y avoir accès alors qu'en pratique, d'après l'expertise acquise, il suffit pour le pilote de regarder la feuille de navigation pour reconnaître comment s'introduire dans le circuit et comment le suivre... La machine ne sait pas exécuter une telle synthèse, et par conséquent elle traite les problèmes par éléments ou par trajectoires simplifiées, et ces problèmes élémentaires nécessitent des pas à pas difficiles à se rappeler quand on ne les utilise pas de façon courante. Ainsi lorsqu'on a des vols avec peu de circuits d'attente, la nécessité d'introduire un circuit d'attente une fois toutes les deux ou trois semaines, oblige à chaque fois de se remémorer les manipulations successives. L'ennui est qu'on ne s'en souvient pas toujours, d'où la possibilité d'erreurs de manipulation. Par conséquent, en reprenant l'exemple du FMS, l'important est de fournir au pilote des fonctions synthétiques telles qu'il se les représente. C'est à l'ordre du jour, mais la progression est lente.

G.B. Cette question de la mémorisation de certaines fonctions utilisées occasionnellement est aujourd'hui testée lors de l'évaluation de l'utilisabilité d'un système.

J.P. Je suis heureux que ce type de test soit entré dans les évaluations systématiques. Mais le nombre sans cesse croissant de fonctions me préoccupe.

GESTION DU CHANGEMENT

G.B. Nous sommes ici sur un sujet très important lié à l'informatique. Tu as dit qu'il y a eu une augmentation du nombre de fonctions prises en compte par le système. En fait, l'informatique permet de faire plus de choses que dans le passé parce que la flexibilité de la technologie le permet... et tout simplement parce qu'on a la possibilité de le faire ! Si je prends les logiciels de traitement de texte du commerce, il y a quantité de fonctions que l'on n'utilise jamais, de l'ordre de quatre-vingt-dix à quatre-vingt-quinze pour cent. Le concepteur génère toutes ces fonctions parce que c'est techniquement possible et qu'elles peuvent potentiellement servir. Là, on aboutit à quelque chose d'extrêmement important qui est le type d'utilisateur de ces systèmes. Soit on s'adresse à des utilisateurs experts, soit à des utilisateurs du type grand public ou, je dirais, occasionnel. Il se peut qu'un expert ait un comportement occasionnel pour certaines tâches : il n'est pas expert en toute situation. Je voudrais commenter ces deux points. Être expert, c'est quoi ? C'est avoir une grande expérience dans un domaine, avoir appris longuement et se maintenir à niveau, faire du « *recurrent training* », de la formation continue pour les systèmes qui, en plus, évoluent très rapidement. Aujourd'hui, nous sommes dans une double problématique en ce qui concerne l'expertise : d'une part, les experts doivent maintenir leur niveau, mais ils doivent aussi apprendre des systèmes dont l'évolution est constante. En effet, l'informatique permet de faire des changements rapides. De ce fait, on est de nos jours très rarement en régime permanent. On est, le plus souvent, sur des régimes transitoires. Il faut donc apprendre à rester en équilibre sur des régimes transitoires qui font qu'une des spécificités des métiers modernes est de se maintenir dans une boucle d'apprentissage et de formation permanente. Ceci était beaucoup moins marqué dans le passé. Par ailleurs, tu disais qu'il fallait des fonctions synthétiques et des représentations qui renvoient au pilote ce qui se passe, ce qu'il est en train de faire, mais de façon simple. C'est difficile aujourd'hui parce qu'on est toujours sur cette courbe transitoire, on n'arrête pas de changer les choses et les difficultés viennent du fait qu'on n'est jamais complètement stabilisé. Le problème principal relevant de la validation des systèmes est le problème de la maturité. D'une manière générale en informatique, on arrive à vendre des systèmes qui ne sont pas complètement stabilisés. Ceci est parfois difficile à accepter par des gens qui ont vécu sur des systèmes stabilisés dans le passé. Nous avons tendance à acheter des systèmes stabilisés, même si on constate que nous achetons des produits qui peuvent devenir obsolètes six mois plus tard. Certains fabricants de systèmes informatiques définissent souvent leur stratégie de marketing en prenant en compte cette évolution du concept de maturité. Avec l'informatique, des comportements assez nouveaux émergent et notamment ce problème du transitoire : être en équilibre sur un transitoire et en formation permanente sur des systèmes en constante évolution.

J.P. Le maintien à niveau est très important parce qu'on ne sera jamais en solution définitive d'équilibre : l'évolution est permanente et surtout rapide désormais, je le reconnais. De plus, le problème n'est pas uniquement le maintien à niveau, il est aussi dans la cohabitation de technologies d'anciennetés différentes, par exemple, lorsqu'on met dans le circuit mondial des nouveaux produits, des nouveaux avions équipés de systèmes de technologies nouvelles. La vie d'un avion est comprise entre vingt et trente ans. Or les cycles de changement d'une version à l'autre sont de quelques années. Dans le monde entier, on a de fait la cohabitation de nombreux types et versions d'avions représentant toute une gamme d'évolution et, quand un pilote passe d'un type d'avion à un autre, il peut y avoir pour lui des sauts technologiques extrêmement importants, ce qui peut créer une grande difficulté d'adaptation des populations de pilotes aux nouvelles versions. Je cite un exemple qui remonte déjà à une vingtaine d'années quand on a commencé à introduire les premiers avions informatisés. On avait ajouté dans le système de contrôle de pilotage la trajectoire de l'avion par rapport au sol qui, sans entrer dans des considérations techniques, permettait d'avoir une trajectoire indépendante des perturbations météorologiques, essentiellement du vent. Dans une approche finale sur une piste d'atterrissage, cela permettait d'avoir directement la trajectoire allant jusqu'à l'entrée de la piste. C'était donc une amélioration fantastique, mais obligeant à une nouvelle façon de conduire le vol. Nous devions enseigner à tous les pilotes venant sur notre nouveau type d'avion, l'A310 à l'époque, la possibilité, à partir d'une altitude donné et d'un point de repère donné, en fait une balise VOR[27] relativement précise, d'afficher une pente et une trajectoire d'approche indépendantes du vent. De ce fait, on devait pouvoir arriver, avec une visibilité assez correcte et bien définie, à trouver le bout de piste sans la difficulté d'un pilotage classique peu précis. Certains pilotes n'ont pas assimilé cette nouveauté et ont cru que la procédure était valable dans tous les cas alors qu'on leur avait bien dit qu'elle ne s'appliquait qu'à partir d'une origine bien déterminée.

G.B. Prise en compte du contexte d'utilisation de la fonction VOR !

---

[27] *Very High Frequency Omnidirectional Range.*

J.P. On a frôlé un accident avec un avion s'étant dérouté avec des branches d'arbres dans le terrain d'atterrissage après un essai d'atterrissage sur une piste dans le brouillard. Les pilotes avaient effectué leur approche à partir d'une balise radio omnidirectionnelle, donc d'une localisation peu précise. Dans le brouillard, ils n'ont pas arrêté la descente à l'altitude recommandée et, plusieurs centaines de mètres à côté de la piste, ils ont remis les gaz lorsqu'ils ont touché les arbres. Ceci montre qu'en plus de maintenir le niveau des gens, il faut aussi tenir compte de leur niveau initial. Cette cohabitation de différentes technologies n'est pas uniquement valable pour l'aéronautique.

HABILETES, REGLES ET CONNAISSANCES

G.B. Effectivement, c'est aussi une question importante et je la relierai à la fois aux habiletés et aux connaissances. Parlons tout d'abord des habiletés (compétences, réflexes, savoir-faire) que les opérateurs ont acquises. Soumis à de nouvelles technologies, les opérateurs ont du mal à désapprendre les habiletés apprises dans le passé et les remplacer par des nouvelles. Ces habiletés ressemblent à des circuits imprimés : une fois qu'on a imprimé les circuits correspondants dans son cerveau et dans son corps, il est très difficile à l'être humain de les désapprendre. Quand on fait un saut technologique important, il est urgent de comprendre quel apprentissage ou quel entraînement il faudra prodiguer pour que les gens reviennent dans un état stable de contrôle de la nouvelle technologie. Si je prends le modèle de Rasmussen, je suis en train de discuter du niveau le plus bas (*skill-based behavior*). Mais il y a l'autre côté de la question, le niveau des connaissances (*knowledge-based behavior*), si je me réfère toujours au modèle de Rasmussen. On s'est aperçu que lorsqu'on automatisait de façon importante et qu'on générait de plus en plus de systèmes qui travaillent pour « nous », c'était comme si on avait à gérer une équipe non pas d'individus mais d'agents artificiels. Gérer une équipe n'est pas la même chose que faire le travail soi-même. La gestion demande une certaine compétence faisant appel à des capacités cognitives différentes de la manipulation de base. Tout cela pour dire que lorsqu'on automatise fortement, c'est-à-dire lorsqu'on donne à gérer à un opérateur un grand ensemble d'agents artificiels, l'interaction humain-ordinateur passe de la manipulation à la gestion, et au management. Cette gestion d'agents artificiels est un problème en soi qui n'a jamais été rencontré dans le passé. L'interaction humain-ordinateur implique donc l'utilisation de fonctions cognitives très nouvelles en la matière comme la délégation, la coopération, et la supervision d'activités. Note bien que ces fonctions cognitives sont bien connues dans les organisations sociales. Aujourd'hui, l'utilisation de systèmes hautement informatisés n'est plus une question de *patterns* sensori-moteurs, c'est une question d'apprentissage de *patterns* cognitifs, ou plutôt sociocognitifs, utiles pour gérer une équipe !

J.P. Je peux encore citer un exemple d'erreur, liée à l'utilisation des automatismes. Quand on a commencé à utiliser les automatismes, et malheureusement ce que je vais dire est encore valable aujourd'hui, on a essayé d'expliciter toutes les fonctions élémentaires, parfois même moins élémentaires et plus synthétiques, se retrouvant dans les automatismes : que ce soit dans le pilote automatique, dans la conduite des moteurs ou dans le FMS. On s'est aperçu alors que l'enseignement de l'utilisation d'un FMS par exemple, outil d'utilisation courante aujourd'hui, nécessitait un document de plusieurs centaines de pages explicitant toutes les fonctions. C'était absolument impossible à enseigner alors que le plus important pour un pilote était l'association du premier et du troisième niveau de Rasmussen : le premier niveau de manipulation associé au troisième niveau de travail intellectuel d'organisation des connaissances pour y repérer les fonctions choisies.

DOCUMENTATION OPERATIONNELLE

G.B. Je t'arrête juste une seconde : le contenu des manuels techniques se situe au niveau deux de Rasmussen (c'est-à-dire le niveau des règles – *rule-based behavior*).

J.P. Oui, exactement. Et c'était imbuvable. Alors pour enseigner le FMS et autres systèmes automatiques complexes, on a utilisé des simulateurs sur lesquels on enseignait aux gens à manipuler, à comprendre les choses et à organiser leurs manipulations pour exécuter les tâches auxquelles ils voulaient accéder. Mais ils faisaient alors beaucoup d'erreurs. Ici on touche du doigt un point non encore évoqué : ces erreurs ont participé à l'édification de ce troisième niveau de Rasmussen, cette sorte de mémoire à long terme qu'on figeait par l'action, par la manipulation et par la connaissance de ces erreurs qu'il ne fallait pas renouveler et qu'on apprenait à éviter.

G.B. J'en profite pour conseiller au lecteur de se référer au modèle de Rasmussen que nous avons déjà cité. Mais pour en revenir à ce que nous disions, la documentation est un sujet très important. Effectivement, il est clair que la documentation se trouve au niveau deux de Rasmussen, et l'être humain n'aime pas les règles... il n'aime donc pas la documentation technique.

J.P. Il en a horreur. Sauf de rares individus.

G.B. Voilà. L'être humain agit donc au niveau le plus bas de Rasmussen et au niveau le plus haut. Le niveau le plus bas, c'est l'entraînement au sens presque sportif du terme et le niveau le plus haut, le niveau des connaissances, c'est l'intelligence. Et c'est la combinaison de ces deux niveaux qui fait qu'un opérateur va être performant. Alors bien sûr, s'il ne suit pas certaines règles dictées par l'expérience, il risque de se tromper ! Ceci est intéressant parce qu'on remonte à des modèles cognitifs. Beaucoup de ces modèles d'apprentissage se réfèrent à l'indexation cognitive, le repérage dans la mémoire, c'est-à-dire qu'on se souvient de ce qu'on doit faire dans une certaine situation par une indexation que l'on a faite dans le passé : on retrouve le bon fichier qui est déclenché par la perception de la situation et c'est ce fichier que l'on va chercher. Il est indexé d'une certaine façon et s'il est mal indexé, on ne va pas le retrouver, ou le retrouver de façon inappropriée dans une autre situation. En fait, ce que l'on a le mieux appris est ce que l'on a le mieux indexé cognitivement. C'est d'ailleurs pour cette raison que dans le passé, je dirais avant Descartes, les arts de la mémoire étaient fortement développés pour la transmission des connaissances. Les arts de la mémoire, ce n'est rien d'autre qu'une indexation : on indexe des concepts abstraits avec des situations concrètes. Beaucoup de processus mnémotechniques ont été développés sur ce modèle...

J.P. Ce que faisaient les compagnons.

G.B. ... Ce que font les compagnons ! C'est ce que l'on rencontre encore dans les campagnes : des proverbes qui marchent en général très bien, mais il faut tous les connaître pour que ça marche ! Ce sont des quantités considérables de connaissances et de savoir-faire, mais qui sont, lorsqu'elles sont bien indexées, répétées et « incarnées », rapidement accessibles et assurent une certaine fiabilité. Pour résumer, c'est une affaire de mémoire collective qu'il ne faut jamais oublier, mais nous aurons l'occasion d'évoquer plus en détail ce sujet dans nos futures discussions. Cette question de l'indexation est capitale. Revenons sur ce que tu disais tout à l'heure à propos de la documentation. En ce qui concerne le FMS par exemple, une documentation très volumineuse a été générée. Comme nous l'avons déjà dit, la plupart des gens ont horreur de la documentation : les générations actuelles préfèrent interagir plutôt que d'utiliser une documentation. Lorsqu'on va acheter un nouvel ordinateur ou un produit quelconque dans un magasin en ville, la première chose que l'on veut faire c'est l'utiliser tout de suite. Très peu d'entre nous lisent la notice ! Ce n'est pas que les gens soient paresseux, cela correspond à un comportement tout à fait naturel : on veut utiliser les choses tout de suite. La question initiale de la documentation devient une question d'interaction Homme/machine : est-ce qu'en ouvrant le produit, en commençant à interagir avec, on peut faire quelque chose avec et est-ce que l'on peut commencer à apprendre à s'en servir sans notice ? On arrive à un concept dont il conviendra de mieux définir les contours : le concept d'*affordances*[28]. Est-ce que ce produit suggère les bonnes actions ? Est-ce qu'il conduit à un apprentissage rapide et facile ? C'est-à-dire est-ce qu'on va pouvoir faire quelque chose avec sans se tromper ? Ce que je suis en train de dire, c'est que l'observation des facteurs humains montre que les gens ont du mal à utiliser la documentation. Ce n'est pas une tentative de démolition de l'approche documentaire parce que lorsqu'un problème est complexe, on a besoin de le documenter pour s'en sortir.

J.P. Je reprends sur ce thème-là. Nous avons parlé des erreurs humaines, mais, en reprenant toujours l'exemple du FMS, de temps en temps le pilote a l'impression que le FMS fait des erreurs. Dans ce cas, la documentation du FMS est fréquemment utilisée pour comprendre ces soi-disant erreurs. En fait la plupart du temps ce ne sont pas des erreurs, mais un problème de comportement apparemment aberrant des logiciels du FMS dans certaines situations, ces logiciels étant tout à fait logiques par ailleurs. Cependant pour comprendre ces

[28] Le concept d'affordances sera discuté plus loin. Cependant, pour la compréhension du lecteur, une *affordance* est une relation entre un individu et un objet. Elle peut être comprise comme une propriété d'un objet qui concerne sa « capacité suggestive d'action ». Par exemple, selon sa forme, une poignée de porte peut suggérer d'ouvrir en poussant ou en tirant.

comportements curieux du FMS, on est obligé de se plonger dans la lecture de notices qui peut durer des heures pour arriver à comprendre ce que l'on cherche. Ainsi, pour être bien utilisé, tout automatisme, ou équipement informatique, doit être adapté aux « *patterns* » cognitifs de l'utilisateur. Pour les pilotes, c'est relativement simple puisqu'ils bénéficient d'un cadre de formation pratiquement standardisé mondialement. Schématiquement l'enseignement sur ces systèmes complexes doit satisfaire à des règles précises et relativement rigoureuses... Cependant, il existe encore un certain flou dans l'évolution des équipements pédagogiques utilisés, simulateurs par exemple, où les méthodes pédagogiques restent fréquemment en retard sur l'évolution technologique des simulateurs eux-mêmes. Mais en général, le cadre pédagogique est relativement bien délimité et l'important est de réaliser des systèmes compatibles avec cette formation imposée aux acteurs. Ceci est vrai pour l'aéronautique mais pas forcément pour la vie courante.

G.B. Je suis content que tu parles de cela parce qu'en effet en aéronautique, pour des raisons essentiellement de sécurité, on a constamment essayé de maintenir un dialogue entre les différents intervenants au niveau mondial pour arriver à des standardisations, à quelque chose de précis et de rigoureux. Il existe donc une communauté de l'aéronautique, des pilotes, ce qui n'est pas forcément le cas pour d'autres domaines. En effet, on pourrait dire qu'en aéronautique tout le monde se connaît : c'est un petit village qui a été créé autour d'une profession, d'un domaine ! Force est de constater qu'en ce qui concerne l'évolution des nouvelles technologies au sens beaucoup plus large, des communautés se sont formées ou sont en train de se former.

Chapitre 5

Nature des problèmes

CONSCIENCE DE LA SITUATION

J.P. Parmi les problèmes méritant une attention particulière se trouvent ceux qui proviennent d'une conscience incorrecte de la situation courante. Une forte proportion d'accidents est due au fait que les pilotes ne sont pas conscients du danger de la situation où ils se trouvent. Ainsi, un avion parfaitement piloté et sans problème apparent, tout à bord fonctionnant correctement, peut impacter le relief simplement parce que les pilotes ne perçoivent pas l'imminence du danger. Ils ne sont pas conscients de la situation réelle de l'avion.

G.B. J'aimerais bien que nous définissions mieux ce que nous entendons par conscience de la situation. En anglais, la terminologie est « *situation awareness* » qui inclut non seulement la prise d'informations, la « perception », mais aussi, et je dirais surtout, la « compréhension » de ce qui est en train de se passer. Par conséquent, il faut premièrement que le pilote dispose de l'information pertinente sur la situation courante, mais aussi qu'il puisse en comprendre la signification. Que signifie « situation » ? Dans le cas du pilotage, nous distinguons la situation externe de la situation interne. La situation externe c'est par exemple la situation de l'avion par rapport au relief. La situation interne, c'est l'état de l'avion, l'état des pannes possibles, l'état du bon fonctionnement des systèmes de l'avion. Dans les deux cas, il est important que le pilote ait une bonne représentation de ce qui est en train de se passer. La notion de représentation est très importante ici. Nous avons déjà parlé des erreurs humaines et je voudrais insister sur l'erreur de représentation. Cette erreur de représentation, dont on parle dans notre domaine depuis fort longtemps, est évoquée aujourd'hui de façon beaucoup plus positive par la caractérisation de la conscience de la situation.

J.P. Je distinguerais deux facteurs principaux de dysfonctionnement. L'absence ou l'insuffisance d'informations pertinentes engendrant une mauvaise perception, une analyse erronée de la situation, et une erreur de représentation qui peut en découler. Cette erreur de représentation est parmi les plus dangereuses et certains la qualifient de « diabolique ». Ainsi, on reste sur l'image d'une situation incorrectement perçue ou analysée ; on est persuadé que c'est la bonne situation et tout ce qu'on perçoit par la suite vient la conforter, même si les informations sont en contradiction avec l'image qu'on s'en fait. Cette image est « imprimée » dans le cerveau et généralement seul un événement extérieur important peut amener sa remise en cause. Par exemple, lorsque nous cherchons notre chemin en voiture : on nous a dit qu'il faut tourner à droite à deux cent mètres, à côté d'un supermarché, puis prendre la deuxième rue à gauche, celle qui descend. À cent cinquante mètres, une rue part vers la droite à côté d'un grand établissement qui sans être un supermarché peut y être assimilé. On peut penser que l'informateur en a fait l'analogie et l'on tourne à droite. La deuxième rue à gauche n'est pas vraiment en pente, mais elle descend légèrement. On pense que l'informateur a un peu exagéré et l'on prend cette rue. Et, à partir de là, le sort est verrouillé...

G.B. D'accord, et la perception ?

J.P. Au sujet de la perception, tu distingues les informations internes et externes à l'avion. En ce qui concerne les internes, celles qui concernent les systèmes de l'avion, les pilotes disposent de dispositifs d'alerte et d'alarme précisant les anomalies détectées, qui aujourd'hui fonctionnent suffisamment bien et sont suffisamment bien présentés pour que l'information soit la bonne et, nous l'espérons, correctement perçue et interprétée. La conscience de l'état réel des systèmes est, en principe, bien assurée. En revanche la perception de la réalité est moins bonne pour ce qui provient de l'extérieur, sur la situation vis-à-vis du relief, des phénomènes météorologiques, et du voisinage avec les autres avions. Des systèmes existent assurant l'anticollision avec les avions, ou montrant la présence de situations météorologiques dangereuses ou celle de reliefs proches. Cependant leur interprétation, par exemple celle du radar météo, est parfois délicate, d'autant plus qu'il faut y associer des paramètres de vol et de navigation. Un gros effort est fait pour mettre en service des solutions satisfaisantes, par exemple la vision extérieure améliorée par une détection infra rouge ou par radar millimétrique, ou l'utilisation d'une visualisation en trois dimensions de banques de données mondiales du relief, ou des fonctions très élaborées de traitement des échos radar, mais il est difficile de prendre en compte des paramètres extérieurs à l'avion de façon simple.

G.B. Oui effectivement, je dirais que dans les deux cas, on a des systèmes d'alertes. Cependant, la nature et le fonctionnement de ces systèmes sont différents. Dans le cas des systèmes d'alarmes « internes », le fonctionnement est similaire à celui que l'on trouve dans une centrale nucléaire ou une installation industrielle de type « contrôle de processus ». Pour les systèmes de détection d'obstacles extérieurs, effectivement, l'instrumentation va être différente et peut éventuellement amener un certain nombre d'ambiguïtés. Cela ne veut pas dire qu'il n'y ait pas d'ambiguïté possible sur les systèmes intérieurs de l'avion. En ce qui concerne la détection extérieure, il y a déjà beaucoup de recherches sur le CFIT[29] par exemple. Nous avons d'ailleurs activement participé au projet européen DIVA[30], pour mieux comprendre quelles étaient les fonctions cognitives mises en jeu dans la détection de la proximité des obstacles au sol. On s'aperçoit qu'il peut y avoir là un certain nombre d'ambiguïtés. Comment les lever ? Par des systèmes de présentation d'informations qui offrent aux pilotes le plus de sens possible. Je tiens à préciser que ces systèmes ne supprimeront pas la nécessité de connaissances et d'entraînement concernant le sujet qu'ils contribuent à traiter. Dans le cas de DIVA, nous avions testé deux types de représentation : l'une composée de deux projections 2D[31] horizontale et verticale des informations significatives pour la navigation, et l'autre en 3D, dont nous parlerons ultérieurement. Nous avons constaté que la représentation présentée au pilote peut induire des comportements très différents explicables par des compréhensions différentes.

J.P. Je désire revenir sur tout cela. Avec des décennies d'expérience et, grâce à la technologie actuelle, on a désormais la possibilité de présenter aux pilotes les informations adaptées à leur expertise sous une forme qui leur donne une idée exacte de l'état interne de l'avion, ou plutôt de ses systèmes. Ces derniers étant rarement indépendants les uns des autres, dans le

---

[29] *Control Flight Into Terrain* (évitement de collision avec le relief).

[30] *Design of Interfaces and Validation in Aeronautics* : projet européen sur l'interaction pilote-avion impliquant une conscience accrue de la situation à la fois interne à l'avion (surveillance du bon fonctionnement des systèmes) et externe à l'avion (surveillance de l'environnement notamment la position de l'avion par rapport au relief).

[31] Deux dimensions.

cas de pannes complexes, il s'agit de leur donner un état des lieux non ambigu, en particulier montrant dans la cascade de dysfonctionnements, la (ou les) panne(s) initiale(s) ayant provoqué cette cascade. Une panne de moteur, par exemple, s'accompagne d'une perte de fonctionnement des systèmes hydraulique et électrique qui lui sont reliés. L'ensemble des pannes est signalé aux pilotes et la désignation de l'élément responsable est une aide précieuse. De plus, on présente aux pilotes les procédures à suivre en même temps que l'état des lieux et le diagnostic. Par conséquent, éviter les ambiguïtés favorise une bonne assimilation des informations évoluant de façon dynamique, rapide et parfois complexe. Mais ces informations doivent être présentées où il faut, quand il faut et sous une forme adéquate.

G.B. La bonne information au bon moment sous le bon format !... Nous y revenons toujours.

J.P. C'est bien là le vrai problème. Les pilotes sont des êtres humains certes sélectionnés et bien formés mais, quoi qu'on fasse, de capacité cognitive limitée comme tout le monde. Il y a nécessité de présenter ces informations de façon synthétique et directement assimilables pour gagner du temps et de la fiabilité de compréhension. Cette nécessité de synthèse est peut-être plus aiguë pour les situations externes. Tu as cité le projet DIVA à ce sujet, pour la conscience de la situation par rapport au relief. On est là aujourd'hui un peu victime de l'évolution historique des informations de vol et de navigation présentées aux pilotes. Ils sont éduqués pour utiliser des paramètres situés dans deux plans perpendiculaires, l'un horizontal pour la navigation et l'autre vertical pour se déplacer dans la troisième dimension. Le relief se situe à la fois dans les trois dimensions et s'il est facile de dire aux pilotes où se situe une montagne dangereuse sur des représentations horizontales et verticales, malgré toute la représentation symbolique du genre cartographique essayant de suggérer le relief, ils ont le problème de se figurer en dynamique où devrait se situer sans ambiguïté la trajectoire exacte de leur avion par rapport à ce relief. La projection des obstacles sur des plans en deux dimensions est enseignée depuis le collège, donc parfaitement inscrite dans la mémoire profonde. Ainsi, sont désormais disponibles aux pilotes des représentations de trajectoires et de relief projetés sur un plan horizontal... et sur un plan vertical. De plus, elles permettent de mesurer les distances ou les hauteurs, mesures souvent indispensables aux pilotes pour l'estimation des marges de sécurité. En revanche, une présentation en perspective, dite à trois dimensions, se rapproche de la vision réelle du monde extérieur et est immédiatement perçue par le pilote : le travail intellectuel nécessaire à l'interprétation d'un élément présenté simultanément sur un plan horizontal et sur un plan vertical comme les pentes d'une montagne n'est plus primordial. Cependant la perspective rend difficile l'estimation des dimensions loin devant. Alors, que choisir ? Les deux représentations ou une seule ? Des solutions sont à l'étude, obligeant parfois à aller au-delà des formations classiques de base, rompant ainsi avec les habitudes.

LE MULTIMODAL

G.B. L'être humain n'est pas habitué à manipuler les trois dimensions facilement, son environnement étant habituellement centré sur deux dimensions. La question de la meilleure représentation se pose donc. La conscience de la situation en 3D nécessite une expertise incontournable et s'impose au métier de pilote. Cependant, l'être humain est pourvu de plusieurs modalités de perception : visuelle, auditive, tactile, olfactive, gustative... Il se trouve qu'aujourd'hui malgré beaucoup d'efforts de recherche dans le domaine du multimodal (au sens technique), c'est le canal visuel qui est le plus sollicité et donc le plus occupé. Il semblerait même que l'on va encore rajouter plus d'informations visuelles et cela m'inquiète un peu ! Comment décharger le canal visuel et utiliser les autres canaux ? Qu'en penses-tu en tant que pilote ?

J.P. D'abord pour les trois dimensions. Dès le début de sa formation, la troisième dimension fait partie des perceptions normales du pilote. Elle est intégrée dans sa mémoire. Cependant, l'image de cette troisième dimension n'est pas la même pour tous en ce qui concerne sa propre position physique par rapport au référentiel terrestre. Pour celui qui a fait du vol acrobatique, la reconnaissance de sa position exacte est aisée et rapide. Mais l'aviation de transport n'est pas acrobatique et, par exemple, l'inclinaison latérale d'un avion est limitée à soixante degrés au maximum, quarante-cinq en vol normal. Ainsi, la formation de base d'un pilote de transport n'exige aucune séance d'acrobatie où l'on voit le sol au-dessus de soi. Malgré toutes les sécurités et limitations, et bien que très rarement, il arrive qu'un avion se trouve dans une situation dynamique de détresse où les soixante degrés sont largement dépassés. Sa récupération obligatoirement très rapide sera certainement moins difficile pour un pilote ayant déjà fait de l'acrobatie. Et l'on arrive ici aux sensations à exploiter, visuelles, auditives et tactiles inertielles. Dès le début de la formation, on enseigne au pilote à faire abstraction de ses sensations inertielles difficiles à relier à une position exacte par rapport aux référentiels terrestres, surtout s'il n'a pas la vision directe de l'extérieur ce qui est le cas du vol sans visibilité. En revanche, on lui enseigne à exploiter rapidement les informations visuelles données par les instruments de vol tout en faisant abstraction de ses sensations inertielles parfois intenses, pour sortir d'une situation critique.

G.B. Et pour ce qui concerne le canal auditif ?

J.P. Pour l'ouïe, on s'est rapidement rendu compte de ses limitations. Ainsi pour avertir le pilote d'une situation dangereuse, une série d'alarmes sonores spécifiques a été établie suivant les catégories de dangers. Elles se limitent à un maximum de sept, car au-delà et en situation dynamique, il est difficile de différencier les différents types d'alarmes, on peut même les confondre.

MEMOIRE A COURT TERME : 7±2 CHUNKS

G.B. Ce chiffre sept est caractéristique de la loi de Miller[32] qui dit qu'un individu ne peut traiter que sept, plus ou moins deux, « *chunks* » par unité de temps à cause des limitations de sa mémoire à court terme, encore appelée mémoire de travail.

J.P. De plus, les alarmes sonores passent parfois inaperçues en période de stress, ou au contraire parfois saturent l'attention au point de ne pas pouvoir traiter d'autres informations. En fait, les informations visuelles sont celles qui sont traitées de la meilleure façon et sont donc les plus importantes et fiables. Mais l'augmentation de leur nombre exige des formes de présentation éliminant l'ambiguïté et permettant un traitement rapide et sûr. À ce propos, peux-tu expliquer ce qu'est un « *chunk* » au sens de Miller ?

---

[32] Miller, G.A. (1956). The magical number seven plus or minus two: some limits on our capacity for processing information. *Psychological Review* 63.

G.B. Un « *chunk* », c'est un morceau d'information ou de connaissance. Par exemple, si l'on veut retenir un numéro téléphonique de dix chiffres, mémoriser simultanément les dix éléments est très difficile. Alors on peut le disséquer en cinq séries de nombres décimaux de deux chiffres ce qui est déjà plus aisé. Et si l'on met de côté le premier nombre représentant la catégorie, 05 (pour le sud-ouest de la France) ou 06 (pour les téléphones portables) par exemple, il ne reste plus que quatre « *chunks* » à retenir, ce qui est plus simple. Notre mémoire de travail est une sorte d'entonnoir, de goulet d'étranglement.

J.P. Avons-nous tous cette limitation ?

G.B. Oui, mais même si nous avons tous cette limitation, certains compilent des « *chunks* », par l'apprentissage et l'entraînement… ils peuvent posséder des « *chunks* » de très grande dimension. En d'autres termes, même si les experts ne peuvent toujours ne traiter que sept « *chunks* » plus ou moins deux, ces « *chunks* » ne sont pas les mêmes que ceux qui sont traités par des débutants. C'est en ce sens que les gens qui s'entraînent deviennent performants, parce qu'ils arrivent à compiler des connaissances qui ont du sens dans une situation donnée et, de ce fait, ils n'ont pas à les retraiter en détail comme le feraient des débutants. Les *chunks* sont des paquets d'informations, des procédures, des routines, déjà compilés à l'avance. Bien sûr, si ces *chunks* sont mal compilés, le résultat de leur utilisation peut être dramatique. L'entraînement est donc clef.

J.P. Certains *chunks* peuvent donc être préparés à l'avance, ce qui évite de les construire en temps réel pendant l'exécution d'une tâche. Est-ce que ceci peut expliquer le fait que nous puissions faire plusieurs choses à la fois ?

G.B. Une distinction majeure a été proposée par deux chercheurs, Shiffrin et Schneider, en mille neuf cent soixante-dix-sept[33]. Ils avaient distingué les processus automatisés et les processus contrôlés. Ceci veut dire que l'être humain construit ses propres « *chunks* », des processus automatisés qui fonctionnent tout seuls comme des fonctions cognitives quasi-autonomes, qui peuvent être invoquées et mises en œuvre en

[33] Schneider, W. & Shiffrin, R.M. (1977). Controlled and automatic human information processing: I. Detection, search, and attention. Psychological Review, (84 (1)) ; and II. Perceptual learning, automatic attending, and a general theory. Psychological Review, (84 (2)).

parallèle. Par exemple, nous pouvons parler en marchant. Dans ce cas, les fonctions cognitives liées à la marche sont complètement automatisées. On parle de processus automatiques. À l'opposé, un processus contrôlé demande une attention constante mettant en œuvre le schéma du « canal unique ». En d'autres termes, si nous voulons contrôler ce que nous faisons, nous ne pouvons pas faire trente-six choses à la fois ! Et puisque nous ne pouvons en faire qu'une seule, tous les autres processus cognitifs s'arrêtent, et nous devons contrôler séquentiellement toutes les actions. Cette distinction est très importante pour l'analyse parce que l'être humain peut enchevêtrer processus automatisés et processus contrôlés à chaque instant. Lorsqu'un processus contrôlé est vital, c'est-à-dire qu'il met en jeu la vie de l'individu, il occulte tous les autres. On commence à imaginer les problèmes qui peuvent se poser. Nous entrons ici dans un grand chapitre de la psychologie cognitive : les questions du parallélisme et du séquentiel. Si l'être humain a tendance à avoir des processus parallèles qui fonctionnent en permanence, qu'ils soient innés ou appris par l'entraînement, dans certain cas, il y a des processus contrôlés qui ramènent l'être humain à un fonctionnement séquentiel. Quand on roule en voiture par exemple, que l'on écoute la radio, que l'on parle au passager, ou qu'éventuellement même on regarde le paysage sur le côté de la route, on arrive à faire plusieurs choses en même temps que l'on conduit. Les processus cognitifs mis en œuvre sont fortement automatisés. Puis on arrive dans un virage serré, en montagne par exemple, et, dans ce virage, on se retrouve derrière un gros camion qu'on n'avait pas vu. On est alors obligé de contrôler la distance entre l'arrière du camion et l'avant de la voiture. Un tel processus de contrôle inhibe tous les autres processus, à tel point que lorsqu'on sort de la situation délicate et qu'on double le camion, on ne se souvient plus d'un certain nombre d'informations qu'on n'a pas été capable de capter, de la radio ou du passager. Cet exemple illustre la distinction entre processus automatisés et processus contrôlés. De ce fait, on ne peut pas analyser la charge de travail sans les prendre en compte parce que sinon, on peut faire d'énormes erreurs d'interprétation. C'est pour cela que j'ai tenté de formaliser le concept de fonction cognitive. L'être humain n'est pas qu'un processus séquentiel : il l'est de temps en temps lorsque sa vie est en jeu ou lorsqu'il y a une demande de concentration très importante, mais la plupart du temps, il utilise ses processus automatisés impliquant beaucoup de fonctions cognitives fonctionnant en parallèle. Il y a donc là une complication : comment caractériser une charge de travail résultant du travail conjoint de plusieurs agents fonctionnant en parallèle ? Cette question reste ouverte.

J.P. Je reviens aux alarmes et aux informations visuelles présentées en grand nombre. Les limitations humaines dont nous venons de parler nous forcent donc à rechercher des représentations synthétiques.

TROUVER LA BONNE ILLUSION

G.B. Il est nécessaire d'avoir des images synthétiques pour plusieurs raisons. La première c'est que la vision périphérique a été beaucoup oubliée avec l'informatique (on essaie de tout mettre dans un petit écran alors qu'avec les technologies actuelles, on pourrait beaucoup plus exploiter le champ de vision périphérique). Toute aussi fondamentale que la première, je qualifie la seconde de « tour de magie ». En effet, le magicien qui fait un tour de magie va montrer quelque chose qui n'est pas vraiment réel mais qui va en donner l'illusion au spectateur. C'est la même chose pour les systèmes Homme(s)-machine(s) dont nous parlons depuis le début de notre conversation. L'illusion, c'est par exemple la représentation en une image 3D, ce n'est pas la réalité physique, c'est une illusion… une réalité virtuelle. Mais alors, quelle est la bonne illusion ? Pour représenter le relief est-ce mettre la camera derrière l'avion, ou un peu sur le coté, ou la mettre transversale, la mettre en haut de l'avion ? Où doit-on mettre la camera pour créer la bonne illusion ? Cette illusion, ce « tour de magie » là, il faut le réussir et pour le réussir, cela demande beaucoup de pratique. Les magiciens s'entraînent beaucoup pour donner la bonne illusion. C'est souvent par une maîtrise de la physique qu'ils arrivent à créer l'illusion imparable. Le grand problème que nous avons eu, et que nous avons encore pour l'interaction humain-ordinateur, est que l'on perçoit encore trop de « ficelles » du tour de magie !

J.P. Ta métaphore est bonne parce que, pour être bien conscient de la situation, le pilote a besoin de réaliser immédiatement où il est, ce qu'il fait et ce qu'il doit faire. Il utilise pour cela des modèles mentaux qui ont été élaborés, éduqués, formés depuis ses débuts de formation de base, ses premiers vols, et qui sont imprimés dans sa mémoire. Il faut donc lui présenter les informations sous une forme que ses modèles mentaux puissent utiliser à bon escient, éventuellement sous la forme d'illusions. Le principal est qu'elles lui suggèrent immédiatement ce qu'il faut faire. En réalité, il est très fréquent que les pilotes traitent des informations non directement tirées d'une vision réelle du monde, la vision au travers du pare-brise est la grande exception. J'ai déjà dit que le vol aux instruments était le fondement du pilotage des avions modernes, donc d'un pilotage exploitant des symboles et des règles conventionnels. Mais l'amélioration de la conscience de la situation avec l'extérieur passe par l'augmentation de paramètres à traiter et la symbolique actuelle arrive à ses limites. Il faut utiliser de nouvelles illusions, à rechercher de façon pragmatique. Depuis longtemps pour la formation des pilotes, nous utilisons des simulateurs de vol dans lesquels sont projetées des images de grandes dimensions, sur écrans cylindriques ou sphériques. Le réalisme a toujours été privilégié, présentant des paysages et environnement, proches ou éloignés… tout ceci fabriqué par ordinateur à partir de bases de données sans cesse améliorées.

AFFORDANCES

G.B. Effectivement, image synthétique… on cherche la bonne illusion… Je suis d'accord avec la méthode pragmatique. Le pragmatisme, cela veut dire ici, faire beaucoup de tests pour trouver la meilleure illusion. Nous sommes conduits au concept d'*affordances*, dont nous allons définir les contours, c'est-à-dire que la bonne illusion est celle qui va suggérer la meilleure action possible. C'est précisément cette illusion que nous cherchons à mettre en œuvre. Malheureusement, les *affordances* ne se construisent pas, nous les découvrons avec la pratique. C'est à force de beaucoup de tests, et souvent d'expérience, que l'on découvre ces *affordances*… et que l'on avance en ingénierie cognitive. En effet, plus nous aurons des modèles, ou des théories crédibles, mieux nous pourrons anticiper des catégories d'*affordances*.

J.P. Il faut prendre les *affordances* dans la vie courante, disons dans la vie professionnelle courante, en tenant compte des modèles mentaux forgés par l'éducation et l'expérience, qu'on utilise constamment. Je désire citer un exemple. L'Airbus A310 était le premier avion de transport avec une instrumentation sur écrans et permettant en cas de panne la présentation des procédures correctrices sur ces écrans. Elles étaient présentées en anglais. Parmi les premiers clients à former, nous avons reçu des pilotes chinois dont beaucoup ne parlaient pas et ne lisaient pas l'Anglais. L'utilisation des procédures sur écran étant une obligation de sécurité, nous avons eu des sueurs froides pendant la formation de ces pilotes. Or tout s'est bien passé et ces derniers ont utilisé correctement les dites procédures. Après enquête, nous avons réalisé qu'ils ne les lisaient pas comme nous, mais qu'ils les traitaient comme des idéogrammes dont le traitement basique leur était familier.

G.B. Ceci est très intéressant et ceci nous renvoie à un sujet très intéressant que j'ai déjà évoqué dans nos discussions : les « arts de la mémoire ». Ils étaient enseignés, il y a fort longtemps, par les Grecs, et qui associaient des objets physiques avec des concepts abstraits pour justement se souvenir de ces derniers. Tout cela est connu et c'est intéressant de le retrouver en direct en aéronautique. Avant d'attaquer le concept d'*affordances*, je voudrais revenir sur le multimodal parce qu'effectivement le visuel est très puissant pour contribuer à la bonne conscience de la situation externe 3D. Cependant, il y a aussi beaucoup à faire en ce qui concerne certaines commandes qui pourraient utiliser le canal vocal. L'aviation militaire s'est emparée de la commande vocale. L'automobile également. La commande vocale est actuellement à l'étude pour résoudre certains problèmes de téléphonie en voiture. Les systèmes deviennent extrêmement perfectionnés dans ce domaine. Une chose est certaine, c'est que nous devons absolument mieux maîtriser le multimodal.

J.P. Il s'agit là de commandes. Pour un pilote, les informations sont principalement perçues par la vision, et par l'ouïe en général dans les échanges entre humains, entre pilotes dans un cockpit ainsi qu'entre pilotes et contrôleurs au sol. Les actions sont menées par le biais de mouvements des mains, parfois des pieds, donc au travers du toucher en manipulant des commandes, leviers, sélecteurs, boutons, marqueurs, en tapotant les claviers... La commande vocale est de plus en plus utilisée, surtout sur les avions militaires, comme tu viens de le dire. Elle permet de soulager certaines tâches lorsque les actions manuelles sont saturées. Elle permet aussi d'agir sans passer par des mouvements musculaires, de façon plus directe et plus rapide.

G.B. J'ai évoqué la modalité vocale, justement pour associer la commande à l'observation. Aussi parce que nous vivons aujourd'hui dans un monde fortement interactif, en boucle fermée, comme on dit ! Nous avons déjà évoqué la question de l'interactivité au début de notre discussion. Elle devient de plus en plus importante à mesure que les technologies de l'information progressent parce qu'on ne peut pas imaginer l'être humain uniquement en observateur : il faut qu'il agisse quelque part. Par conséquent, lorsqu'on va concevoir un système Homme-machine, la conscience de la situation n'est pas uniquement un problème d'observation, c'est aussi un problème d'action. Le pilote d'essais va devoir tester si ça marche ! Il ne faudrait pas qu'aujourd'hui avec des automatismes, on enlève au pilote cette capacité d'action et de tests qui, dans le passé, étaient complètement intégrés parce que le but constant était d'agir, d'avoir les mains sur les commandes. L'idée c'est qu'en automatisant, il faut toujours maintenir le pilote dans la boucle de l'action. Il me semble préjudiciable que certaines recherches qui se focalisent sur la conscience de la situation tendent à ignorer l'action.

INTERACTION HOMME-HOMME

J.P. Nous parlons d'interactions entre l'Homme et la machine, mais nous n'avons pas encore parlé d'un type important d'interactions, celles entre l'Homme et l'Homme. Encore aujourd'hui dans les avions de transport, un équipage est composé de deux pilotes. Ils doivent communiquer entre eux. Ils ont certes des tâches parfaitement définies, qu'ils doivent accomplir, mais ils doivent s'informer mutuellement de ce que chacun fait. Cette procédure permet aussi de corriger certaines erreurs qui passent inaperçues. Lorsqu'un pilote est focalisé sur une tâche très prenante, il peut en oublier certains aspects et faire des erreurs. Le rôle de l'autre pilote est de veiller à ce que toute erreur soit à la fois détectée et corrigée le plus vite possible. Cette interaction Homme-Homme s'opère le plus généralement de façon vocale.

G.B. Ce que tu dis est extrêmement important parce qu'en fait l'aspect coopératif est devenu crucial à mesure que les technologies de l'information se développent parce qu'il faut constamment faire des vérifications croisées (*cross-checking* en anglais) pour s'assurer que l'on a toujours une bonne conscience de la situation. Le *cross-checking* est donc quelque chose d'extrêmement important. Si nous faisions une analogie avec les systèmes de l'avion, il y a le système BITE[34] qui

---

[34] *Built In Test Equipment.*

constitue un système global d'auto-surveillance. C'est un peu le même principe pour les êtres humains vivant en communauté, mais transposé, c'est-à-dire qu'on parle de surveillance mutuelle. Nous sommes en train de redécouvrir la vie coopérative que j'ai connue dans le Quercy de mon enfance où les gens « s'auto-surveillaient » et s'aidaient mutuellement lorsque c'était nécessaire. Aujourd'hui, cet aspect coopératif n'est pas développé qu'en aéronautique. Dans beaucoup de secteurs industriels, plus généralement la plupart des organisations, et même la vie de tous les jours, la société et les technologies de l'information impliquent beaucoup de coopération et de communication par nécessité de suppléer à des interactions trop centrées sur l'individu seul… en face d'une machine.

J.P. Oui, mais des outils de communication ont vu le jour.

G.B. Effectivement… le téléphone et le courriel, par exemple. Ils ont profondément modifié nos interactions sociales. Le téléphone portable, par exemple, a modifié la façon dont les gens mènent leur vie. Il a, par exemple, changé la façon dont certains gèrent leurs courses au supermarché ! Les nouvelles technologies de l'information et de la communication modifient nos pratiques quotidiennes.

J.P. Je vais introduire ici une part de contradiction. Cette coopération est certainement à encourager, mais il ne faut pas qu'elle dégénère. Je cite un exemple, celui d'un avion qui s'est planté à cause d'interactions trop fortes entre les deux pilotes. Les deux pilotes se sont concentrés sur l'évolution d'un paramètre de navigation horizontale, la position de l'avion par rapport à un axe VOR et, se focalisant là-dessus, ont ainsi ignoré l'axe vertical et oublié qu'ils étaient au-dessus d'une montagne. Ils ont impacté la montagne parce qu'ils se sont enlisés dans une discussion focalisant leur attention sur certains aspects de la situation mais masquant ainsi d'autres aspects cruciaux du vol. Les pilotes doivent donc coopérer pour éviter des focalisations d'attention individuelles indues.

LA TECHNOLOGIE : UN MOYEN, PAS UNE FIN

G.B. Je vois de quel accident tu parles. Je vais aller un cran plus loin. Il y a une maladie aujourd'hui qui est transportée par les nouvelles technologies que j'appellerais « la maladie de l'amour des artefacts ». J'explique ce que c'est. J'étais un jour dans une réunion où un ami m'a rapporté une histoire, il était allé observer une éclipse solaire. Il y avait beaucoup de monde. Il y avait des gens qui possédaient un matériel extrêmement sophistiqué de photographie et des télescopes. Ces gens discutaient de leur technologie. Pour être plus précis, ils discutaient des différentes focales, de l'état d'avancement de tel ou tel instrument pour observer au mieux l'éclipse. Ils en parlaient de façon tellement passionnée qu'ils ont raté l'éclipse !... C'est ce que j'appelle « la maladie d'amour de la technologie » dans laquelle on arrive à oublier que la technologie est un moyen et non une fin en soi. Cette anecdote relate bien un problème induit par notre société technocentrée.

J.P. Cette anecdote est intéressante et instructive, mais pouvons-nous revenir sur l'automatisation elle-même...

G.B. Il serait utile de revenir sur les critères de choix de l'automatisation. Bien sûr, les ingénieurs automaticiens ont fortement négligé les facteurs humains pendant très longtemps, non parce qu'ils voulaient négliger l'utilisateur final, mais probablement parce qu'ils n'avaient pas les outils et méthodes de l'ingénierie cognitive et qu'ils étaient fortement focalisés sur l'automatisation d'un point de vue purement technologique. De ce fait, certaines automatisations ont été faites sans vérifier que parfois l'être humain pouvait ne pas les utiliser comme les concepteurs l'avaient pensé. Comme nous l'avons déjà dit, on a automatisé ce que l'on était capable d'automatiser, et pas forcément ce qu'on aurait dû automatiser. L'automatisation a souvent été une réponse pour pallier à ne pas laisser reproduire certains incidents et accidents. On a voulu essayer de supprimer certaines tâches effectuées par des êtres humains pour éviter que des incidents ou accidents se reproduisent, pour éviter que des erreurs humaines se reproduisent. L'utilisation de nouveaux automatismes fait émerger de nouveaux comportements et, par voie de conséquence, de nouveaux types d'erreurs. Reprenons l'exemple du système de gestion du vol, le FMS, qui facilite grandement la tâche de navigation, mais son interface, avec ses multiples touches et l'obligation d'effectuer souvent plusieurs manipulations pour actionner ses fonctions, est une nouvelle source d'erreurs. L'approche qui semble la plus adaptée aujourd'hui est de faire une automatisation anthropocentrée, consistant à analyser les fonctions cognitive les plus aptes à être confiées à la machine et celles les plus aptes à être confiées à l'être humain. L'approche est itérative... on n'arrive pas à tout comprendre du premier coup sur des prototypes et peut-être même après sur les solutions adoptées. Des fonctions cognitives émergent de l'utilisation. Il convient de tester comment ces fonctions cognitives peuvent se répartir au mieux entre les Hommes et les machines de façon à trouver le meilleur compromis et les meilleures compétences d'un côté comme de l'autre.

J.P. Je pense qu'il faut automatiser ce qui est pénible ou est fastidieux pour l'Homme, par exemple exercer trop de force sur une commande. Il faut essayer d'automatiser non seulement ce qui est difficile dans l'immédiat, mais aussi ce qui est difficile à conserver, par exemple à la tenue d'altitude et la tenue de cap. Dans ces cas, les automatismes savent le faire nettement mieux que les humains et de façon beaucoup plus précise. Les automatismes sont utiles et même nécessaires pour éviter les situations catastrophiques. Par exemple dans les avions modernes lorsqu'on arrive à la frontière d'un domaine de vol, des automatismes empêchent l'avion de la franchir, soit en réduisant les moteurs si l'on va trop vite, soit au contraire en mettant les gaz si l'incidence est trop grande. Bref, en faisant en sorte qu'une malencontreuse erreur ou qu'une inattention amenant l'avion sur une frontière ne devienne pas catastrophique. En revanche, il est nécessaire de ne pas automatiser ce que l'Homme peut faire nettement mieux qu'une machine, par exemple juger de l'opportunité d'une action. Je cite l'exemple d'un système limité à une température maximum de x degrés. S'il arrive à cette température de x degrés, un automatisme réduira l'énergie admise dans le système. Ainsi, si la limite est 580 degrés, alors il réagira à 580 degrés. Mais si l'on se trouve dans une situation un peu délicate où le système est indispensable, par exemple un moteur, on voudra le conserver parce qu'on sait que pour lui la catastrophe n'arrive pas à cette limite mais plus loin, à 650 degrés par exemple. Dépasser 580 degrés aura comme conséquence un vieillissement prématuré du moteur. Ainsi c'est à l'Homme de juger s'il doit permettre l'augmentation de la température jusqu'à 590 degrés pour sauver la situation alors que l'automatisme ne saurait pas faire car il n'a pas la capacité de juger.

EVOLUTION SOCIO-TECHNIQUE

G.B. L'Homme est unique dans tout ce qui n'est pas connu à l'avance ; il est capable de fabriquer des solutions que la machine ne pourrait jamais concevoir si elle n'est pas programmée pour cela, mais il peut se tromper... La difficulté est toujours de se rendre compte du moment où la nouvelle technologie induit un changement de pratique, voire de métier. Lorsqu'on automatise fortement, on peut modifier les pratiques de manière considérable. Je vais jusqu'à dire que certains métiers peuvent disparaître ; nous sommes en face de paris technologiques impliquant des changements sociaux qu'il est important de savoir reconnaître. On n'est plus au temps du passage du cheval à la machine à vapeur, qui a donné suffisamment de temps aux gens pour se rendre compte de ce qui se passait. Aujourd'hui, les choses vont beaucoup plus vite. On ne se rend pas souvent compte des vrais changements sociotechniques avant d'avoir des surprises. En particulier, lorsqu'on doit faire face à un grand saut sociotechnique, il n'y a pas de secret, il faut réapprendre un nouveau métier. Il faut donc avoir le courage de s'en apercevoir, de faire l'effort d'apprentissage et de sauter dans une nouvelle ère. C'est toujours difficile d'un point de vue social. Ce n'est pas parce que l'évolution technologique est continue que l'effet sur les pratiques de travail et de vie est aussi continu.

J.P. Je peux citer un exemple chiffré. La première génération d'avions hautement automatisés, appelés « *Glass Cockpits* », était celle des A310, B757 et B767 en 1982, suivis cinq ans plus tard par l'A320. Nous n'avons pas eu de gros problèmes pour former les équipages car nous avions correctement analysé les implications du pas technologique très important imposé par la technologie numérique. Nous devions faire face à une grande réticence a priori des pilotes devant le raz-de-marée des automatismes, en fait de l'informatique. Cependant, cette réticence disparaissait au fur et à mesure de leur implication personnelle et finalement ils furent conquis par le confort opérationnel que leur offraient les nouvelles technologies. Il s'agissait alors d'une population mondiale d'environ deux cent mille pilotes et sept années leur furent nécessaires pour assimiler cette révolution informatique. Aujourd'hui le problème est simplifié car les jeunes générations sont éduquées dans l'informatique, mais toute nouveauté nécessite une période d'assimilation.

L'AVION TOUT AUTOMATIQUE

G.B. Je pose une question ouverte : Crois-tu que l'avion

commercial de transport de passagers tout automatique va voir le jour, et si c'est le cas, qu'est ce que tu en penses ?

J.P. Il est probable que cela viendra mais dans plusieurs décennies car les problèmes sont multiples et sérieux : techniques avec en particulier la cohabitation des drones et des avions normaux dans l'espace aérien ; et sociaux avec l'acceptation des passagers et celle des riverains d'aéroports pour leur survol par des gros engins automatiques.

G.B. C'est bien le cas pour les métros de Toulouse et de Paris !!!

J.P. Oui, mais les métros de Toulouse et Paris se meuvent sur une dimension, celle des rails, plus le temps, alors qu'un avion évolue en trois dimensions plus le temps et avec tous les aléas que présentent les trois dimensions en question. Donc, à mon avis, il y aura un intermédiaire qui sera éventuellement un avion avec un pilote plus un système de guidage du sol. En fait, des équipes au sol auront des tâches dont certaines sont dévolues aux pilotes aujourd'hui, et se trouveront dans des salles de contrôle. Mais pendant longtemps il y aura encore un pilote à bord, parce que dans l'avion se trouve le dernier rempart pour les passagers contre la catastrophe. Le fait qu'il y ait encore deux pilotes à bord est principalement dû à la faible fiabilité physiologique humaine par rapport à celle des équipements matériels, mille fois moindre, (sans parler de la fiabilité psychologique qui appartient à un autre domaine), et pour rétablir une homogénéité dans l'ensemble des systèmes, l'Homme y compris, on est obligé de doubler le nombre des acteurs humains. Ceci veut dire que pour passer à un pilote unique, il faudra de toute façon résoudre le problème de l'avion sans pilote. Je pense que ni toi ni moi ne le verrons pour le transport de passagers, mais, très tôt, il y aura des drones pour le transport de fret.

G.B. Effectivement, la question est technologique, mais aussi humaine et économique : pour remplacer un pilote à bord, combien faut-il d'agents au sol pour assurer la gestion d'un aéronef sans pilote ?

J.P. En observant l'évolution de l'aéronautique de transport depuis cinquante ans, on constate qu'on est passé de cinq à deux membres d'équipage. Supprimer les opérationnels à bord des avions devient de plus en plus difficile et j'ai même l'impression que les difficultés augmentent de façon non linéaire pour des questions de sécurité et de performances, je parle ici des performances économiques tributaires d'un choix difficile de décisions impliquant des éléments qualitatifs tels que déroutement avec passager malade ou évitement de zones de météo critique. Donc, avec l'obligation de renforcer les systèmes, de les rendre « intelligents », de les rendre redondants, de faire en sorte qu'ils se surveillent, etc. Tout cela apporte une complexité me semblant, sinon exponentielle, tout au moins en progression géométrique.

G.B. Il serait intéressant de parler de l'importance de la complémentarité Homme-machine.

J.P. En particulier, que doit faire le pilote lorsqu'il ne sait plus quoi faire au sein de ces automatismes ?

Chapitre 6

Fonctions cognitives et agents

SITUATION ET ORGANISATION

J.P. D'après ta théorie du tétraèdre de base AUTO[35], l'un des sommets est l'environnement, qu'on a jusqu'à présent un peu négligé dans la discussion, mais qui entre dans la complexité des problèmes à résoudre par l'humain opérationnel. L'environnement intervient de par les situations prévisibles ou imprévisibles qu'il impose aux opérationnels. Ces situations sont présentées aux opérationnels, aux pilotes en l'occurrence, sous la forme d'informations données soit par des équipements et leurs instruments de vol, soit par une perception directe. Certaines informations sont concrètes, paramétrables, mesurables mais d'autres le sont beaucoup moins : par exemple l'information qu'un passager a un malaise cardiaque dont il faut évidemment tenir compte. Question : faut-il détourner l'avion avec ses trois cents ou cinq cents passagers pour traiter le passager malade afin de respecter sa vie alors que la situation météo s'est détériorée sur le terrain de déroutement rendant ainsi l'atterrissage difficile sinon dangereux ? L'ensemble de ces paramètres de situation, quantifiés ou qualitatifs, doit être analysé, diagnostiqué pour se concrétiser sous forme de choix par le pilote. L'environnement et les situations sont donc souvent assez difficiles à définir et à traiter. Beaucoup de conditions environnementales sont prises en compte dans les consignes, les procédures et la formation. Je pense en particulier au chapitre « *Standard Operating Procedures* (SOP) » du manuel d'équipage où l'on essaie de définir la façon d'agir efficacement dans la majeure partie des situations connues et surtout de combinaisons de situations connues. Mais quand on regarde les milliers de comptes-rendus d'incidents, on

---

[35] Le tétraèdre AUTO avait été introduit en 1998 par l'un d'entre nous. AUTO signifie Artefact, Utilisateur, Tâche et environnement Organisationnel. Il fournit un cadre de travail à l'ingénieur cogniticien pour la conception anthropocentrée d'un système. Plus récemment, AUTO a été augmenté de la notion de situation et est devenu la pyramide AUTOS.

s'aperçoit qu'ils reflètent une infinité de cas pouvant survenir. Alors, comme on ne peut pas tout prévoir, que faut-il faire ?

G.B. Il y a là plusieurs points. Avant de revenir sur les problèmes de prévision de situations, j'aimerais que l'on discute sur une distinction que je n'ai pas trop soulignée dans le cadre de travail AUTO dont tu parlais. Tu parlais du tétraèdre, c'est en fait une pyramide. Le « O » de AUTO ne distingue pas environnement et organisation. J'avais mis ensemble les deux dans mon livre de mille neuf cent quatre-vingt-dix-huit[36] parce que c'était pratique, mais je pense aujourd'hui qu'il est important de les distinguer. D'un côté, comme tu le soulignes, « environnement » peut être associé à « situation », à des événements qui se produisent dans l'environnement proche d'un opérateur et, d'un autre côté, l'organisation, la structure des agents qui évoluent dans l'environnement proche et pertinent pour l'opérateur. J'ai d'ailleurs récemment écrit une nouvelle version de ce paradigme dans lequel j'introduis un nouveau cadre de travail AUTOS : Artefact, Utilisateur, Tâche, Organisation et Situation. Si nous prenons le vol comme exemple, l'environnement, c'est-à-dire la situation, inclut les conditions climatiques, par exemple, et l'organisation est liée à des agents cognitifs incluant les pilotes, les contrôleurs et les automates sol-bord. La difficulté est que ces agents cognitifs peuvent être des logiciels informatiques, c'est-à-dire des agents artificiels, qui suppléent un certain nombre de tâches qui étaient effectuées par des êtres humains auparavant. Nous arrivons à une vraie pyramide à cinq sommets, et non plus quatre. La pyramide AUTOS peut être résumée en une phrase : *lorsqu'un nouvel artefact est construit, de nouvelles tâches sont créées, ainsi que de nouveaux profils d'utilisateurs, et le comportement de ces utilisateurs est à considérer dans diverses organisations et situations pertinentes.*

J.P. L'organisation est un paramètre important faisant partie de l'environnement. Mais il se subdivise lui-même en plusieurs composantes. Il y a l'organisation interne du lieu ou du cas considéré, qu'on essaie de respecter comme dans le cockpit par exemple, ou encore dans l'unité de contrôle au sol. Il existe là une organisation, une répartition des fonctions et des tâches entre les humains, les automatismes qu'ils gèrent, et les machines. Il y a aussi l'organisation externe, par exemple le contrôle aérien, l'ATC[37], qui impose une coordination entre le

---

[36] *Cognitive Function Analysis*, publié chez Ablex/Greenwood aux USA.

[37] *Air Traffic Control* (contrôle du trafic aérien).

sol et le bord. Mais il y a aussi l'organisation interne propre à la compagnie aérienne imposant des paramètres opérationnels qui peuvent ne pas être très faciles à maîtriser. Cette prise en compte de l'organisation va donc obliger une analyse un peu plus fine des choses et comme tu disais, rajouter un sommet à ton tétraèdre, devenant une pyramide...

G.B. Une vraie pyramide avec la prise en compte de l'utilisateur au sommet... De plus, lorsqu'on s'intéresse au problème de l'organisation, on s'intéresse effectivement aux fonctions, aux tâches, aux rôles des différents agents qui vont intervenir et cette distribution des tâches est quelque chose de primordial dans ce que nous voulons faire. Pour ma part, j'ai essayé d'attaquer ce problème en parlant des fonctions cognitives qui sont distribuées parmi différents agents. On peut parler de distribution d'autorité, c'est-à-dire que les différents agents ont des niveaux de responsabilité et de contrôle plus ou moins importants suivant les tâches qui leur sont affectées, les fonctions qui leur sont confiées... Le plus souvent ces fonctions sont définies de façon claire, comme la répartition des tâches au sein de l'équipage. En revanche, quand la technologie évolue, ces fonctions évoluent aussi. La difficulté est d'identifier quelles fonctions évoluent et comment. Les fonctions sont souvent redistribuées, parfois de façon implicite, ce qui ne manque pas de générer des confusions. Cette évolution des fonctions peut créer des modifications de métiers.

J.P. C'est ce que nous avons connu avec l'A320 et les cockpits de nouvelle génération dans les années mille neuf cent quatre-vingt. Cependant, d'une génération d'avions à une autre, les pilotes sont toujours contraints à utiliser des procédures.

G.B. L'aviation est un domaine très procédural.

J.P. Oui, les fonctions, les tâches et les procédures à utiliser sont aujourd'hui assez bien définies, aussi bien dans le cockpit pour les pilotes que dans les stations au sol pour les contrôleurs de trafic. Cependant ces miraculeuses procédures ne sont applicables que dans environ quatre-vingt-quinze pour cent des cas et des situations se présentant au pilote. Les problèmes surgissent avec les cinq pour cent de combinaisons de situations qui ne peuvent pas être entièrement définies. En supposant qu'on puisse totalement les définir, la rédaction des procédures s'y rapportant nécessiterait autant de volumes que les énormes dictionnaires encyclopédiques que nous connaissons et, même sous forme électronique, elles seraient d'une manipulation délicate surtout que ces cinq pour cent surgissent généralement avec la nécessité d'un traitement immédiat. Ce serait inutilisable en pratique, car d'un accès insuffisamment rapide et surtout comportant la possibilité d'erreurs. Donc il y a ces cinq pour cent d'indétermination. Mais même si aujourd'hui on a quelque chose d'assez bien défini dans le cockpit et dans le poste de contrôle ATC, on est loin d'avoir un système correct intégrant les deux, car il reste à redéfinir complètement la coordination sol-bord. Il s'agit de la gestion coordonnée de deux mondes : le monde des cockpits de l'ensemble des avions volant dans une zone déterminée et celui de l'ensemble des postes ATC au sol gérant ces avions. C'est une question d'organisation, de répartition des fonctions et des tâches, d'autorité comme tu disais, devant être complètement revue en fonction de la technologie, de l'augmentation du trafic, des paramètres qui évoluent comme la diminution des espacements verticaux et horizontaux, l'introduction des GPS[38] ou de Galileo[39]... Donc tout ceci est à revoir complètement et je suis en accord avec toi en disant qu'un travail considérable reste à faire, en particulier parce que l'automatisation au sol est encore très faible et que les tâches sont de ce fait relativement difficiles à exécuter avec les moyens actuels, en y ajoutant le fort conservatisme de la population mondiale des contrôleurs aériens. Même si l'automatisation du contrôle au sol commence à être réellement considérée, comment va-t-elle être introduite ? Je crains qu'on ne regarde que les automatismes des consoles de contrôle au sol sans trop tenir compte de ce qui est nécessaire à bord pour maintenir la connexion entre les deux. Cette connexion, appelée « *data-link* » est étudiée et essayée depuis des années, mais les progrès sont lents. La complexité extrême des problèmes liés aux moyens nécessaires de communication induit une tendance à négliger les problèmes déjà cités de coordination et d'intégration.

LES FONCTIONS COGNITIVES

G.B. Peut-être est-ce le bon moment pour développer le concept de fonctions cognitives ? Une fonction cognitive peut être décrite succinctement par trois attributs : rôle, contexte et ressources. Le rôle de la fonction exprime à quoi sert l'agent correspondant dans l'organisation à laquelle il appartient. Un

[38] *Global Positioning System* : système américain de navigation par satellite.
[39] Système européen de navigation par satellite.

facteur, par exemple, a pour fonction de distribuer des lettres. Le contexte exprime le domaine de validité de ce rôle. Le contexte peut être spatio-temporel. Si je reprends l'exemple du facteur qui distribue des lettres, le contexte temporel définit une plage horaire journalière entre huit heures et midi, puis entre quatorze et dix-sept heures par exemple. Le contexte spatial caractérise un quartier bien délimité que le facteur doit connaître. Cependant, le contexte peut aussi être caractérisé par un certain nombre de conditions qui ne sont pas forcément spatio-temporelles comme des cas de perturbations où le facteur doit distribuer au-delà de son quartier, auquel cas, il va sortir de son contexte habituel. La météo peut modifier le contexte habituel... Par conséquent, la notion de contexte est difficile, mais extrêmement importante, à définir parce que souvent, les systèmes, construits dans un certain contexte, peuvent être utilisés dans des contextes « étendus », qui peuvent causer des dysfonctionnements. L'utilisateur est sorti de l'épure ! C'est pour éviter ces « surprises » qu'il est important de bien définir les contextes de validité d'une fonction cognitive. Enfin, le troisième attribut d'une fonction cognitive concerne « les ressources » à définir et utiliser pour assurer sa mise en œuvre. Pour le facteur, les ressources sont constituées d'un sac pour porter les lettres, d'une automobile ou d'un vélo pour se déplacer, mais aussi de ressources intellectuelles et cognitives qui sont elles-mêmes des fonctions cognitives. Une ressource cognitive importante est celle d'appariement (*pattern matching*), c'est-à-dire la reconnaissance de l'adresse en fonction de ce que le facteur voit sur le panneau de la rue, le numéro et le nom sur la boîte aux lettres. Ces ressources peuvent donc être des fonctions cognitives très basiques. Il y en a cependant de beaucoup plus complexes. Dans le cas où le facteur aurait une petite équipe, par exemple, la délégation est une ressource cognitive cruciale : il va déléguer un certain nombre de lettres à d'autres agents. Il est force de constater que la notion de fonction cognitive peut être distribuée au sein d'un réseau d'agents. C'est la même chose lorsqu'on effectue l'analyse des fonctions cognitives dans un cockpit d'avion : le commandant de bord a un certain nombre de fonctions cognitives à assurer, il y en a certaines qu'il va déléguer au copilote, d'autres qui sont déléguées au personnel navigant commercial... L'analyse des fonctions cognitives est donc nécessaire lorsqu'on construit un artefact et conduit à la mise à plat d'une cartographie des fonctions cognitives permettant d'analyser de façon plus explicite la complexité des tâches et des interactions. Quelles sont les fonctions à mettre en œuvre et quel est le taux de récursivité, de répétition limitée ou indéfinie de ces fonctions ? Par exemple, une entreprise doit accomplir telle tâche, auquel cas une autre n'aura pas à la faire sauf pour lui faire concurrence, mais, cette corporation peut aussi avoir besoin d'une autre et réciproquement. On arrive aujourd'hui, dans nos entreprises, à des réseaux de fonctions cognitives extrêmement complexes induisant des flux d'informations eux aussi très complexes, et je suis convaincu que la mise à plat de ces fonctions cognitives contribuerait à résoudre un certain nombre de problèmes que l'on découvre au moment de l'exploitation... que l'on qualifie de surprises ! On pourrait ainsi anticiper beaucoup de situations-problèmes dès le stade de la conception. Bien sûr, je ne dis pas que certaines entreprises ne l'ont pas fait dans le passé. L'ingénierie cognitive propose une approche, des formalismes, des méthodes et des outils pour résoudre ce type de problèmes.

J.P. Tu viens d'introduire une nouvelle notion. Lorsqu'on définit un nouvel artefact, on y associe la définition de certaines fonctions et de certaines tâches à effectuer par des humains qui l'utiliseront. Ceci est fait dans le cadre de situations les plus prévisibles possible, mais la réalité opérationnelle n'est pas uniquement celle qui a été prévue et l'utilisation en devient plus compliquée. Jusqu'alors on se reposait sur la faculté d'adaptation qu'ont les humains face à une situation nouvelle imprévue. Les systèmes n'étant pas trop complexes, cette auto-adaptation était possible avec relativement peu de dysfonctionnements, c'est-à-dire d'incidents et d'accidents. Mais petit à petit les systèmes devinrent compliqués et l'auto-adaptation fut insuffisante. Il a donc fallu créer d'autres aides pour les utilisateurs, d'autres prothèses éventuellement. Et si ces prothèses n'étaient pas suffisantes, il fallut changer l'organisation pour que d'autres humains ou d'autres automatismes viennent à leur secours. Sur ce point, je suis d'accord avec toi, ce sont des fonctions cognitives qui se rajoutaient au fur et à mesure que l'adaptation était nécessaire. De ce fait, et c'est là où je veux en venir, cette notion de fonction cognitive n'est pas figée pour une situation, un artefact donné. Les êtres humains doivent s'adapter aux situations, et c'est là où se trouve l'un des problèmes majeurs de l'ingénierie cognitive. Comment arriver à faire en sorte que les outils qu'on va donner aux ingénieurs puissent tenir compte d'une évolution prévue ou imprévue des combinaisons de situations ? Comment arriver à ce que les fonctions cognitives puissent être sélectionnées correctement et puissent interagir entre elles de façon correcte ? Comment tout ceci va-t-il être globalement géré ?

G.B. Très intéressant ! Faisons le lien avec ce que tu disais tout à l'heure : « il est difficile de prévoir toutes les situations »... Nous savons que l'être humain, dans les limites de ses capacités, va chercher à s'adapter dans tous les cas y compris au pire des cas et à des situations qu'il n'a jamais vues auparavant. L'adaptation est une des premières fonctions de l'intelligence. Nous abordons ici le sujet de l'émergence de nouvelles fonctions cognitives non anticipées. Par exemple, on n'avait pas prévu l'évolution de l'utilisation du téléphone mobile. De nouvelles pratiques ont émergé. Avec ce nouvel instrument, nous n'avons presque plus besoin de planifier : si nous oublions quelque chose, nous téléphonons à quelqu'un qui sait. Nous arrivons ainsi à nous mettre dans des situations qui n'auraient jamais existé si nous avions fait, comme jadis, un effort de planification. Le téléphone a induit des comportements et des fonctions cognitives qui engendrent des re-planifications continuelles. Un autre sujet concerne l'apprentissage. Nous apprenons tout le temps. Beaucoup de choses sont très connues dans ce domaine. Nous n'allons pas faire ici une thèse sur les modèles d'assimilation et d'accommodation de Jean Piaget ! On assimile des schémas d'actions, ou des fonctions cognitives pour parler de façon plus moderne, et ensuite on les accommode à diverses situations. Ce processus s'effectue en boucle fermée, c'est-à-dire que l'on réinjecte l'interprétation des résultats de l'utilisation des fonctions cognitives, le retour d'expérience, dans la définition de ces fonctions cognitives. Leur construction se fait progressivement. Depuis le plus jeune âge, nous « construisons » et adaptons des fonctions cognitives. Pour résumer, dans n'importe quel cas, l'être humain va chercher à s'adapter même sur des systèmes qui sont mal conçus. Cependant, je pense que la caractéristique principale de l'évolution des nouvelles technologies aujourd'hui est la notion de complexité. Tu disais l'autre jour que, dans le passé, les outils étaient plutôt simples. De ce fait, l'adaptation et l'accommodation à l'utilisation de ces outils pour exécuter des tâches étaient à la portée de la plupart des individus. Aujourd'hui, on essaie avec l'ingénierie cognitive, l'interaction humain-ordinateur et l'ergonomie de simplifier l'appréhension d'outils devenus très complexes. Toutefois, lorsque la complexité interne de ces outils ne pourra pas être supprimée, leurs utilisateurs devront avoir une expertise spécifique résultant d'un apprentissage qui pourra être long. La complexité est la question centrale, et faire croire aux gens qu'on va supprimer la complexité d'un système qui est intrinsèquement complexe, n'est pas une bonne idée, surtout lorsque cette complexité n'est pas entièrement maîtrisée. Ce qui est complexe et non technologiquement maîtrisé doit être présenté comme tel. Les utilisateurs doivent alors avoir les capacités techniques pour être en mesure de maîtriser cette complexité. N'est-ce pas une question d'honnêteté intellectuelle ? En aéronautique, les pilotes, en général très bien formés, sont capables de gérer une grande complexité dans leur domaine d'expertise. L'informatique a introduit d'autres types de complexité, les phénomènes de récursivité notamment. La dépendance récursive de certaines fonctions cognitives est souvent un problème difficile, voire insurmontable. On se repose sur « quelqu'un » qui va faire quelque chose qui, lui-même, se repose sur « quelqu'un » qui va faire autre chose... on crée ainsi une chaîne de transfert de confiance... Et quand, dans la chaîne, il y a en plus des machines, des ordinateurs, qui donnent des réponses, les questions deviennent encore plus complexes.

J.P. Dans l'évolution du pilotage des avions, que j'ai observée et vécue au cours des cinquante dernières années, je m'aperçois que ce que je considérais comme un peu compliqué, il y a cinquante ans, est devenu pour moi aujourd'hui d'une grande simplicité... Je suis surpris de voir que des situations facilement résolues par un entraînement de base sont maintenant prises en compte par des automatismes. Cependant l'ensemble de tout ceci devient compliqué. L'impression est qu'au fur et à mesure que le trafic aérien augmente en volume et en technicité, les choses deviennent compliquées de façon quasi exponentielle. Alors qu'autrefois le taux de trafic aérien était de quelques avions par heure transitant dans une zone, maintenant ce sont des centaines d'avions qui y passent dans une heure, ce qui oblige à gérer une grande complexité. On essaie de traiter cet ensemble indissociable de volume des échanges du transport aérien, de la complexité des automatismes, de l'utilisation des nouvelles technologies par une formation appropriée. Mais on se heurte là aussi à des limitations : on ne peut pas mettre un pilote dans un avion nouveau en lui imposant trois mois d'enseignement afin d'apprendre à bien gérer cet avion alors que les standards mondiaux de durée de formation sont autour de cinq semaines. Cette complexité doit cependant rester dans des limites du raisonnable pour que l'être humain puisse la maîtriser. La complexité des systèmes entraîne des formations plus complexes. J'ai l'impression qu'il y a de plus en plus de conflits d'adaptation un peu partout. Il y en avait bien sûr autrefois dans le poste de pilotage, dans une tour de contrôle aérien, mais ce nombre de conflits n'a pas diminué. Il paraît être inhérent à la fonction même des opérateurs qu'ils soient dans l'avion ou au sol alors qu'on essaie toujours d'adapter les artefacts pour simplifier leur vie. Les opérateurs humains restent limités dans leur assimilation de la complexité ; il faut peut-être, tout comme on améliore l'interface entre l'Homme et la machine, qu'avec cette complexité, on doive aussi améliorer notre éducation aux novelles technologies. Je cite un exemple. Il y a quatre ans, le comité ICARUS[40] de la « *Flight Safety Fondation* », s'était penché sur le problème suivant : quand on regarde les causes d'accident où l'humain est impliqué dans soixante-quinze pour cent des cas, on s'aperçoit que les opérateurs ont fréquemment des difficultés à faire le bon diagnostic et à prendre de bonnes décisions. On s'aperçoit aussi que les pilotes ont du mal à assimiler les procédures qu'ils doivent utiliser, même si celles-ci sont un condensé d'expertise mis à leur disposition pour leur faciliter les tâches. Bien qu'indispensables, elles ne suffisent pas toujours à traiter ces combinaisons de situations que nous avons déjà évoquées. C'est pour cela que nous avons étendu la formation des pilotes aux situations imprévues. Jusqu'à présent, on faisait la formation des gens sur des situations prévues, en particulier par l'application des procédures, mais maintenant on s'aperçoit que ce n'est plus suffisant : il faut aussi former les gens à des situations imprévues que l'on fabrique artificiellement, mais se rapprochant de ce qui peut se passer dans la réalité. C'est désormais plus une éducation qu'une formation. Il y a donc cette dualité : d'un côté les artefacts avec les automatismes, la complexité évoluant en permanence, mais d'un autre côté on est toujours obligé d'avoir une interface simple avec cet humain qui est immuable. Cette simplification passe par celle de l'interface elle-même et par celle des procédures qui sont aussi une interface, car de l'autre côté il y a l'humain ayant toujours des difficultés à s'adapter aux changements et qu'on est obligé d'éduquer pour une meilleure adaptabilité.

[40] Le comité ICARUS a été créé par John H. Enders et Jean Pinet au sein de la Flight Safety Foundation pour explorer les façons de réduire les accidents d'aviation liés aux facteurs humains.

LES SITUATIONS IMPREVUES

G.B. Nous avons déjà évoqué que l'être humain est unique pour les situations imprévues : aucune machine ne pourra remplacer l'Homme pour résoudre des problèmes non prévus. Cependant, lorsqu'il faut résoudre un problème dans un temps limité parce que la sécurité de l'environnement ou celle de l'être humain qui prend la décision en dépendent, il y a toujours un problème de conscience de la situation, de décision et d'action : la personne doit avoir une conscience la plus objective possible de ce qui se passe en réalité pour prendre ses responsabilités et le contrôle de la situation. Ceci est compliqué parce qu'il faut avoir les bons paramètres, les bonnes tendances, pas seulement des paramètres instantanés, mais tout un ensemble qui va faire prendre conscience aux gens de ce qui se passe réellement. À ce sujet, je reviens sur la distinction entre « expert » et « public ». Bien sûr, il y a des opérateurs fortement entraînés. L'entraînement joue un rôle primordial et, par conséquent, ils sont capables de résoudre des problèmes dans lesquels ils ont été entraînés de façon beaucoup plus raffinée que les autres et ils sont même capables de se surpasser : c'est le cas des sportifs de haut niveau, des pilotes d'essais, des chirurgiens... Par contre, les systèmes faits pour le grand public ne doivent pas nécessiter un tel entraînement. Il n'est donc pas étonnant qu'un opérateur ordinaire ait des difficultés à utiliser un système demandant un entraînement intensif. De plus, un expert de haut niveau face à un système sur lequel il n'a pas d'expertise peut redevenir un individu quelconque (du grand public) comme déjà évoqué. Tout cela est lié à l'entraînement, la spécialisation, la formation de *patterns* situationnels, de circuits mémoriels forgés sur des types de situations... Mais il y a un autre côté : celui de l'éducation et des connaissances. L'Homme universel, qui n'existe probablement pas en réalité, serait capable de se sortir de n'importe quelle situation en réfléchissant, en raisonnant avec la masse de toutes les connaissances – la tête bien faite – qu'il pourrait avoir. Ce côté de l'Homme n'est pas lié à l'entraînement, mais à la culture, la connaissance, certainement aux capacités personnelles... L'idéal est quand il y a les deux. Je pense qu'aujourd'hui, il faut faire attention de ne pas perdre le savoir et le savoir-faire dans le développement des artefacts. Plus spécifiquement, ce n'est pas parce l'automatisation prend le relais pour beaucoup de fonctions et de tâches qu'il faut perdre la culture du domaine dans lequel on évolue. On entend souvent dire qu'on automatise pour permettre à des personnes moins qualifiées d'utiliser des machines qui demandaient jadis des qualifications très importantes. Ce type de déclaration est-il vraiment pertinent ? La question ne serait-elle pas plutôt : est-ce que les fonctions cognitives qu'ont les opérateurs sont suffisantes pour manipuler les systèmes dont ils ont la charge ? L'analyse des fonctions cognitives rend d'énormes services pour répondre à cette question.

J.P. Dans l'évolution des artefacts, il y a un parallèle entre l'obligation de donner une meilleure conscience de la situation à l'opérateur – l'étude des équipement actuels va dans ce sens d'ailleurs – et l'obligation de cette fonction éducation que tu as évoquée consistant à dire : « désolé, mais mon artefact ne peut pas prendre en compte toutes les situations, toutes les combinaisons de situations, donc, vous opérateurs devrez vous adapter à des situations impossibles à prévoir et que l'artefact ne peut pas prévoir non plus ». Il y a donc cette double évolution : un artefact offrant une meilleure conscience de la situation et une éducation par mise en situation favorisant l'adaptabilité humaine. Tu as évoqué aussi le fait qu'on essaie avec les automatismes de rendre un travail ou une activité plus accessibles à des personnes n'ayant pas les capacités intellectuelles requises pour prendre en compte toutes les situations qui peuvent se présenter. On arrive ici à un vrai problème actuel de l'aéronautique, comme la détection avancée d'obstacles dangereux inattendus, et avec une remise de gaz automatique face à un obstacle du relief, une action évasive hors contrôle du pilote… Aujourd'hui, je suis désolé de dire qu'on ne sait pas établir un équilibre entre les diverses autorités confiées aux Hommes et aux automates. C'est l'analyse des accidents qui peut faire pencher la balance d'un côté ou de l'autre. Mais il y a deux chapelles : ceux qui disent qu'il faut mettre des automatismes partout pour pouvoir se sortir d'un danger et ceux qui disent qu'il vaut mieux prévenir le danger, donc qu'il vaut mieux dire aux gens où va se trouver le danger afin qu'ils prévoient de ne pas y entrer. Aujourd'hui, on ne sait pas résoudre ce choix ou cet équilibre.

G.B. On ne sait pas le résoudre aussi parce qu'il est difficile de prévoir quelles vont être les fonctions cognitives qui vont émerger de l'utilisation de nouveaux artefacts, c'est-à-dire qu'il est difficile de prévoir comment les gens vont s'approprier ces nouveaux artefacts. C'est ça le problème et, souvent, on est surpris parce qu'il y a des choses auxquelles on n'avait pas pensé. Lorsque j'ai acquis une nouvelle voiture, plus puissante et plus silencieuse que celle que j'avais avant, très souvent je me suis retrouvé en excès de vitesse sans en avoir conscience. Et pourtant, je fais attention. Il a donc fallu que j'adapte des fonctions cognitives dont je n'avais pas conscience auparavant parce que le bruit, les vibrations me disaient tout de suite que j'allais trop vite et donc j'étais complètement adapté de façon quasi-automatique. De ce fait, il m'a fallu réinventer de nouvelles fonctions cognitives de surveillance qui, en théorie, sont faciles à comprendre, mais qui en pratique m'ont donné beaucoup de difficultés. Ceci n'est qu'un exemple parmi tant d'autres. Certaines voitures d'ailleurs sont tellement silencieuses que lorsqu'on les démarre, il est souvent nécessaire d'ouvrir la portière pour être conscient que le moteur est en marche... alors qu'il y a une lumière ou un instrument qui indique l'état du moteur sur le tableau de bord. Est-ce une question de perception ? Est-ce une question de confiance dans l'indication lumineuse marche-arrêt ? C'est une question de réapprentissage, d'adaptation aux nouvelles technologies qui parfois met un certain temps avant de pénétrer et d'être complètement acquis. Ces choses-là ne sont, a priori, pas forcément évidentes. Effectivement, lorsqu'on en parle, on dit « bien sûr ! », mais le fait est que les gens tombent dans le panneau ! Ceci est vrai à des niveaux assez triviaux, mais quand il s'agit de systèmes plus complexes, les fonctions cognitives sont beaucoup plus difficiles à identifier. Je reviens à la question que tu avais posée au début : « est-ce qu'on peut prévoir toutes les situations possibles ? ». Pour résumer cette discussion, il faut dire que l'expertise est quelque chose d'important. Pour les systèmes qui ne sont pas conçus pour des experts, il faut que la conscience de la situation soit la plus simple possible. On ne peut pas évacuer l'éducation : la technologie n'est pas là pour abêtir les gens, mais plutôt pour ouvrir de nouveaux horizons éducatifs. Je suis un peu gêné parfois quand j'entends certains arguments ergonomiques qui disent qu'il faut que la machine soit complètement adaptée à l'Homme comme s'il était « complètement idiot » ! Je pense au contraire qu'il faut construire des machines qui soient les plus pertinentes possible pour les situations et les tâches pour lesquelles elles sont conçues, mais en plus de cela, il faut s'adresser à des gens intelligents, qui peuvent commettre des erreurs. Nous avons déjà débattu des erreurs humaines, je n'y reviens pas.

L'INTELLIGENCE ARTIFICIELLE

J.P. Je suis tout à fait d'accord. Parlons maintenant de l'intelligence artificielle.

G.B. C'est un sujet qui m'avait passionné dans les années quatre-vingt. En fait, l'intelligence artificielle est une façon de faire de l'automatisation, pour reproduire artificiellement une certaine intelligence humaine... de faire des robots, à l'image de l'être humain, qui accompliraient des tâches que les êtres humains ont l'habitude d'effectuer. Dans les années quatre-vingt, l'intelligence artificielle avait beaucoup de prétention. Elle a d'ailleurs utilisé beaucoup de crédits pour finalement s'apercevoir que ce n'était pas si simple de re-construire l'intelligence humaine avec un ensemble d'artefacts ! Cependant, bien qu'il y ait eu beaucoup de critiques, il y a eu un certain nombre de réalisations : on ne peut pas nier que l'intelligence artificielle ait conduit à des réalisations mémorables. *Deep Blue*, l'ordinateur qui a battu Kasparov était complètement inconcevable pour la plupart des gens au début des années quatre-vingt. À cette époque, beaucoup disaient qu'il serait impossible de battre le « Master » des échecs et pourtant on y est arrivé. Cela veut dire que sur un univers très complexe comme le jeu d'échecs, on arrive à construire des systèmes intelligents. Cependant, je ne suis pas du tout convaincu qu'on ait prouvé qu'on était capable de rivaliser avec l'intelligence humaine et je ne pense pas qu'on le soit un jour, dans la mesure où l'être humain, comme nous l'avons dit auparavant, est unique dans les situations imprévues. L'ordinateur va toujours construire par inférence des actions et des situations qui ont été programmées à l'avance. Alors bien sûr, certains spécialistes de l'intelligence artificielle vont dire que par des systèmes d'induction, d'inférence statistique... on pourrait inférer des situations que l'on n'avait pas prévues initialement. La question est la validité de ces inférences : les systèmes automatiques qu'on pourra mettre dans un avion tout automatique devront être, à mon avis, extrêmement validés et ne vont pas permettre à l'ordinateur d'imaginer des situations imprévues.

J.P. Tu as fait allusion aux échecs. Mais un jeu d'échecs obéit à des règles extrêmement simples, ce sont leurs combinaisons qui deviennent compliquées, alors que dans la vie courante les règles ne sont pas simples. Il y a donc là une énorme différence.

G.B. Tout à fait. Ce qui est compliqué dans les échecs, ce sont les multiples combinaisons de possibilités.

J.P. Oui mais dans la vie courante, on a à la fois la combinaison des possibilités et des règles qui ne sont pas simples.

G.B. Dans l'interaction entre les êtres humains, chacun joue sur des nuances qui vont être extrêmement difficiles à reproduire artificiellement. En revanche, il convient de reconnaître que l'intelligence artificielle a énormément contribué à fournir des modèles et des langages pour interpréter le comportement humain. Le fait de se poser la question de comment fonctionne un cerveau humain pour pouvoir le reproduire sous forme de simulation n'est pas idiot, c'est une approche très intéressante, même si on se trompe. On se trompe nécessairement parce qu'à chaque fois qu'on va faire une simulation, qu'on va construire un artefact qui est une réduction du réel. Mais la question qu'il convient de poser est : comment cette réduction se traduit-elle ? Le fait de se poser ce genre de question va mettre en lumière plusieurs questions intéressantes et pertinentes sur le comportement humain. Il y a eu un certain nombre de protagonistes des facteurs humains qui étaient vraiment anti-intelligence-artificielle. L'intelligence artificielle a énormément apporté, non seulement pour la construction d'outils informatiques avancés, qu'on appelle de plus en plus des systèmes cognitifs, mais aussi par le fait que l'analyse de l'intelligence artificielle fournit des modèles pour mieux analyser le comportement humain.

J.P. En fait, l'intelligence artificielle vient de l'utilisation des mathématiques et de la logique. Or, ces deux disciplines utilisent des modèles et des règles bien définis. Mais il est vrai aussi que les mathématiques et la logique exigent de donner automatiquement les limitations d'application de ces règles. Tu as fait allusion à de telles limitations, celles de l'application de l'intelligence artificielle. Ce qui me conduit à dire qu'aujourd'hui l'intelligence artificielle est remplacée par l'ingénierie cognitive.

G.B. Je dirais plutôt que l'intelligence artificielle a contribué à l'essor concomitant de l'ingénierie cognitive par la prise en compte des facteurs humains, et au développement de la robotique moderne par la prise en compte des aspects technologiques. C'est une évolution naturelle.

Chapitre 7

Cognition et informatique

LE COMPORTEMENT OPERATIONNEL

G.B. J'ai entendu beaucoup d'ingénieurs dire que finalement traiter des facteurs humains, parler de cognitique, c'était un peu du bavardage. Est-on en train de faire de l'ingénierie cognitive, sinon une science, au moins quelque chose d'utile et d'efficace pour les ingénieurs. En gros pourquoi rationaliser le comportement opérationnel ?

J.P. Si l'on veut que les ingénieurs soient capables de traiter les questions de facteurs humains, il faut leur donner des outils pour rationaliser le comportement humain, plus précisément le comportement opérationnel. Nous ne parlerons pas pour l'instant du comportement affectif. C'est dans la culture de l'ingénieur de s'occuper de questions rationnelles. J'ai eu les mêmes échos que toi : les ingénieurs étant en pointe de l'évolution technologique considèrent que les questions de facteurs humains, d'interaction Homme-machine, etc..., doivent être traitées de façon pragmatique, telle qu'on les traitait depuis des siècles, sinon des millénaires. Pour eux, il suffit de faire des applications pragmatiques de l'ergonomie, de la physiologie, etc... Le comportement lui-même est pour les ingénieurs quelque chose devant s'adapter à ce qu'ils demandent aux opérationnels de faire. Nous avons vu au cours de nos conversations qu'à force de compliquer les artefacts, nous sommes arrivés à des impasses : soit les procédures deviennent trop compliquées, soit elles sont difficilement applicables, soit les individus ne les comprennent pas et par conséquent ne les utilisent pas. On est arrivé à essayer de faire en sorte que le comportement puisse s'adapter, et aussi à concevoir les artefacts pour qu'ils s'adaptent correctement aux individus. En conséquence depuis plus de vingt ans, on essaie de rationaliser les problèmes de comportement opérationnel. Il faut mentionner que les sciences sociales sont utilisées de façon très générale pour tout ce qui est de la coopération humaine. Tout cela débouche sur l'utilisation de notions mathématiques, de notions de statistiques s'adressant à des populations, et non à des individus. Or, dans un cockpit, ou devant une console de contrôle du trafic aérien, ce ne sont pas des populations qui se trouvent devant les panneaux. Il y a des individus qui ne correspondent pas toujours exactement aux statistiques moyennes attribuées à ces populations. On a alors la nécessité de tout adapter aux individus, la formation étant évidemment là en complément pour essayer de faire en sorte que cela se passe bien. Aujourd'hui, c'est encore quelque chose de pragmatique et de pas très rationnel. Alors comment s'y prendre pour qu'un ingénieur concevant un équipement et ses procédures d'utilisation, puisse traiter ce comportement de façon rationnelle ? C'est l'un des objets de l'ingénierie cognitive que nous essayons de mettre en place

G.B. En fait, nous essayons de trouver une prose pour pouvoir parler de ces problèmes. La tête bien faite d'un ingénieur de haut niveau ne suffit-elle pas pour traiter ces problèmes avec du bon sens et finalement pourquoi développer des recherches approfondies dans ce domaine-là ?

J.P. Qu'est-ce qui justifie la création de cette nouvelle discipline ?

G.B. C'est une rénovation du métier d'ingénieur. Je travaille depuis des années à développer et promouvoir cette discipline contre vents et marées. Je voudrais essayer d'apporter un certain nombre d'informations, de précisions, sur cette question. Tout d'abord, je pense effectivement qu'il faut structurer ce domaine-là parce que justement des ingénieurs, dits de haut niveau, devraient avoir une vue d'ensemble de haut niveau, avoir un esprit critique et être capables d'intégrer des situations d'usage. Mais en pratique, répondent-ils à ces exigences ? Il est rare de trouver des ingénieurs qui soient aussi pilotes, voire pilotes d'essais, et qui connaissent bien à la fois la façon dont est construit un avion et la façon de l'utiliser. Pour cette raison, si l'on veut vraiment faire une conception anthropocentrée, dans notre société moderne, il est important de disséminer, autant que faire se peut, cette compétence de l'ingénierie cognitive, et de la distribuer parmi un personnel beaucoup plus large. Pour cela, il faut la structurer. C'est-à-dire que lorsqu'on veut former des gens, lorsqu'on veut que cette formation serve à quelque chose, il faut la structurer et ne pas uniquement compter sur l'excellence de certains individus. Alors bien sûr, l'excellence des experts sera toujours nécessaire, et j'espère que l'on continuera à la promouvoir. Mais à côté, notre société évolue, devient de plus en plus technologique et, de ce fait, il faut disséminer cette multidisciplinarité que des gens exceptionnels possèdent dans une population beaucoup plus large.

J.P. C'est donc très ambitieux.

G.B. J'aimerais bien que nous discutions en ces termes parce que la formation des ingénieurs de l'avenir doit passer par la multidisciplinarité. Dans le passé, cette formation était multidisciplinaire sur le plan technique uniquement. Elle n'était pas multidisciplinaire par rapport à d'autres considérations concernant l'ingénierie cognitive.

J.P. Je suis entièrement de ton avis. Je reviens sur les pilotes d'essais que tu viens d'évoquer. Je les ai côtoyés pendant plus de quarante ans, étant l'un de leurs pairs. Ce sont des gens qui ont été éduqués pour avoir des réactions appropriées dans des conditions délicates sinon difficiles. Ils ont l'esprit très rationnel et font attention à ce qu'ils doivent faire et à ce qu'ils font. Mais je peux témoigner d'une chose peut-être étonnante pour le commun des mortels : j'ai volé dans des avions de transport et/ou en patrouille avec des avions militaires, avec des dizaines et des dizaines de collègues pilotes d'essais, et j'ai constaté qu'ils font tous, sans aucune exception, des erreurs ! Pas un seul, même parmi les meilleurs, a pu éviter de faire des erreurs. Il est vrai qu'ils les récupèrent très rapidement grâce à leurs qualités intrinsèques, et aussi de par leur éducation. De plus, si l'on évoque des gens de haut niveau opérationnel, il faut y inclure ceux qui ont participé à la formation de dizaines de milliers de pilotes. Dans mon existence professionnelle, j'ai pu constater une grande différence de capacités intellectuelles et opérationnelles entre un pilote de ligne moyen, sans y ajouter d'ailleurs le problème de la culture, et un pilote d'essais. Donc dans leurs jugements, ces pilotes d'essais, pratiquement tous des ingénieurs, doivent prendre en compte cette différence existant entre le commun des opérationnels et eux-mêmes. Et ils le font en essayant de se mettre à leur place. Ils sont très rigoureux sur les questions de certification... Ils font tout ce qui est nécessaire pour que les équipements qu'ils essaient soient adaptés aux pilotes normaux et pour que ces derniers puissent s'adapter aux équipements. Cependant l'adaptation physique et physiologique ne suffit pas aujourd'hui et expérimentalement on est obligé de prendre en compte le comportement humain de manière explicite. Tu as aussi évoqué l'obligation de structurer les concepts et les méthodes concernant le comportement opérationnel. Je crois que les concepts techniques et humains doivent être cohérents. Il y a beaucoup de composants et l'on a des difficultés à voir une cohérence entre ces différents éléments. Je me permets donc une comparaison : il y a quatre cents à cinq cents ans, la mécanique rationnelle n'était pas encore découverte. Malgré cela, on faisait de la mécanique appliquée avec des morceaux de petites machines, des éléments. Archimède et Léonard de Vinci avaient conçu de nombreuses nouveautés, avec même des principes à la clé... Mais il n'y avait pas d'ensemble cohérent. Pour simplifier disons que ce n'est qu'à partir de Newton qu'on a réussi à établir une certaine cohérence entre tous ces éléments dispersés. J'ai l'impression qu'on en est un peu à ce stade-là : on a des éléments et il faut les rationaliser pour les présenter à l'ingénieur. Il nous reste encore à les structurer et les synthétiser de façon cohérente.

ALCHIMIE DU VINGT ET UNIEME SIECLE

G.B. Je ne sais pas si la formule est heureuse, mais nous sommes certainement les alchimistes du vingt et unième siècle. Aujourd'hui, nous sommes en train de lever le voile sur ces questions d'interaction entre l'Homme et les systèmes, les systèmes devenant de plus en plus « intelligents ». Nous avons déjà parlé d'intelligence artificielle, je préfère parler de systèmes de plus en plus sophistiqués, réactifs et proposant des solutions. Ces solutions peuvent parfois paraître intelligentes... et ne le sont pas forcément en pratique à cause du contexte ! En effet, ces systèmes sont conçus par certaines personnes pour être utilisés par d'autres. Lorsqu'on construit ses propres outils, on est responsable de ce que l'on fait. Lorsqu'on construit des outils pour les autres, c'est une autre histoire ! Et là, on aboutit à une approche que je qualifierais de sociopolitique, avec une question centrale : « est-ce que l'ensemble des gens participe à la conception ? » ou « est-ce un certain nombre de personnes qui conçoivent pour les autres ? ». Si l'on adopte le premier point de vue, c'est-à-dire la conception participative, ce qui est de plus en plus à la mode aujourd'hui, comment fait-on ? On ne va pas faire participer l'ensemble des individus qui vont l'utiliser, ce n'est pas possible. Comment fait-on pour tenir compte de l'activité des utilisateurs potentiels dans la conception ? Je vais prendre deux exemples : le premier qui plaiderait plutôt pour la seconde catégorie. Les écrivains, les bons écrivains, sont des gens qui écrivent bien (!), et qui vont induire la motivation, l'intérêt et la compréhension des gens qui vont les lire. Ce sont souvent des gens qui ont un talent de l'observation hors du commun et qui vont exploiter des comportements d'individus, des scènes... qui vont en fait motiver une bonne interaction entre le lecteur et l'ouvrage, c'est-à-dire qu'ils vont rendre leur livre captivant. On a envie d'en savoir plus et c'est intéressant de continuer à lire ! Si je fais le parallèle avec la technologie, il y a des gens qui construisent des machines plus faciles à utiliser que d'autres, plus intéressantes, plus motivantes pour diverses raisons. Dans le monde de l'informatique, on a quelques exemples qui ont fait date. Airbus aussi a montré qu'en concevant de bons avions sur des principes solides et avec des gens très compétents, on pouvait gagner des marchés et devenir numéro un mondial. Ceci est une première approche du problème. Il y a une seconde approche consistant à prendre en compte de façon rationnelle et systématique les besoins, les exigences opérationnelles des utilisateurs potentiels de l'outil que l'on va construire. Les pays nordiques se sont intéressés à la conception participative depuis très longtemps. Ils ont impliqué plusieurs catégories de personnes dans la construction d'automobiles par exemple. Il n'est pas étonnant qu'aujourd'hui ils soient très compétents en matière de travail coopératif assisté par ordinateur. Certaines sociétés de téléphonie se sont largement imposées dans ce domaine. Ce n'est pas un hasard, il y a une logique dans la prise en compte des utilisateurs, des besoins mais aussi des pratiques. Il y a des façons de faire qu'il faut prendre en compte. L'absence de prise en compte des façons de faire des utilisateurs aboutit le plus souvent à des problèmes de vente. Pour résumer ma pensée, la conception impose deux types d'exigences : la première est l'excellence du concepteur, je me réfère aux écrivains de tout à l'heure ; et la deuxième est la nécessaire prise en compte des exigences et des besoins des utilisateurs. Je ne suis pas en train de dire que, dans le passé, ces exigences n'étaient pas prises en compte. C'est par la capitalisation progressive du retour d'expérience de l'utilisation de classes de systèmes que l'on peut mieux prendre en compte l'activité induite par les systèmes appartenant à ces classes en cours de développement. C'est une bonne approche pour éviter les surprises. Il n'est pas bon d'occulter tout ce qui est prévisible à l'avance... encore faut-il en avoir la connaissance ! Voilà mon point de vue par rapport à ce genre de question.

RATIONALISER LE COMPORTEMENT

J.P. Nous essayons de justifier le fait que nous voulons rationaliser le comportement opérationnel, mais je ne sais si l'on va réussir à convaincre les ingénieurs de haut niveau. Un fait objectif est que les ingénieurs d'aujourd'hui sont de plus en plus nombreux à travailler sur des équipements, des machines. Ils sont donc obligés d'adopter une conception participative comme tu l'as évoqué. Mais pour qu'ils soient efficaces, ils ne peuvent pas attendre que les équipements soient définitivement entre les mains de pilotes d'essais ou de pilotes de ligne pour s'apercevoir qu'il y a des défauts. L'élimination des erreurs dans les équipements déjà en utilisation opérationnelle coûte terriblement cher, de même leur modification dans une fabrication en série. Il faut donc donner aux ingénieurs de conception, bien en amont de l'utilisateur, des notions de ce qui risque d'arriver à leur produit s'ils font des erreurs dans sa conception et en particulier, des erreurs dans l'interfaçage entre l'équipement et les opérationnels. La rationalisation déjà évoquée est difficile parce que le comportement humain est très difficile à appréhender. Certains prétendent d'ailleurs qu'on n'arrivera jamais à le rationaliser. Je prends l'exemple du génome qui, à mon sens, illustre bien l'élucidation d'une complexité biologique. L'ADN[41] a été découvert, il y a une cinquantaine d'années à peu près, et, au départ, on le trouvait tellement compliqué avec ses milliards de petits composants qu'on le disait impossible à disséquer... Or aujourd'hui, on est en train de le faire. Cela dure depuis longtemps et a demandé énormément d'expérimentations, mais surtout cela a été rendu possible par l'usage de l'informatique et de ses méthodes d'analyse. À mon avis, pour le comportement opérationnel, l'évolution risque d'être à peu près similaire : on va imaginer et utiliser des petits morceaux de droite et de gauche, puis on va commencer à les assembler, puis petit à petit on ira plus loin jusqu'à ce qu'on arrive à ce fameux « $F = m.\gamma$ » du comportement humain, certainement beaucoup plus compliqué que celui de la mécanique. En fait il y a une convergence qu'on observe partout dans la nature, du flou vers le précis et cela participe notamment à cette évolution.

---

[41] Acide désoxyribonucléique : acide du noyau des cellules vivantes, constituant essentiel des chromosomes et porteur de caractères génétiques.

MODELISATION HUMAINE

G.B. La modélisation humaine est un sujet à part entière qui peut avoir diverses facettes. À la fin des années soixante-dix, je m'étais intéressé à la modélisation de la fonction respiratoire humaine, au point d'en faire une thèse. Je m'étais aperçu à ce moment-là que faire des modèles mathématiques, faire des simulations d'organes humains n'était pas une chose facile à cause du problème de validation de la réduction nécessaire introduite par ces modèles. En effet, modéliser c'est approximer le réel, le réduire, pour le rendre plus compréhensible. La modélisation est un processus itératif qui prend en compte le temps. À mesure qu'on devient de plus en plus compétent sur le sujet, on est de plus en plus conscient des réductions qu'on est en train de faire. Et la prise de conscience de ces réductions offre une meilleure appréciation des diverses relations entre les entités qu'on étudie. Alors bien sûr, il n'est pas le plus souvent utile ou nécessaire de faire une modélisation pour avoir une conscience de la situation, une idée ou une représentation du monde réel qui nous entoure. Cette représentation peut être beaucoup plus continue, mais aussi beaucoup plus floue, ce qui ne veut pas dire qu'elle n'ait pas de sens. En effet, on peut agir de façon très déterminée sans avoir de modèle extrêmement précis dans la tête, mais mon expérience m'a prouvé qu'en modélisant, on s'améliorait dans la compréhension de ce que l'on étudiait. La question est de savoir de combien on s'améliore. Est-ce qu'on ne prend pas un rouleau compresseur pour écraser une petite mouche ? De toute façon, je pense que l'être humain rationalise et c'est là d'ailleurs le propre de la science : faire de la science, c'est rationaliser ! À toutes les époques, il en a été ainsi : trouver des formules, des modèles, des théories pour expliquer.

J.P. D'accord, mais, en pratique, pourquoi avons-nous besoin de faire des modèles ?

G.B. Je voudrais mettre en avant deux motivations de la modélisation : la première, modéliser pour mieux comprendre ; et la deuxième, modéliser pour mieux prédire. Les modèles résultants des deux motivations sont différents : les modèles de compréhension peuvent êtres très complexes et en général ils s'attachent à définir une syntaxe et une sémantique du domaine pour justement le rationaliser, pour en faire une image plus compréhensible que l'image qu'on a au premier abord. Les modèles de prédiction sont beaucoup plus simples en général, mais on les veut très efficaces. Ce sont principalement des analogues : on dit que tout se passe comme si… et l'on utilise le modèle analogique pour prédire. Le grand problème est que ces modèles de prédiction sont généralement très limités en contexte, c'est comme si, par analogie mathématique, on linéarisait dans un petit domaine, ou contexte, et la grande difficulté est que certaines personnes utilisent des modèles prédictifs un peu n'importe comment, alors qu'il faut faire très attention avec l'utilisation des modèles prédictifs. Donc là effectivement, je pense que l'ingénierie cognitive a un rôle important à jouer pour enseigner la modélisation : qu'est-ce modéliser et comment le faire bien ?

J.P. Je suis tout à fait d'accord. Tu as évoqué aussi le développement de modèles simplifiés. Personnellement j'ai essayé, à plusieurs reprises, d'adapter à des phases de vol des modèles très compliqués et je me suis rapidement aperçu qu'il fallait simplifier, mais tout en essayant de bien définir les limites de cette simplification. Lorsqu'on utilise des équations mathématiques, des modèles mathématiques, il faut bien repérer et se rappeler les limitations de ces modèles, car on n'a pas le droit d'aller au-delà, sinon on obtient des résultats aberrants.

L'ANTICIPATION

G.B. A ce niveau de la discussion, il serait bon que nous parlions un peu plus du contenu de ce que nous cherchons à rationaliser, afin de fixer les idées du lecteur sur les types de tâches dont nous parlons. Il nous faudrait illustrer un peu plus tous les aspects théoriques dont nous avons parlé. Parmi les types de tâches que j'ai pu analyser et étudier depuis près de trente ans, certaines questions reviennent constamment : celles qui sont liées à la perception, au traitement de l'information et à la mémoire, à l'anticipation et la planification, à la gestion de crise ou la récupération après panne ou erreur humaine. Je propose que nous parlions de l'anticipation qui est une fonction cognitive très importante en aéronautique. Pour moi, l'anticipation est liée essentiellement à l'expertise et à l'expérience. Quelqu'un qui n'est pas expert et/ou expérimenté dans un domaine donné a des difficultés à anticiper les situations qui vont se présenter et ça c'est depuis le tout début de la vie : on apprend au fur et à mesure à anticiper et à se préserver finalement. En fait, anticiper c'est prendre en compte dans notre mémoire à court terme les « *patterns* situationnels » utiles dans l'environnement dans lequel on se trouve. Si nous ne possédons pas ces « *patterns* situationnels », c'est-à-dire, si nous ne connaissons pas (et n'avons pas conscience de) ces situations attendues pertinentes et qui suggèrent de déclencher très vite les bonnes actions, nous pouvons nous trouver en difficulté. S'il nous faut les construire en temps réel, cela peut être, dans certain cas, très problématique, voire catastrophique. C'est pour cette raison que l'être humain est équipé, depuis sa naissance, de processus et d'organes permettant de construire ces mécanismes d'anticipation et les améliorer dans diverses situations. Ce qui m'amène à poser une autre question : « est-ce toujours à l'être humain de faire l'effort d'apprendre ces *patterns situationnels* pour anticiper ou bien peut-on, avec des machines, l'aider à effectuer les bonnes actions en dépit de son manque d'expertise ? » Et de façon ultime, ces machines pourront-elles finalement favoriser l'anticipation des êtres humains ?

J.P. Une des règles de base de l'éducation des pilotes en école, enseignée dès les premières heures est l'anticipation de ce qu'il doit faire. Aux États-Unis, on m'a appris le « *think ahead* (pense à l'avance) ». C'est absolument nécessaire parce que le pilote est placé dans un environnement dynamique où tout se passe vite, parfois très vite. Si l'on n'a pas prévu ce qu'il faudrait faire, on est souvent pris de cours. On perd alors du temps, on peut agir de façon inappropriée ou faire des erreurs. Mais il est vrai aussi que tout concourt à ce qu'on ne puisse pas réfléchir à l'avance parce que beaucoup de situations surgissent dont il faut s'occuper immédiatement.

G.B. Des situations plus prioritaires ?

J.B. Oui… et tu as parfaitement raison, il faut donc qu'il y ait quelque part des systèmes rappelant à l'opérateur qu'il devra faire quelque chose plus tard, par exemple sortir les volets, sortir le train, ou changer de niveau de vol… Il faut donc qu'il y ait des rappels, mais des rappels astucieux ne venant pas oblitérer la chaîne des actions à accomplir se situant avec des constantes de temps différentes : il y a des actions à court, moyen et long termes. Même pour des actions à long terme, par exemple à exécuter à l'atterrissage alors qu'on se trouve en croisière, on peut oublier ce qu'on devrait faire et il faut qu'on le rappelle quelque part, par exemple sortir le train avant l'atterrissage. Ceci implique qu'on s'attache à regarder le degré d'attention requis pour l'ensemble des tâches parfois simultanées, et lorsque ces tâches sont simultanées, il peut arriver qu'on oublie certains objectifs ou certaines tâches. Tout cela nous plonge en fait dans l'environnement dynamique qui est celui de l'opérateur.

G.B. Je reprends ce que tu disais sous une autre forme. Effectivement, l'anticipation est liée à la réactivité. Alors, comment faciliter la réactivité ? Lorsque quelqu'un ne fait rien, sa réactivité diminue. Plus il est actif, plus sa réactivité augmente jusqu'à une limite au-delà de laquelle, lorsque le nombre de tâches devient trop important, il ne peut plus réagir à temps. Cela dit, lorsqu'on ne fait rien et qu'on est amené à surveiller des systèmes qui fonctionnent tout seuls, la surveillance du système est guidée par une procédure, c'est-à-dire par quelque chose qui n'est pas forcément naturel, mais qui, au contraire, est artificiel. Alors que lorsqu'on est amené à agir sur le système, la surveillance est guidée par l'action et ça, c'est tout à fait naturel. Dans un cas, on a une surveillance plutôt artificielle alors que dans le deuxième, elle est guidée par l'action qui est donc déterminée et délibérée. Cette distinction est importante à considérer parce que lorsqu'on est actif, la perception est dirigée par l'action. Cela suppose bien sûr que l'action est guidée par l'expérience.

J.P. C'est la dynamique de l'avion qui est au cœur de ce problème.

G.B. La dynamique de tout véhicule. Un avion est un processus dynamique, mais les constantes de temps de pilotage ne sont généralement pas du même ordre de grandeur que celles de la conduite automobile : conduire une automobile demande une attention beaucoup plus grande à chaque instant, en gros l'échantillonnage va être beaucoup plus fin que sur un avion. Ce qui est intéressant, c'est que, sur une automobile, au moins jusqu'à aujourd'hui, on est obligé d'agir constamment, et, pour cette raison-là, l'attention est stimulée beaucoup plus que lorsqu'on est amené à faire des tâches beaucoup plus lentement. Ceci est tout à fait intéressant parce que l'être humain y est adapté directement. Alors bien sûr tu as raison de dire : « lorsque le nombre de tâches devient trop important, si on met trop d'instruments dans la voiture, on finit un jour par avoir un accident ».

J.P. Par excès de charge de travail...

G.B. Oui, sauf lorsqu'on se prépare... lorsqu'on a la possibilité d'anticiper et donc de réagir de façon appropriée.

Anticipation est liée à réactivité et réactivité est liée à activité. Quand on automatise des systèmes, il faut faire attention que le nombre d'actions demandées à l'opérateur lui permette de toujours rester dans la boucle de pilotage. C'est l'une des implications de cette question de réactivité mettant en jeu une anticipation à très court terme. Tu as aussi parlé d'anticipation à moyen et long termes. Lorsqu'il s'agit du plus long terme, c'est sûr que les gens oublient et c'est normal, n'importe qui arrive à oublier ! D'ailleurs, les plus experts se font des pense-bêtes et considèrent qu'ils ne sont pas bêtes pour autant ! Ils arrivent à faire tout ce qu'ils ont à faire parce qu'ils sont très organisés, très structurés... Les pense-bêtes peuvent prendre diverses formes : des notes, des post-its, des références... Nous avons déjà parlé des Grecs qui pratiquaient les arts de la mémoire où ils associaient des concepts abstraits à des choses concrètes de façon à se souvenir au bon moment de ce qu'il fallait faire. Ils utilisaient cette technique pour se souvenir et transmettre des connaissances... ce n'était rien d'autre que des processus mnémotechniques. Les gens très structurés mettent en œuvre beaucoup de processus de ce type-là et utilisent également des artefacts externes pour aider leur mémoire... Tout simplement parce qu'ils sont conscients de leurs limitations. Par conséquent, tout système à concevoir, qui va aider dans ce sens-là, va forcément être un bon système.

BUREAUTIQUE ET COCKPIT

J.P. Il y a peut-être une autre raison pour laquelle l'ingénierie cognitive est devenue maintenant indispensable. Jusqu'à il y a à peu près vingt-cinq ans, on connaissait très bien la profession de pilote avec ses exigences opérationnelles, les actions à mener, les habiletés à cultiver. Cela s'était construit de façon tout à fait progressive au fur et à mesure que la technologie évoluait.... jusqu'à l'avènement de la bureautique dans le cockpit ! Là, une cassure s'est produite parce que les tâches ont commencé à être différentes. Certaines tâches de base restent les mêmes : la conduite d'un vol est la même, le pilotage à court terme est toujours le même. Il n'y a plus de gros manche, il est remplacé par un petit manche sur le côté, mais les paramètres et les actions manuelles de conduite restent fondamentalement les mêmes. En revanche, l'informatique s'est introduite rapidement, d'abord dans les questions de navigation, puis dans les fonctions de pilotage à court terme. Et maintenant, les habiletés classiques ont été changées à partir de mille neuf cent quatre-vingt-cinq pour devenir de plus en plus proche des habiletés informatiques générales, à utiliser « dans un local qui bouge beaucoup », avec des situations variant rapidement où les erreurs peuvent constituer des dangers immédiats. On est toujours en train d'évoluer pour trouver les meilleures commandes et les meilleurs contrôles dans le cockpit, sans avoir encore trouvé l'optimum. Cependant, cette situation est, à mon avis, temporaire. Dans dix ans maximum, cette révolution informatique aura atteint l'ensemble de la communauté aéronautique et les nouvelles habiletés seront parfaitement maîtrisées dans l'éducation de base des pilotes. Ces nouvelles habiletés sont spécifiques, peut-être plus difficiles à maîtriser que les anciennes qui concernaient des actions sur des systèmes analogiques et non numériques. Autrement dit, quand on essaie d'introduire des données dans un calculateur numérique, si l'un des digits est mal introduit, tout est faussé ! Alors que dans les affichages analogiques, si, par exemple, on se trompait d'un degré dans l'affichage du cap, cela n'avait pas tellement d'importance car le système réagissait dans le bon sens et on pouvait rectifier le cap par la suite et venir à l'affichage voulu rapidement et sans discontinuité. Aujourd'hui, il y a donc un problème d'adaptation des équipements nouveaux au comportement humain qui, lui, est un comportement à base d'essais et d'erreurs.

G.B. Oui, tout à fait. Tu parlais de bureautique dans le cockpit, c'est intéressant parce qu'on s'attaque là au problème de l'influence de l'évolution de la technologie sur les pratiques et finalement, l'évolution de la technologie sur l'évolution des métiers. Il est très difficile de voir son métier se transformer, ayant étudié et travaillé dans un certain esprit et constatant que progressivement ce métier change au point même – ce n'est pas encore le cas pour les pilotes, mais ça l'a été pour les mécaniciens navigants – qu'il puisse disparaître ! En tout cas, qu'il puisse changer de nature. Les effets psychologiques et sociologiques peuvent donc êtres considérables même si parfois, quand on est « le nez dans le guidon », on ne veuille pas l'admettre. Aujourd'hui, le pilotage d'avions de transport de ligne est passé d'un pilotage, que je qualifierais de traditionnel, à une gestion du vol. Gestion du vol, au sens de « management » du vol ! Le pilote gérait dans le passé, mais la gestion n'était pas forcément la fonction cognitive centrale. Aujourd'hui, le management devient l'élément central, et presque unique, parce que toutes les tâches de bas niveau sont assurées par des systèmes automatiques. Être un manager, c'est exercer un métier à part entière. L'introduction massive des technologies de l'information a amené le pilote à devenir un manager. Le problème de l'évolution des pratiques et des métiers est un problème à part entière de l'ingénierie cognitive : il est important que les constructeurs soient conscients de cela. Le temps joue un rôle considérable. Pouvons-nous comprendre que nous allons changer le métier des destinataires des systèmes en cours de conception ? Parfois oui, mais je pense qu'il faut mettre le doigt sur cet aspect-là tout au long du développement d'un système, y compris quand il est livré, pour mieux comprendre comment les gens s'adaptent et mieux comprendre comment on va les aider, les former à ces nouvelles pratiques, voire à ces nouveaux métiers. Alors là aussi, on est en train de développer une approche des choses qui, quand on y pense, relève du bon sens. Tu parlais d'adaptation aux équipements nouveaux. Je dirais que c'est avant tout le problème de l'acceptabilité qui se pose. Ce n'est pas parce que nous construisons un nouvel outil qu'il va être accepté par l'ensemble de la population à laquelle il est sensé s'adresser. On peut voir le problème d'acceptabilité sous deux angles. Le premier, c'est la conception participative. Si la population à qui l'on s'adresse est représentée et participe effectivement à la conception, il est évident qu'il lui sera beaucoup plus facile ensuite d'accepter le produit résultant. C'est une évidence, encore que la pratique montre que ce n'est pas si simple que ça. Le second point de vue concerne l'utilisabilité[42], concept sur lequel nous avons beaucoup travaillé pendant ces quinze dernières années et que nous avons mis en pratique. Nous avons construit et largement utilisé un certain nombre de critères, de principes, qui, dès la conception, permettent de guider les évaluations en boucle des systèmes. C'est, en effet, l'une des contributions majeures de l'ingénierie cognitive. Pour résumer, retenons conception participative et utilisabilité.

J.P. En parlant d'évolution, j'ai vécu un demi-siècle d'évolution aéronautique absolument fantastique. Je ne pense pas que le demi-siècle qui va suivre voie les mêmes évolutions drastiques du métier de pilote. Les évolutions, que personnellement je pressens, sont des évolutions concernant surtout l'automatisation sol/bord, dans la coordination de l'ensemble des trajectoires des avions, entre les cockpits en vol

---

[42] Le terme « utilisabilité » est un néologisme provenant du terme anglais « *usability* » et qui caractérise la facilité d'utilisation d'un artefact, notamment informatique. Une définition plus précise prend en compte la facilité d'apprentissage de l'usage de l'artefact, la facilité de gestion des erreurs humaines et la satisfaction subjective de l'utilisateur.

et le contrôle au sol. Mais je ne crois pas que le métier lui-même varie de façon fondamentale à partir des critères d'aujourd'hui, pas forcément appliqués correctement d'ailleurs. Je pense, en particulier, à un haut responsable de l'industrie aéronautique qui demande à ses pilotes d'essais qu'ils l'aident à définir ce que va être le pilote de ligne dans vingt ans, afin de concevoir des avions adaptés à ce type d'opérateurs. À mon avis, on doit commencer à pouvoir le faire alors qu'on ne le pouvait pas il y a trente ans. Au sujet des critères à respecter, je pense à une chose : quand une panne sérieuse survient sur un avion très automatisé, il faut quand même le ramener au sol en sécurité pour les passagers. Il faudra toujours le faire. Donc, il faudra que le pilote soit capable non seulement de gérer son vol et tout ce qui est dans le cockpit, mais il faudra qu'il ait les habiletés nécessaires pour ramener l'avion sur terre. C'est aujourd'hui tout juste possible. Un événement exceptionnel récent, un A300 touché par un missile à Bagdad, a prouvé que c'était possible mais en ayant des qualités de base assez exceptionnelles. Alors pour le futur ?...

G.B. Pour terminer ce chapitre – nous en avons beaucoup parlé bien sûr – je voudrais insister sur le fait que l'intégration de l'informatique n'a pas lieu que dans les avions. Dans la vie de tous les jours, elle a fortement modifiée nos habiletés, nos façons de travailler, le courriel en est un exemple. L'ingénierie cognitive, que certains appellent la « cognitique », pour une contraction cognition-informatique, est en bonne voie. L'informatique est en train de motiver toute cette discipline. L'informatique classique s'intéresse uniquement à des questions d'architecture, d'algorithme, de « *hardware* », de « *software* » et surtout de conception et de construction de machines informatiques. L'informatique moderne s'intéresse aussi, et surtout, à l'utilisation des ordinateurs. Cette nouvelle approche est à considérer avec beaucoup de sérieux parce que les ordinateurs font leur apparition partout dans notre vie. Ils deviennent de plus en plus invisibles, c'est-à-dire qu'ils sont intégrés dans d'autres systèmes. L'informatique est aujourd'hui intégrée.

Chapitre 8

La charge de travail

UN CONCEPT DIFFICILE A DEFINIR

G.B. Nous attaquons le chapitre de la charge de travail. C'est un domaine qui a intéressé les spécialistes des facteurs humains et de l'ergonomie depuis très longtemps. En ce qui me concerne la charge de travail, pour l'avoir étudiée depuis le début des années quatre-vingt, est encore un concept assez mal défini.

J.P. Je pense que la charge de travail est un pis-aller pour définir l'occupation mentale et physique d'un individu dans un poste opérationnel. Avec elle, on a essayé de définir ce qu'un opérateur peut supporter comme travail aux niveaux physique et intellectuel dans la conduite d'une machine. Et là, on y mêle un peu tout : on y prend le travail physique, impliquant obligatoirement un certain suivi ou un certain contrôle intellectuel, et le travail intellectuel qui peut être totalement indépendant du travail physique. On a donc l'intellectuel pouvant être à la fois dépendant et indépendant du physique. Dans un poste d'équipage confortable, où aujourd'hui les tâches physiques deviennent de moins en moins dures, où les gestes sont beaucoup plus des gestes de gestion d'équipements qu'autre chose, la « charge de travail » ne veut-elle pas dire plutôt focalisation, mobilisation de l'attention, avec une définition peut-être un peu plus restrictive que ce que l'on pensait autrefois ?

G.B. Si nous considérons la charge de travail comme un paramètre caractérisant l'activité d'un individu, elle peut être considérée comme une variable de sortie, c'est-à-dire qu'on produit une charge de travail. C'est aussi une variable d'entrée. En effet, l'être humain a besoin de la charge de travail pour être performant. À l'inverse, un excès, comme une absence, de charge de travail peuvent énormément handicaper l'activité d'un individu. La charge de travail doit donc se cantonner à rester dans une plage raisonnable entre hypovigilance, par exemple pendant les longues croisières automatisées, et stress, par exemple lors d'une approche avec panne électrique et météo critique, pour maintenir un bon niveau de performance. Pour illustrer ce propos, la charge de travail augmente avec la performance jusqu'à un certain niveau de stress inacceptable au-delà duquel l'être humain change de stratégie, en général moins ambitieuse et plus focalisée. Après avoir trié l'essentiel, il revient alors à un niveau de charge de travail acceptable pour ensuite recommencer à monter en charge, être performant et ainsi de suite. C'est un phénomène qu'on pourrait modéliser sous forme de dents-de-scie : on augmente la charge de travail pour être performant jusqu'à un certain moment où l'on redescend et l'on recommence. Dans le passé, le travail était beaucoup plus physique qu'intellectuel, disons cognitif, la charge de travail physique pouvait être excessive, souvent de manière permanente. On a donc cherché à diminuer cette charge de travail à tel point qu'aujourd'hui, dans beaucoup de situations d'assistance technique, on atteint des niveaux de vigilance relativement bas, et que fait l'être humain ?... Il prend d'autres tâches ! On a construit des instruments ménagers : des machines à laver, des lave-vaisselles... on en a profité pour faire autre chose pendant que les machines marchent ! L'être humain a toujours tendance à augmenter sa charge de travail pour être performant. Plusieurs expérimentations le démontrent, comme les études menées par l'INRIA[43] et la DGAC[44], notamment par Jean-Claude Spérandio, il y a fort longtemps maintenant (dans les années soixante-dix). Spérandio avait montré que les contrôleurs de la navigation aérienne arrivaient à augmenter le nombre d'avions pris en compte jusqu'à un certain niveau qui devenait inacceptable, au-delà de seize à vingt, ensuite ils redescendaient à deux ou trois avions pour assurer des séparations acceptables, et puis ils remontaient en charge de travail. Cette interaction entre charge de travail et performance est extrêmement importante à comprendre parce qu'un être humain ne peut pas vraiment être opérationnel s'il n'a pas de charge de travail.

J.P. Ce que tu dis m'inspire plusieurs remarques. Tout d'abord la charge de travail est un concept qui, encore aujourd'hui, est flou. En aéronautique, on essaie cependant de le quantifier. On l'a fait avec un certain succès, en particulier lorsqu'on est passé en mille neuf cent quatre-vingt-deux à un équipage à deux pilotes sur les gros-porteurs alors que la critique était faite qu'en supprimant le troisième élément

---

[43] Institut National de Recherche en Informatique et Automatique.

[44] Direction Générale de l'Aviation Civile.

humain du cockpit, le mécanicien, les deux pilotes allaient avoir une charge de travail augmentée. Les modifications technologiques furent importantes... Et ensuite il s'est agi de mesurer, de quantifier la charge de travail de ces deux pilotes pour être sûr qu'on ne l'avait pas augmentée. Quelque chose de sérieux a été fait dans la recherche de quantification, mais ce n'est pas la charge de travail qu'on a mesurée. C'était la différence, la marge obtenue, entre la saturation physique et intellectuelle d'un individu, soit le niveau supérieur d'acceptabilité d'une charge, et la tâche elle-même à laquelle l'individu était soumis. On essayait donc de quantifier cette charge de travail par cette marge de disponibilité en imposant au pilote, au-dessus de ses tâches spécifiques, de regarder des voyants et de noter quand ces derniers s'éteignaient ou s'allumaient. En fait, pour définir la charge de travail, on a été obligé de passer par quelque chose de relativement objectif dans l'absolu, qui était la saturation d'un individu, mais très subjective quant à son estimation... et l'on essayait de définir où se trouvait la charge de travail réelle. Ma deuxième remarque concerne les dernières générations d'avions, autrement dit à partir de Concorde et des avions ultra automatisés comme ceux des familles Airbus ou Boeing. Lorsque, pour quelqu'un qui a vécu le temps de Caravelle ou encore celui du DC3 que j'ai aussi piloté, je regarde ce qui se passe dans le poste d'équipage des avions actuels pendant les phases de décollage ou d'approche, je constate que la charge de travail est la même qu'autrefois. Ceci confirme d'ailleurs ce que tu viens de dire, c'est-à-dire que quand on donne le confort à l'Homme, il cherche toujours à faire quelque chose d'autre. Ce constat m'a stupéfait : voir que la charge de travail dans les phases de décollage et de montée initiale, ou les phases d'approche et d'atterrissage, était la même sur Caravelle, sur Concorde et sur tous les Airbus de nouvelle génération... Cependant, le confort physique et intellectuel s'est amélioré.

G.B. C'est une belle illustration, mais je voudrais rajouter quelque chose. À l'époque, j'étais encore un jeune ingénieur qui s'intéressait à la quantification de la charge de travail en prenant plusieurs approches : d'une part, la quantité d'informations à traiter par unité de temps, à supposer que nous étions capables de le faire parce qu'il fallait disséquer l'information de façon assez précise ; et d'autre part, la caractérisation des tâches. Nous définissions la charge de travail comme le rapport entre le temps requis et le temps disponible pour effectuer une tâche. C'est une technique extrêmement simple, mais qui, avec la pratique que j'ai pu en avoir, donne des résultats intéressants et qui peuvent être, d'une certaine façon, considérés comme des indicateurs utiles. Pour revenir au problème du traitement de l'information, si nous considérons l'être humain comme un organe de traitement de l'information, parce qu'il faut bien traiter l'information qui arrive pour comprendre et agir, une des limitations principales de tous les êtres humains est la mémoire de travail, ou la mémoire à court terme, celle qui intervient dans l'action immédiate de façon permanente.

VERS UN COMPROMIS COGNITIF

J.P. Tu mets le doigt sur le cœur du problème de l'ingénierie cognitive : « comment fonctionne l'opérateur humain au travail ? ». Tu as parlé de fonctionnement automatique ou contrôlé, de l'aspect séquentiel de ce fonctionnement contrôlé, de la détection des objectifs de sécurité occultant automatiquement le restant. Tu as aussi parlé de l'ampleur des « *chunks* » et de l'expertise. De même, tu as évoqué ce qui à mon avis est essentiel dans l'ingénierie cognitive : le temps. Le travail humain relève d'un processus dynamique où le temps est le facteur essentiel. Tu as dit aussi que pour quantifier la charge de travail, on essayait de voir le rapport entre le temps requis et le temps disponible pour l'exécution d'une tâche.

G.B. Effectivement, le temps est l'un des aspects parmi les plus importants de l'ingénierie cognitive. Il y a d'autres aspects bien sûr. Celui-là reste essentiel car, par son appréciation, on arrive à comprendre un certain nombre de choses. Cependant, on n'arrive pas à le rationaliser au point où l'on pourrait faire des mesures. Le problème est là. Même si j'ai pu apporter une contribution dans ce monde-là en introduisant les fonctions cognitives, c'est justement en essayant de casser le modèle classique de traitement séquentiel qui a toujours du sens, dans certaines situations cependant. Nous arrivons généralement à faire beaucoup de choses en même temps. Un bon pilote peut faire plusieurs choses simultanément. « Comment mesurer tout cela ? ». Un pilote débutant et un pilote chevronné, par exemple, ne gèrent pas le temps de la même façon. Un pilote chevronné n'a pas de mal à effectuer plusieurs tâches en même temps. Un pilote débutant a tendance à utiliser des processus séquentiels : les tâches sont mises bout à bout. De la même façon, lorsqu'un pilote chevronné est face à un problème sérieux, il revient en séquentiel. Beaucoup de modèles cognitifs reprennent la métaphore séquentielle parce que c'est plus facile, et modéliser le pilote chevronné avec des séquences de tâches mises bout à bout amène souvent à passer à côté de beaucoup de problèmes. La réalité de la mise à l'épreuve nous les renvoie un par un.

J.P. Ceci me fait penser à un élément important enseigné dès le début de l'éducation au pilotage. L'une des règles essentielles qu'on essaie d'inculquer aux stagiaires est « la division de l'attention ». Cette expression n'est probablement pas correcte sur le plan scientifique, mais elle veut bien dire ce qu'elle veut dire.

G.B. Il me semble important de lier la question de l'attention à celle de compromis cognitif. Pour cela, une modélisation multifonctionnelle de la cognition est nécessaire. L'être humain met en œuvre plusieurs fonctions cognitives en même temps. Certaines vont surveiller, d'autres contrôler, d'autres encore décider et ainsi de suite. Mais ces fonctions-là sont des sortes d'automates vivants, qui fonctionnent en permanence. Comment caractériser ce problème de l'attention ? On peut dire que les fonctions cognitives pertinentes vont être mises en jeu en fonction d'un certain nombre de compromis. Nous n'arrêtons pas de faire des compromis cognitifs. On va plutôt favoriser telle fonction cognitive, plutôt que telle autre... Tout cela étant parfois inconscient : ce n'est pas toujours contrôlé. Nous aimerions que l'expert contrôle ces compromis, qu'il soit conscient de ce qu'il est en train de faire et même, à la limite, qu'il en soit conscient pendant un certain temps, même si on automatise cette conscience qui va ensuite lui permettre de mettre en œuvre des « *chunks* » encore plus gros. Dans ce cas, nous avons affaire à des fonctions cognitives de fonctions cognitives. Certains parlent de métacognition. Gérer l'attention est un problème de compromis : ce n'est jamais parfait, c'est-à-dire que l'on va dire : « comme je ne peux pas tout traiter, je vais choisir telle ou telle stratégie ! ».

J.P. La charge de travail est donc liée à ces compromis cognitifs, mais comment la mesure-t-on ?

EVALUATION, MESURES ET PSYCHOLOGIE

G.B. Encore une fois, si je partage ton point de vue sur le fait qu'il faille construire des mesures, il faut que nous ayons les bons modèles : faire une mesure de la charge de travail d'un expert en utilisant un modèle séquentiel peut, à mon avis, poser problème. Sauf dans les cas limites... Bien sûr, on arrive à isoler certaines fonctions cognitives, mais, comme déjà dit, l'expert en a beaucoup qui fonctionnent en parallèle et qui restent difficiles à identifier.

J.P. Je ne partage pas tout à fait ton point de vue. Tu as raison dans l'absolu, si l'on regarde les choses de façon globale et qualitative, on ne voit pas effectivement très bien comment on va pouvoir quantifier tel aspect de la charge de travail... Mais si l'on isole une phase de vol, un morceau de phase de vol, ou une manœuvre spécifique et bien définie, les choses se simplifient parce qu'on peut alors n'avoir affaire qu'à un nombre limité de fonctions cognitives pertinentes. Dès lors, on peut commencer à travailler non pas sur la grande généralité, mais sur un exemple concret et fini. On peut ainsi simplifier des situations pour arriver à quantifier des combinaisons d'éléments.

DES PROCESSUS COGNITIFS PRECOMPILES

G.B. Tentons d'éclaircir la notion de fonction cognitive. Je dirais qu'il y a des fonctions cognitives innées que nous partageons tous, et des fonctions cognitives apprises dans un certain métier, qui sont martelées, renforcées, raffinées par l'entraînement... Il y a aussi des fonctions cognitives qui correspondent à un phénomène de société ou de période : un pilote des années soixante-dix était différent d'un pilote d'aujourd'hui à cause de l'utilisation de l'informatique, par exemple. L'informatique a changé la façon de travailler – nous en avons déjà parlé. Ce n'est ni mieux, ni moins bien, c'est différent ! L'informatique a cependant permis d'optimiser des critères de sécurité, de performance et de confort.

J.P. L'informatique a tendance à nous éloigner du monde concret.

G.B. Certes, et cela incite à mieux comprendre l'évolution technologique et les pratiques que l'informatique engendre. Nous devons aussi gérer le changement. Si je prends un exemple de la vie de tous les jours, je maintiens mon carnet de rendez-vous sur ce que l'on appelle maintenant un « *Personal Digital Assistant* », un PDA, une espèce de calepin électronique. Je synchronise le PDA avec mon ordinateur très fréquemment. Ce qui fait que je maintiens au fur et à mesure deux bases de données : l'une très changeante, ce qui me conduit à vérifier presque en permanence la cohérence entre les données de mon PDA et celles de mon ordinateur. J'apprécie beaucoup cette méthode de travail parce que, par les manipulations qu'elle m'impose, elle m'oblige à conserver à l'esprit les événements importants de mon emploi du temps. Pour revenir à notre discussion sur l'évolution, je parlerais de co-évolution des gens et des technologies. L'être humain construit toujours des outils et ces derniers influencent sa méthode de travail.

J.P. Je peux donner un exemple à ce sujet. Lorsque l'on est passé de l'aviation conventionnelle du type DC10, Airbus A300, Boeing 747... à la génération des avions très automatisés, celle de la famille Airbus A310 et surtout des A320-30-40 et Boeing 777, nous avons été obligés, dans la formation, de tenir compte des disparités extrêmement grandes entre les stagiaires qui arrivaient de machines différentes et auxquels il fallait enseigner l'utilisation de l'informatique ; en caricaturant, de la bureautique dans le cockpit. Cela nous a obligés à mettre en place une formation spéciale. Aujourd'hui cette formation n'est plus spéciale : elle est intégrée, elle est courante et ce qui était utilisé autrefois a partiellement disparu, ou a été atténué. Cette évolution a concerné une population de pilotes d'avions de transport d'à peu près deux cent mille individus dans le monde entier, volant sur des matériels extrêmement différents. De plus, la vie d'un avion se situe entre vingt et trente ans. Donc les avions d'une très grande automaticité produits aujourd'hui côtoient des avions conçus, il y a trente ans, soit des A300, des B747 et quelques DC10 encore. L'évolution s'est produite sur dix à quinze ans et il a fallu à peu près sept à dix ans pour que la grande partie de la communauté des pilotes, environ quatre-vingt-dix pourcents, arrive à se placer au niveau du bond technologique du milieu des années quatre-vingt. Maintenant, comme déjà évoqué, les grands patrons d'Airbus, pour définir les avions qui vont voler dans dix à vingt ans demandent à leurs spécialistes, pilotes en particulier, quelles vont êtres les caractéristiques des futurs pilotes.

G.B. C'est effectivement une question importante. Si on veut sérieusement mettre en œuvre ce que nous avons appelé une conception anthropocentrée, il va bien falloir faire avec les utilisateurs actuels. La grande question est le temps d'adaptation des gens et des sociétés dans lesquelles ils évoluent. Il faut que les gens aient le temps nécessaire pour s'approprier et maîtriser les nouvelles pratiques émergentes. L'observation du gradient d'évolution des pratiques devrait donc être plus systématique. Ceci est un problème très difficile. Mais, je reviens sur une remarque qu'avait faite Allan Key, un personnage éminent de l'informatique, qui a inventé le micro-ordinateur théorique en mille neuf cent soixante et onze, et qui a travaillé, à la fin des années soixante-dix, dans les premiers temps de Xerox PARC[45], sur les fenêtres, souris et autres appareils de l'informatique moderne. Un journaliste lui a demandé : « Comment pouvez-vous prévoir l'avenir ? » Sa réponse avait été très catégorique : « Je ne prévois pas l'avenir, je l'invente ! ». En suivant cette logique, il y a invention et ensuite adaptation. En pratique, on observe que les gens peuvent s'adapter pratiquement à n'importe quoi lorsqu'il y a motivation. L'ergonomie n'a pas pris ce parti ! Elle cherche à adapter la technologie à l'individu. Dans certain cas, nous forçons la décision en disant qu'il y a certaines technologies pouvant être utiles à l'être humain moyennant quelques adaptations de l'individu. L'ergonomie est une sorte de garde-fou dans la mise en œuvre des technologies innovantes. Cependant, les choses ne sont pas si simples : il y a de toute façon une coadaptation individu-technologie, et même plus que cela société-technologie parce que si l'individu pose un certain nombre de problèmes, la société en pose beaucoup d'autres. Aujourd'hui tout le monde utilise des PC, des ordinateurs portables, des ordinateurs de bureau de petite taille mais de grande capacité… À la fin des années soixante-dix, presque personne pouvait le prévoir. Les premiers Macintoshs ont fait réagir la plupart des techniciens et des ingénieurs qui disaient que ce n'était que des « gadgets », alors qu'aujourd'hui, l'ordinateur portable est un outil de travail le plus souvent indispensable. Une question reste importante : comment prendre en compte l'évolution des pratiques en phase de conception ? Je suis intimement convaincu qu'il faut laisser libre cours aux concepteurs, créateurs et inventeurs, à condition

[45] *Palo Alto Research Center.*

que les utilisateurs pressentis soient intégrés en participant activement au sein de l'équipe de conception dans laquelle le travail coopératif est la philosophie principale. Ceci n'empêche pas les créateurs les plus inspirés de faire valoir les idées les plus remarquables.

LA STANDARDISATION

J.P. Nous avons parlé de compromis. Ainsi lorsqu'on regarde l'évolution technologique elle-même et son application à l'humain, par exemple l'évolution de la technologie des postes de pilotage des avions d'aujourd'hui, on aperçoit un facteur important et très positif en matière d'adaptation humaine aux machines, et en conséquence en matière de sécurité : la standardisation. Par exemple, la standardisation de la position des commandes de vol, de la présentation des informations de pilotage, celle des postes d'équipage en général, ou de la documentation... Cette standardisation permet aux pilotes de passer sans trop de difficultés d'un type d'avion à un autre au cours de leur carrière. En effet, ils retrouveront leurs repères principaux, le sens de variation des paramètres, des commandes... Cependant, la contrepartie est que la standardisation arrête l'innovation. L'un des contre-exemples classiques fut la suppression par Airbus du manche central de pilotage des avions, remplacé par le mini-manche se trouvant maintenant sur le côté du poste d'équipage. Ceci fut une petite révolution. Mais il y eut d'autres innovations comme la conduite automatique des moteurs sans que bougent les manettes de poussée. Ceci a suscité quelques critiques au départ, principalement parce que les habitudes étaient secouées, mais est parfaitement admis aujourd'hui. Il y a donc un certain compromis à utiliser dépendant de l'adaptabilité de l'humain à ces variations technologiques. On peut aussi rappeler que si une machine extrêmement complexe peut être mise entre les mains de l'Homme, c'est au prix d'une longue formation et sans jamais obtenir un taux de sécurité important car il y aura toujours des erreurs induites par la complexité de la machine. Mais on arrivera quand même à y former des gens. Je pense qu'il faut justement prendre en compte, dans l'évolution technologique, dans l'adaptation de l'Homme à la machine ou au contraire dans l'évolution centrée sur l'Homme, ce niveau de capacité optimum d'adaptabilité de l'Homme aux évolutions technologiques, ce qui n'est pas chose facile.

G.B. La standardisation joue un rôle crucial dans l'utilisabilité : plus on est dans un standard, plus les choses sont faciles à utiliser parce qu'on est dans un monde connu. Le problème de l'évolution et des révolutions technologiques ne touche pas vraiment les jeunes car ils partent de zéro lorsqu'ils se forment sur de nouvelles technologies. Par contre, les gens utilisant une technologie qui évolue ou qui change complètement, doivent changer les « *chunks* » dont nous parlions tout à l'heure : les experts qui ont façonné des « *chunks* » extrêmement raffinés doivent maintenant les oublier pour en construire d'autres ce qui est parfois difficile, surtout quand ils ont avancé dans leur carrière et qu'ils sont devenus des experts incontournables... et que du jour au lendemain ils doivent tout changer. Ceci pose des problèmes cognitifs énormes sauf si, et c'est là que les choses changent énormément aujourd'hui, ils ont l'habitude d'apprendre. Nous sommes en effet dans une société dans laquelle la technologie évolue tous les jours, ce qui demande aux nouvelles générations « à apprendre à apprendre ». Nous ne sommes plus en régime permanent mais en régime transitoire ; notre monde est en perpétuelle évolution. Je pense donc que les jeunes vont devoir, plus que jamais, apprendre à apprendre et à trouver cela motivant ! Dans le passé, on pouvait faire toute une carrière sur un même sujet pour devenir un jour le maître incontesté de la discipline. Aujourd'hui, le maître, c'est celui qui a la meilleure capacité d'adaptation. L'ingénierie cognitive ne peut pas faire l'impasse sur l'évolution rapide des technologies.

J.P. Là aussi, je peux donner quelques résultats. Pour bien adapter nos formations à l'introduction des avions très automatisés comme l'A310, l'A320..., on a fait des recherches statistiques sur les réussites et les échecs des pilotes au cours de leur stage d'adaptation. On a rassemblé les résultats par tranches d'âge des pilotes, de dix ans en dix ans. Comme autres paramètres, on a choisi le type et le nombre d'avions déjà pilotés par les pilotes en question. On s'attendait à ce que les pilotes ayant le moins d'échecs soient dans la tranche d'âge de vingt-cinq à trente-cinq ans, c'est-à-dire des jeunes qui avaient déjà un petit bagage informatique et qui pouvaient s'adapter aux automatismes. Pourtant on s'est aperçu, avec surprise, que ceux s'adaptant le mieux se situaient dans la tranche d'âge quarante-cinq à cinquante-cinq ans, avec cependant une grande disparité : ceux extrêmement bien adaptables avaient pratiqué auparavant un grand nombre d'avions différents, et, au contraire, ceux qui réussissaient avec peine s'étaient en quelque sorte sclérosés sur un seul type d'avion. J'ai observé que le cerveau de ces derniers n'avait pas cette souplesse d'adaptation acquise par les autres.

RETOUR SUR LA COMPLEXITE

G.B. Finalement, l'apprentissage est au cœur de ces problèmes-là. Nous revenons au problème de la complexité sur lequel nous nous sommes déjà arrêtés. Il est intéressant de remarquer que la nature de la complexité des machines évolue : complexité mécanique et complexité informatique sont deux concepts différents. Il est extrêmement difficile et souvent inconcevable qu'un utilisateur puisse entrer dans la complexité informatique que nous connaissons aujourd'hui, celle des réseaux d'ordinateurs en particulier. Il en résulte des problèmes de confiance. Il est vrai que ce problème existait dans le passé, mais il était plus ou moins maîtrisé puisqu'on essayait de comprendre ce qui se passait… et l'on y arrivait ! Aujourd'hui, le générique bouton « Reset » est souvent utilisé lorsqu'on se trouve devant un système devenu incompréhensible ou désespéramment « indiscipliné ». C'est ce qui nous sauve dans beaucoup de situations et qui reste un problème ouvert. La question de la fiabilité des logiciels et de la validation est au centre de ces problèmes de confiance et de sécurité, et donc d'ingénierie cognitive. Cette association ne peut aujourd'hui que grandir. Je ne dis pas que ce n'est pas en cours, mais la collaboration entre les ingénieurs fiabilistes et les spécialistes des facteurs humains devrait s'intensifier…

J.P. J'ai encore ici un résultat à donner au sujet de la complexité : quand, à partir de l'A320, on a commencé à regarder quelles étaient les procédures pour l'A330 et l'A340, deux types d'avions dérivés de l'A320 bien que nettement plus grands, et surtout à définir ce qu'il fallait faire pour passer d'un type à l'autre, on eut une surprise. Les cockpits étaient très semblables et l'on misait sur l'adaptabilité rapide des pilotes en changeant de type d'avion. Mais on se heurtait aux autorités de certification voulant absolument qu'on enseigne la totalité des procédures anormales et d'urgence pour chaque type d'avion, ce qui signifiait qu'il fallait refaire une qualification de type complète à chaque changement. On eut alors l'idée de regarder ce qui mentalement était requis pour chacune des procédures liées à chacun des types A320, A330 et A340. On a eu la surprise de voir que pour des systèmes extrêmement différents, on avait toujours des processus mentaux identiques pour des ensembles de procédures. On a donc pu démontrer que par exemple pour passer de l'A320 à l'A340, il n'était pas nécessaire de recommencer à enseigner toutes les procédures d'urgence, mais qu'en groupant les procédures en un certain nombre de familles, il suffisait de les instruire par familles. Le résultat fut qu'au lieu d'enseigner environ cent cinquante procédures anormales et d'urgence, il suffisait de le faire pour vingt-cinq familles différentes grâce à cette adaptabilité cognitive à certains types de procédures…

G.B. Voilà un bel exemple de justification d'étude cognitive. Je pense que ce problème de la complexité doit être lié aux situations imprévues. Lorsqu'on fait face à un système complexe dont on comprend la logique de fonctionnement plus ou moins bien, mais qu'on essaie de contrôler, on va lui faire confiance parce qu'il fonctionne bien tout le temps ou « presque ». C'est précisément le « presque » qui va nous intéresser en ingénierie cognitive. Et à un moment donné, une situation imprévue peut se produire, que ce soit une panne, une erreur de l'être humain, un problème externe quelconque… Si je reviens aux processus automatiques et contrôlés de Shiffrin et Schneider, dans la plupart des cas dits normaux, l'opérateur humain va construire des « *patterns* », des « *chunks* » ou des fonctions cognitives complètements automatisées, alors que lors d'une situation imprévue, on va devoir revenir à un processus contrôlé. Or, qui dit contrôle, dit compréhension : il faut que l'on comprenne ce qui se passe ! C'est là que se pose le problème : on n'est pas forcément conscient de tout ce qui est en train de se passer et dans ce cas une approche d'ingénierie cognitive prend tout son sens parce qu'il est impératif de fournir à l'opérateur le maximum d'atouts pour qu'il puisse prendre conscience de la situation réelle et s'en sortir si par exemple elle est problématique. En situation d'urgence ou de forte pression temporelle, il ne faut pas que l'opérateur soit noyé sous trop d'informations. Ce n'est pas au moment où il est stressé qu'il va devoir en faire le tri. Il a besoin d'une information pertinente d'une part et d'une formation adaptée d'autre part pour se sortir d'une situation imprévue. Pour cela, il y a bien sûr un certain nombre de « *patterns* » qu'il faut apprendre.

J.P. Bien que déjà évoqué, ce problème majeur mérite qu'on le mentionne à nouveau. Les situations imprévues sont sensées êtres résolues par l'application des procédures. Une panne de système est traitée en suivant les indications, les procédures, portées automatiquement sur un écran de la planche de bord. Si cette panne entraîne d'autres pannes de systèmes, elles sont aussi traitées de façon identique avec les séquences appropriées. Cependant le problème est que, l'avion devenant de plus en plus complexe, le contrôle au sol devenant lui aussi complexe, on peut se retrouver parfois dans une situation imprévue ou dans une combinaison imprévue de situations de panne, de phénomènes météorologiques, de problèmes de contrôle aérien, dans un contexte complexe nécessitant des actions urgentes difficilement traitables ou même impossibles à traiter rapidement par des procédures rigides... Il y a donc une infinité de combinaisons de situations qu'on ne peut pas prévoir dans leur totalité. Ainsi, depuis quelques années, on s'aperçoit que l'utilisation des procédures est certainement quelque chose de basique qu'il faut maintenir et enseigner de façon rigoureuse, mais qui n'est pas suffisant. Il faut maintenant, en plus de cette éducation stricte et rigoureuse aux procédures, éduquer les gens à avoir un jugement global nécessairement moins rigoureux et moins strict, permettant des diagnostics et des choix dans des situations n'ayant pas été prévues dans leur formation. On doit donc rechercher, en matière de formation, ce compromis extrêmement difficile entre l'obligation de faire respecter les procédures et l'exercice d'une souplesse intellectuelle permettant de faire de bons diagnostics de situation, de faire les choix corrects et de les appliquer. Par exemple, supposons qu'on se trouve dans une situation météorologique difficile, ou de consommation critique de carburant, et qu'il y ait une crise cardiaque parmi les passagers, que faut-il choisir, la poursuite du vol ou un déroutement ? Autre exemple : avec le feu à bord survenant une heure après le décollage doit-on atterrir immédiatement sur un terrain à proximité avec une masse excessive et hors limitations, avec le risque d'avoir un accident au sol, ou au contraire doit-on évacuer le carburant excédentaire avant d'atterrir comme le veut la longue procédure, avec le risque de s'abîmer dans la mer ? C'est ce genre de choix qu'il faut désormais enseigner aux gens, avec le handicap juridique qu'implique aujourd'hui la non-application des procédures en cas d'accident.

G.B. En tant que chercheur, je reviens toujours à la notion de modèle. Tu as cité le modèle de l'utilisation de procédures pour les situations imprévues qui est un modèle couramment utilisé en aéronautique. Mais il y a un autre modèle, qui n'est pas du tout contradictoire. J'ai travaillé à la NASA sur des problèmes de situations imprévues au moment du lancement de la navette spatiale. Si un incident imprévu conduit à interrompre le compte à rebours, on se pose la question de savoir comment résoudre ce problème. Et là, on fait appel à une équipe d'experts – c'est une mise en commun de « fonctions cognitives » – qui vont discuter, trouver des compromis, trouver des réponses aux questions qui se posent et finalement le directeur de vol, c'est-à-dire le patron, se fait une opinion de ce qui se passe et a un jugement global sur la situation. En définitive, c'est un seul individu qui va décider, mais en utilisant un grand nombre de fonctions cognitives réparties parmi plusieurs agents experts qui d'ailleurs peuvent communiquer entre eux. Nous ne sommes plus là dans un modèle d'application séquentielle d'une procédure, mais bien dans un processus hautement parallèle. Même si cet exemple met en jeu des acteurs extrêmement bien formés, compétents et expérimentés, il peut en être de même pour tout individu qui doit faire face à une décision critique. Lorsque l'individu manque d'expertise, il faut qu'il fasse appel à l'extérieur, ce qui peut être très difficile, et souvent non réalisé. Donc, en cas de situation imprévue, le problème est de disposer des expertises appropriées qui vont permettre de résoudre les problèmes.

LA PRISE DE DECISION

J.P. Mais qui va prendre les décisions ?

G.B. Comme je viens de le dire, en principe, c'est un seul individu. Mais il y a deux problèmes : celui de la disponibilité des expertises et de leur mise en commun, et celui de la décision finale, qui repose le plus souvent sur une seule personne. Certes, il peut y avoir un vote parmi les experts, mais malgré cela, le responsable peut décider différemment en fonction de l'idée qu'il se fait de la situation. Les juges parlent « d'intime conviction » !

J.P. Donc il faut aussi éduquer celui qui va prendre la décision. Dans l'avion, c'est le commandant de bord.

G.B. Dans tous les cas, il faut qu'il y ait un chef d'orchestre pour coordonner les échanges entre les différents agents. Je me suis intéressé depuis longtemps à la question de la modélisation par agents parce qu'elle fournit un cadre conceptuel très puissant et métaphorique à la fois biologique et social. Je me souviens d'un cours que j'avais suivi à Paris à la fin des années soixante-dix portant sur l'interaction entre diverses hormones intervenant au sein du rein humain. Ce cours était donné par Elie Bernard-Weil[46], un endocrinologue, Professeur au Collège Hospitalier Pitié-Salpêtrière. Il portait sur les mécanismes agonistes-antagonistes. Si l'on reprend la conception de Marvin Minsky selon laquelle un agent est une société d'agents[47], lorsque deux sociétés d'agents sont en présence pour constituer une société plus grande, on observe une lutte entre les deux sociétés pour assurer l'équilibre et la survie de la super société que les deux sociétés constituent de par leurs interactions entre elles. Bernard-Weil expliquait que la fonction rénale était régulée par un couple d'hormones dont les actions étaient à la fois coopératives et de sens opposés. Il expliquait que lorsqu'un groupe (une société) d'hormones devenait plus fort que l'autre au point de rester tout seul, le rein (la super société) mourrait.

---

[46] Il est conseillé au lecteur de se référer à l'ouvrage qui l'inclut et l'étend : *Du « système » à la Torah – Essai d'épistémologie, d'anthropologie et de théologie systémiques* (Converssciences, L'Harmattan, Paris 1995).

[47] Minsky, M. (1985). *The Society of Mind*. Touchstone Simon and Schuster.

Chapitre 9

Expérience et formation

LE RETOUR D'EXPERIENCE

J.P. Nous avons évoqué le retour d'expérience : c'est une mine extraordinaire de résultats, mais difficilement exploitable. Dans la recherche de laboratoire, l'exploitation d'une expérimentation est relativement facile car les expérimentations se font avec un nombre relativement limité d'individus, en général quelques dizaines, et les conditions expérimentales sont habituellement très bien définies. Dans la vie courante, les situations sont ce qu'elles sont, c'est-à-dire des combinaisons de configurations, de situations météorologiques et de trafic radio... qui sont quasi-aléatoires. Il est extrêmement difficile d'arriver à savoir, au travers des « confessions » des intéressés, quels ont été leurs processus mentaux, comment ils sont arrivés à une erreur ou à une mauvaise compréhension ou à un oubli. Jusqu'à présent, d'après ce que j'en sais, on n'a pas réussi à mettre au point une méthode fiable, efficace et rapide pour effectuer de tels dépouillements avec les milliers de cas enregistrés. Beaucoup reste à faire pour essayer de définir ce fameux « contexte » dont tu parles, qui est essentiel pour utiliser l'ensemble des incidents. C'est différent pour les accidents. Ce sont des évènements relativement peu nombreux en général extrêmement analysés alors que la foule des dizaines de milliers d'incidents qu'on est amené à dépouiller sont difficiles à corréler parmi les situations, l'environnement et les décisions prises par les pilotes. Allons-nous parler de ce retour d'expérience ?

G.B. Le retour d'expérience est un outil primordial pour la gestion des connaissances et pour la modélisation. Le retour d'expérience, on peut le voir à deux niveaux que je qualifierais de boucle ouverte et boucle fermée. En boucle fermée, c'est en fait l'expérience sur la pratique, l'utilisation des outils qui ont été construits, et en général le retour d'expérience en boucle fermée est négatif, c'est-à-dire que l'on se focalise sur des incidents, des accidents, des choses qui n'ont pas marché... Ce qui a marché ne fait pas partie, en général, du retour d'expérience. C'est dommage, mais il est difficile de tout noter. En boucle ouverte, pendant les processus de conception et de développement, les protagonistes peuvent noter les raisons pour lesquelles ils ont fait certains choix et actions... ainsi que les difficultés qu'ils ont eues pour concevoir, pour prendre des décisions... Toutes ces informations sont aussi du retour d'expérience ! Le retour d'expérience, ce n'est pas uniquement le retour sur des incidents/accidents en exploitation, c'est aussi l'expérience de tous les acteurs qui jouent un rôle autour du produit et cela comprend donc les concepteurs, les développeurs, les fabricants... Si l'on veut avoir une bonne histoire sur un produit, on a besoin de tout le monde. Jadis, on construisait des outils plus petits, le nombre de personnes autour de ces outils était plus restreint, les gens avaient des métiers très stables (ils rentraient dans une entreprise juste après leurs études et en sortait à la retraite). Aujourd'hui, nous ne sommes plus du tout dans ce contexte, nous sommes dans des conditions où le « *turnover* » (rotation de personnel) est très grand, les technologies évoluent très vite, les gens changent de métiers, la connaissance est extrêmement volatile... Même si, dans le passé, les gens ne formalisaient pas le retour d'expérience, encore que je n'en sois pas sûr, ils étaient là pendant assez longtemps pour pouvoir communiquer avec les autres. Aujourd'hui dans l'univers des systèmes à risques, nous avons besoin de formaliser les pratiques (bonnes ou mauvaises) parce que justement les gens s'en vont et s'en vont vite, très vite... tout va très vite ! Pour revenir à la conception participative, participer c'est savoir raconter la bonne histoire au bon moment pour que les autres acteurs puissent la comprendre et l'intégrer. Je pense que le retour d'expérience doit être fait à tous les niveaux du cycle de vie d'un produit.

J.P. Mais alors comment profiter de ce retour d'expérience pour initier les jeunes gens au travail qu'ils auront à faire.

G.B. Le retour d'expérience est l'une des composantes de la formation. Depuis plusieurs années, nous faisons des conférences pour sensibiliser les ingénieurs déjà en place ainsi que les élèves ingénieurs. La formation initiale demande beaucoup plus d'attention quant au contenu théorique. Nous avons dû le constituer progressivement... et ce n'est pas fini bien sûr. Ce sont les histoires et les anecdotes pertinentes dont je parlais tout à l'heure qui constituent les ingrédients nécessaires à la construction de scénarios génériques, et qui eux-mêmes servent de base à la validité de ce contenu théorique.

J.P. Parlons donc de cette formation initiale en ingénierie cognitive.

QUELLE FORMATION INITIALE ?

G.B. Je me suis personnellement investi dans la création de cours d'ingénierie cognitive à SUPAERO[48], à l'ENAC[49] ainsi que dans d'autres écoles et universités, à Paris V avec le Diplôme Universitaire en Facteurs Humains Aéronautiques. Avec d'autres collègues, nous avons participé à la création d'un Master Professionnel en Interaction Homme-machine, on l'appelait DESS[50] à l'époque ; et plus récemment, à la création d'une école nationale d'ingénieurs, l'Institut de Cognitique de Bordeaux. J'ai été très heureux lorsque nous avons convaincu la Commission des Titres d'Ingénieurs, la CTI, de valider cette école. C'était une très grande avancée ! Aujourd'hui, nous ne sommes plus au niveau des décisions mais au niveau de l'action. Qu'allons-nous donc faire ? Un programme est lancé bien sûr, mais j'aimerais que nous fassions ensemble, en prenant le point de vue de l'industrie, cet exercice de construction pour les promotions à venir. Ce sont les promotions actuelles qui vont porter le flambeau de cette nouvelle discipline. Si nous en avons été les initiateurs, ce sont eux qui vont réellement être les acteurs du développement de l'ingénierie cognitive. Pouvons-nous parler de cette formation ?

J.P. L'établissement de cet Institut de Cognitique est un événement important. C'est la preuve que l'ingénierie cognitive a désormais droit de cité et s'impose dans l'enseignement supérieur. À mon avis il faut encore convaincre certains experts, par exemple dans un domaine comme l'aéronautique, parce qu'ici les avancées énormes en matière d'interface Homme-machine, de facteurs humains, sont dues à des poignées d'experts ayant réussi à faire évoluer les choses sans être officiellement dans le secteur des facteurs humains, et même déclarant inutile ce secteur ! Lorsqu'on discute avec eux, ils sont convaincus que cette expertise appartient au bon sens,

---

[48] Ecole Nationale Supérieure de l'Aéronautique et de l'Espace.

[49] Ecole Nationale de l'Aviation Civile.

[50] Diplôme d'Etudes Supérieures Spécialisées.

qu'elle découle de l'exercice de leur profession, pilotes, ingénieurs, ergonomes ou psychologues, qu'elle est liée au traitement pur et simple des avancées technologiques, et qu'il est totalement inutile d'essayer d'en faire un enseignement parce que c'est quelque chose allant de soi. Cette opinion pourrait être valable pour eux, très forts dans leurs domaines avec énormément d'expérience. Mais ils ne se rendent pas compte que les jeunes qui débutent, et qui n'ont pas cette expérience, ont besoin d'être guidés, surtout lorsque que le cœur de leur enseignement est la rigueur mathématique. Je crois que notre travail doit commencer par là : essayer de convaincre ces experts qu'ils soient dans les universités, dans les écoles ou dans l'industrie.

G.B. Il faudrait clarifier ce que l'on entend par « expert » parce que des experts dans ce domaine, il y en a de plusieurs types.

J.P. J'ai quelques noms me venant à l'esprit, de personnes ayant agi ou agissant aujourd'hui aux essais en vol et dans les bureaux d'études. Les principaux sont à la fois pilotes d'essais et ingénieurs.

L'ACTION ET SA RATIONALISATION

G.B. Il y a toujours un décalage entre l'action et la rationalisation de l'action. Pour certains, les gens qui agissent, les bons acteurs, sont ceux qui font les choses bien et qui ne s'embarrassent pas de rationalisation… qui ont quelques aversions contre le « bla-bla ». De l'autre côté, il y a ceux qui rationalisent : ils ne sont pas forcément impliqués dans l'action directe et de ce fait, le dialogue entre les deux est parfois difficile. Je suis très heureux que nous nous posions cette question parce qu'elle est fondamentale. Je pense qu'il est important que les opérationnels communiquent aux élèves, futurs professionnels, non seulement leurs connaissances mais aussi leur savoir faire. Ceci est une question extrêmement importante puisque, le plus souvent, les professeurs, dont la seule fonction est d'enseigner, n'ont pas ce savoir-faire. Forcément, on ne peut pas être au four et au moulin ! L'idéal serait, bien entendu, que chez un même individu, il y ait les deux composantes. Il faut donc faire des équipes. Une équipe d'agents qui devient un agent multidimensionnel. Pour simplifier, il faut faire des équipes mixtes d'opérationnels et de chercheurs... qui travaillent ensemble et qui enseignent. Il y a donc ici quelque chose à trouver, à articuler pour que ce soit efficace. Mais il faut que les deux parties s'écoutent, sinon l'équipe ne marchera pas.

J.P. En parlant récemment avec des responsables des essais en vol d'un constructeur, j'ai posé la question de leur relation avec les spécialistes des facteurs humains. Ces nouveaux spécialistes sont acceptés mais, semble-t-il, avec le sentiment qu'on pourrait peut-être s'en passer. À mon avis, ils n'ont pas totalement tort, mais il est aujourd'hui exclu qu'ils puissent mener de front leurs tâches de navigants et celles de spécialistes en facteurs humains comme cela était encore possible, il y a vingt ans. Ils doivent donc accepter cette division des tâches, d'autant plus qu'on traite de plus en plus de détails. Comme cela est imposé aujourd'hui par l'organisation et les règles, ces spécialistes sont bien acceptés et les gens des essais en vol travaillent avec eux efficacement sans problème. Donc c'est déjà un bon début parce que la plupart de ces responsables avaient, il y a dix ou quinze ans, l'opinion que c'était inutile et qu'il y avait suffisamment d'experts parmi les équipages d'essais en vol pour prendre en compte les questions d'interface Homme-machine et de facteurs humains. Certains sont malgré tout convaincus de la nécessité de faire entrer ces problèmes de facteurs humains dans les mœurs, mais disent qu'il faut faire attention de ne pas aller trop loin. Ainsi un opérationnel doit rester un opérationnel alors qu'on essaie aujourd'hui de transformer les pilotes en gestionnaires. Or ils ne seront jamais des gestionnaires purs car ce sont aussi des aviateurs avec tout ce que cet attribut comporte d'exigences opérationnelles directes. Je pense donc qu'entre les théoriciens et les purs opérationnels, il se trouve des opérationnels convaincus sur lesquels il faut s'appuyer pour mettre en place cette ingénierie cognitive, qui tiennent compte des concepts un peu nouveaux d'aujourd'hui, mais qui « gardent aussi les pieds sur Terre » lorsqu'il s'agit de voler, si l'on peut l'exprimer ainsi... !

G.B. Je suis de ton avis, il n'y a pas d'ambiguïté. Depuis plus de vingt-cinq ans que je suis dans ce métier, les choses ont beaucoup évolué. Maintenant, il faut penser à opérationnaliser l'expérience que nous avons compilée. Nous devons arrêter de nous comporter en évangéliste. Nous sommes dans une phase où toutes les questions que nous nous sommes posées, et qu'il fallait se poser, doivent être opérationnalisées. La prise de conscience de la nécessité de la conception anthropocentrée est très récente, mais est bien réelle. Puisque nous sommes en train de tourner une page, il faut alors bien la tourner et bien voir vers où il faut s'orienter. Il y a un certain nombre de pistes : la piste de la formation initiale, dont nous avons déjà parlé ; la piste de la formation continue, des gens qui sont aujourd'hui sur le terrain et qu'il faut sensibiliser à l'ingénierie cognitive ; et la piste de l'opérationnalisation sur le terrain. Je crois qu'un des points importants est d'aller au niveau des autorités de réglementation parce que la réflexion des responsables des essais dont tu parles est dirigée par la réglementation : ils sont obligés de faire quelque chose et ils le font. Ici aussi il y a une action à mener et il ne faut surtout pas oublier la recherche parce que la recherche d'aujourd'hui sera appliquée dans dix à vingt ans. Si on veut être dans le coup dans dix ans, il faut qu'on y pense dès aujourd'hui. Comment doit être menée cette recherche ? Aujourd'hui, les universitaires traitent des problèmes fondamentaux dont les retombées pratiques ne sont pas immédiates. À côté de cela, la recherche industrielle avance très vite en fonction des exigences économiques et sociétales. Un équilibre devrait être trouvé entre ces deux types de recherches.

SENSIBILISATION AUX FACTEURS HUMAINS

J.P. Si on regarde comment les questions cognitives se sont posées dans le monde industriel, on constate qu'elles ont été dictées par des problèmes opérationnels. J'en cite trois. Lors de l'analyse des accidents aériens à la fin des années soixante-dix et au début des années quatre-vingt, on constatait qu'il y avait des problèmes de coopération interne au sein de l'équipage. On a alors inventé le CRM (gestion par l'équipage de ses propres ressources humaines opérationnelles), déjà cité, qui s'est institutionnalisé et fait maintenant l'objet de points de certification dans la formation des équipages, impliquant le comportement des pilotes à l'intérieur du cockpit. Deuxième point : les procédures d'utilisation des avions. J'ai tendance à considérer les procédures comme des prothèses intellectuelles : ce sont des concentrés d'expertise qu'on donne au pilote pour qu'il puisse agir de façon plus rapide et plus sûre que s'il devait traiter une situation seul et immédiatement. Là aussi, la pratique opérationnelle a dicté l'obligation de faire ce genre de chose et tout comme pour le CRM, les psychologues et les sociologues ont rationalisé dans le bon sens. Néanmoins, autant le CRM que les procédures me laissent un peu sur ma faim : tout cela améliore les choses, mais on en voit les limites si on les conserve tels quels, isolés. Enfin il y a autre chose qu'on a un peu oubliée, mais qu'on voit surgir de temps en temps : les questions d'ergonomie physiologique. Tout le monde a entendu parler des oscillations induites par le pilote (« *Pilot Induced Oscillations* », PIO) : c'est un phénomène dangereux de résonance du système piloté manuellement avion-pilote, auquel on s'est attaqué dans les années cinquante à quatre-vingt. En essayant de corriger un mouvement de l'avion, le pilote exerce sur les commandes de vol une action correctrice qui initialise une oscillation, et s'efforçant de supprimer l'oscillation, il ne fait au mieux que l'entretenir mais, le plus souvent, il l'amplifie dangereusement. Le plus curieux est que l'oscillation disparaît d'elle-même lorsque le pilote lâche les commandes, encore faut-il qu'il ait la présence d'esprit de le faire. Curieusement, même aujourd'hui malgré les automatismes correcteurs, il existe des formes de couplage physique entre le pilote et l'avion. Ce n'est pas très intellectuel mais plutôt physiologique, réflexe… on est à la recherche d'une certaine symbiose entre l'Homme et la machine ! L'action est consciente, mais la correction exercée de façon malencontreuse ne peut que difficilement s'arracher à la nécessité apparente de contrer l'oscillation. C'est donc un autre aspect de cette interface. J'ai évoqué ces trois différents problèmes pour montrer que le champ est très large et donc qu'il nécessite d'en faire la synthèse. Il faut arriver à regrouper les thèmes pour avoir quelque chose de plus assimilable par les jeunes d'aujourd'hui.

G.B. Tu as cité trois exemples qui effectivement nous rappellent que l'être humain est un être sociologique pour le CRM, un être psychologique pour les procédures et un être physiologique pour le PIO. Les trois disciplines concernées sont très cloisonnées et ne se sont pas beaucoup rencontrées. Ce qui est intéressant, c'est que les ingénieurs sont allés chercher les compétences dont ils avaient besoin dans ces trois disciplines. Sur l'aspect sociologique dans le cockpit, le CRM c'est la gestion des personnalités, le problème du travail coopératif, la coordination de l'équipage. C'est une question à laquelle les sociologues peuvent et doivent répondre. Je me souviens, lors de mon premier séjour à la NASA, des chercheurs travaillaient sur ce sujet dès le début des années quatre-vingt avec certaines compagnies aériennes américaines. De là sont sorties beaucoup de choses concrètes dont le CRM, mais ça a tout de même pris un certain temps. Si on parle des procédures, elles furent instaurées, il y a très longtemps (principalement au cours de la deuxième guerre mondiale) et sont un moyen pratique pour représenter les tâches et pour faire des aides mémoires : pour ne rien oublier, pour être sûr de faire les choses dans le bon ordre... Même si on ne nous soumet pas des procédures, très souvent on en construit soi-même pour ne rien oublier : on fait des rappels, on utilise des post-its... Les procédures peuvent revêtir plusieurs formes. Le problème est toujours le même : gérer sa mémoire à court terme, ce qui est de nature psychologique, comme sa mémoire à long terme et étendre ses capacités mémorielles pour guider l'action. Le troisième point, qui concerne ces oscillations induites, le PIO, dont tu viens de parler, est dû à un phénomène de perception-action qui est de nature purement physiologique et qui a été étudié. Ces trois cas montrent des champs d'études vraiment disjoints et il n'y a pas de modèle cohérent qui puisse traiter des trois simultanément. Ce n'est probablement pas nécessaire et il est naturel qu'il en soit ainsi. Cependant, si nous voulons former des ingénieurs cogniticiens qui puissent gérer tout ceci, il faut leur donner une bonne connaissance de l'ensemble de ces trois disciplines. C'est une tâche compliquée qui nous a conduits à créer et développer une entité comme l'IdC, par exemple. Nous nous sommes rendu compte qu'il fallait mettre au point des modèles plus formels à enseigner aux élèves d'une part, et articuler ces modèles pour donner un ensemble plus cohérent des facteurs humains d'autre part.

J.P. Tu dis qu'il y a trois secteurs disjoints, mais on observe que les opérationnels, de façon très pragmatique regardant les causes et les effets, essaient de rassembler tout cela dans le CRM et les procédures en particulier. Cet assemblage s'opère au travers de la formation des opérationnels. Comme déjà vu, on s'est aperçu que, dans certains cas, les procédures étaient trop limitatives, et qu'à l'analyse de certains accidents, le respect strict des procédures était mauvais. La formation au CRM présentait aussi quelques difficultés. On a alors inventé ce que l'on appelle le « LOFT » (*Line Operation Flight Training*). C'est la mise en situation au simulateur de vol, dans un environnement le plus proche possible de la réalité, d'un équipage constitué aux prises avec des combinaisons imprévues mais réalistes de situations plus ou moins critiques. Le problème était qu'on ne pouvait pas tout enseigner : toutes les procédures, toutes les situations dans lesquelles un pilote peut se trouver à cause de la météo, du contrôle aérien, des pannes de l'avion... On donne donc aux pilotes des séances de simulation dans lesquelles ils sont obligés de gérer des situations imprévues en appliquant bien évidemment les procédures mais aussi en se débrouillant avec ce qu'ils ont à disposition, ce qu'ils ont appris et ce dont ils sont capables. Ils font une synthèse et ils sont notés en fonction de leur synthèse, et de leur coopération au sein de l'équipage. Donc, encore une fois, c'est la pratique opérationnelle qui montre l'évolution.

L'AGIR ET LE PENSER

G.B. Essayons de rationaliser ce que tu viens de dire. On ne peut pas parler d'ingénierie cognitive sans parler d'action. L'action est centrale. Mais il existe plusieurs écoles de recherche en sciences cognitives, certains parlent souvent de représentation, de choses qui sont finalement assez statiques et peu dynamiques. On est aujourd'hui confronté au problème du glissement de « l'agir » vers « le penser », de l'action physique vers le cognitif. Nous interagissons de plus en plus avec des systèmes cognitifs avec lesquels nous avons de moins en moins de perception ou de retour énergétique. Depuis plusieurs années, une branche des sciences cognitives s'est intéressée à cette question de l'action. Fransisco Varela, par exemple, philosophe et chercheur chilien en biologie à l'Ecole Polytechnique de Paris, a énormément influencé les sciences cognitives. Nous commençons seulement maintenant, quelques années après sa mort, à percevoir la portée de ses théories. En fait, selon lui, on ne peut séparer le corps et l'esprit. Notre éducation cartésienne nous a poussés à les séparer pour simplifier les choses et faciliter l'analyse. Nous devons étudier plus en avant cette symbiose entre le corps, l'esprit, la société et l'environnement, en dépassant le niveau philosophique. Ces quatre types d'entités sont en interaction et co-construites. On ne peut pas en isoler une pour ensuite la recoller ! Tout cela est extrêmement difficile. Varela a développé une approche qui est très intéressante, phénoménologique. De mon côté, j'ai développé une approche basée sur la notion de fonction cognitive pour capturer les phénomènes intrinsèques et extrinsèques à la personne en situation d'interaction. C'est une approche dédiée à l'étude de l'interaction. Les fonctions cognitives peuvent être à l'intérieur et à l'extérieur d'un agent...

J.P. Peux-tu m'expliquer comment des fonctions cognitives peuvent être à la fois à l'intérieur et à l'extérieur d'un agent ? J'aimerais avoir des exemples.

G.B. Lorsque tu interagis avec un ordinateur pour écrire un texte, la fonction cognitive principale que tu utilises est d'entrer des caractères sur un écran en utilisant diverses fonctions de ton logiciel de traitement de texte. Ces fonctions sont par exemple « copier » et « coller » des morceaux de texte, les déplacer d'un endroit à un autre, et ainsi de suite. Ces fonctions peuvent être considérées comme des fonctions cognitives de la machine que tu utilises, puisqu'elles étaient effectuées par des êtres humains dans le passé. Nous coupions et collions des morceaux de papiers pour organiser un texte ou une affiche. Il se trouve que parfois nous soyons bloqués parce que nous ne comprenons pas l'utilisation d'une fonction machine. Le plus souvent, nous avons recours à une assistance externe, un connaisseur du système de traitement de texte par exemple, qui va nous dire ce qu'il convient de faire. Ce connaisseur possède des fonctions cognitives (que nous n'avons pas, sinon nous serions connaisseurs nous-mêmes) extrêmement utiles pour que nous puissions continuer à écrire. Par conséquent, pour une fonction cognitive de base comme « écrire un texte », le réseau des fonctions cognitives qui en dépendent est réparti parmi plusieurs agents humains ou machines.

J.P. Bien, maintenant je comprends mieux !

G.B. Ces fonctions interagissent entre elles à l'intérieur et à l'extérieur de cet agent. La notion d'action y est fondamentale. La représentation des fonctions cognitives permet de simuler des fonctionnements parallèles, alors que dans les modèles cognitifs habituels, où l'on considérait l'esprit comme un ordinateur, seul le séquentiel était possible. Je reviens aux trois exemples que tu citais : CRM, procédures et PIO. Une modélisation en fonctions cognitives prend tout son sens « multi-agents », sociologique, pour le CRM, fonctionnel psychologique pour les procédures et physiologique pour le PIO. Autre exemple, comme déjà mentionné nous menons des analyses de données oculométriques objectives et physiologiques associées à des informations subjectives psychologiques. Il est important d'avoir un modèle unificateur comme celui des fonctions cognitives, qui est encore à raffiner bien sûr.

J.P. Nous avons donc entamé le sujet des « Modèles », ce qui est normal car il est au cœur de l'ingénierie cognitive. Je suis d'accord avec toi pour dire qu'il faut des modèles unificateurs. Mais je reviens sur ce que nous disions au début de notre conversation. Jusqu'à présent, on a des modèles descriptifs, cinématiques, et il faut maintenant leur injecter la part dynamique, autrement dit expliciter la variable « temps » qui est sous-entendue mais non explicitée. Je crois qu'on aura réussi cette unification quand on aura enfin obtenu l'explicitation de ce facteur temps comme dans les phénomènes mécaniques, électriques ou biologiques. Je pense que les fonctions cognitives sont un bon support pour l'introduire. Je ne sais pas encore comment, mais cela me rappelle énormément les fonctions de transfert mécaniques où justement le temps est l'élément essentiel.

LES FONCTIONS DE TRANSFERT

G.B. Parlons donc des fonctions de transfert. Au début de mes études sur ces sujets-là, je suis revenu prendre mes cours d'électronique et d'automatique, que j'avais suivis à SUPAERO. J'avais commencé à modéliser certaines fonctions cognitives avec des fonctions de transfert, des fonctions de transfert toutes simples, des fonctions du premier ordre : un gain, un retard et une constante de temps. Il y avait donc trois paramètres et j'avais essayé de faire des simulations du pilotage. À l'époque, je travaillais à l'ONERA. Je faisais des simulations de plusieurs fonctions de transfert pour simuler des fonctions cognitives en parallèle. Cependant, on ne pouvait pas en simuler beaucoup parce que les ordinateurs avaient des capacités de calcul n'étant pas celles qu'on leur connaît aujourd'hui, mais on arrivait tout de même à simuler quelque chose d'assez réaliste. On bloquait un certain nombre de variables et l'on faisait varier les autres tout en essayant de les contrôler avec ce type de fonction. Ainsi, avec des fonctions mathématiques simples, on peut arriver à caractériser des comportements en identifiant les constantes de temps, les retards et les gains. Nous sommes arrivés à caractériser des types de pilotes avec ces modèles. Les Américains avaient fait cela bien avant pendant les années soixante et soixante-dix. De plus, ils s'étaient aperçus qu'ils pouvaient retrouver les écoles de formation des pilotes concernés en catégorisant les paramètres (constantes de temps, retards et gains) de ces fonctions de transfert de bas niveau opérationnel. Ces fonctions de transfert correspondent au niveau 1 du modèle de Rasmussen, c'est-à-dire les habiletés, les « *Skills* ». En revanche, dès que nous avons essayé de monter à des niveaux supérieurs, les choses se sont compliquées avec ce type de modèles conceptuels et de simulation que nous avions à l'époque. L'intelligence artificielle a alors ouvert une nouvelle voie.

J.P. Je me souviens que l'un des obstacles pour capturer ce niveau 1 était le balayage visuel. Quelle information le pilote allait favoriser à tel moment, la tenue de cap, celle du faisceau ILS, du « *glide* », la pente de la trajectoire d'atterrissage... ? De nombreuses hypothèses furent formulées, mais finalement tout le monde a déclaré forfait. On n'avait pas encore introduit cette notion de fonctionnement cognitif qu'on soupçonnait sans pouvoir le définir. On n'étudiait alors, comme tu l'as dit, que le premier niveau de Rasmussen. Et tant qu'on n'aura pas réussi à expliquer correctement le troisième niveau, celui de l'utilisation des connaissances nécessaires, et pas simplement le second, celui des procédures, qu'on sait utiliser aujourd'hui, on n'aura rien réussi.

G.B. D'autant que le premier niveau est automatisé sur les avions. Ceci étant dit, pour en revenir à ce que disent les pilotes d'essais aux prises avec les automatismes, une culture de pilote véritable, d'aviateur, est nécessaire. À l'époque, les fonctions de transfert étaient limitées du fait qu'on n'était pas encore entré dans l'étude du cognitif. Notre approche était complètement « behavioriste », basée sur le comportement élémentaire de type physiologique : on se focalisait sur le stimulus-réponse. D'autre part, tu parlais de *scanning*, de balayage visuel : c'est du bas niveau qui peut remonter très vite au haut niveau. Le problème est que lorsque l'on met à plat l'ensemble des mesures, on ne voit pas le relief du cognitif, c'est-à-dire qu'il faut derrière, en supplément, un modèle d'interprétation pour dire : « là, attention, c'est un problème stratégique ! », « là, c'était purement tactique ! », « là c'était purement opérationnel, procédural ! »... Il faut aujourd'hui qu'on ait un guide pour donner du relief cognitif aux observations qu'on fait et qui sont complètement à plat.

UN PATCHWORK QUI SE STRUCTURE...

J.P. Je reviens sur ce que nous avons évoqué dès le départ, à savoir qu'il y a des paquets de connaissances, un *patchwork* de connaissances, chacun apportant quelque chose de positif dans l'amélioration de la connaissance générale en matière de cognitique. J'ai regardé ce qu'on pouvait faire en essayant de rassembler tous ces *patchworks* à l'occasion d'une étude sur une figuration. J'ai eu l'idée d'essayer de combiner trois modèles différents qui sont : (1) le modèle de Jens Rasmussen dont nous parlons depuis le début, qui à mon avis est un modèle de base aujourd'hui irremplaçable au plan opérationnel ; (2) l'approche des fonctions cognitives que tu as développée et qui est aussi à mon avis une avancée essentielle en ingénierie cognitive ; et (3) les modèles mentaux et images mentales développés en particulier par Jean-Claude Wanner, qui meublent les deux modèles précédents. Les images et modèles mentaux sont les molécules élémentaires constituant les systèmes cognitifs que sont les deux modèles précédents. À mon avis, c'est dans cette synthèse, sans oublier d'y inclure le temps et donc la dynamique qui sont des éléments essentiels, qu'il faut continuer à avancer pour arriver à présenter quelque chose de positif aux ingénieurs.

G.B. D'accord... Le chantier est en cours, mais rien n'est encore abouti...

J.P. On n'a pas encore le $F = m.\gamma$ de l'ingénierie cognitive. Mais je pense qu'on s'en approche petit à petit.

G.B. Où en est la recherche fondamentale en sciences cognitives ? Son champ d'investigation est tellement multiple qu'il faudrait connaître plusieurs langages, c'est-à-dire parler « le Psychologue », « le Spécialiste en Neurosciences », « le Sociologue » et « le Philosophe » et aujourd'hui « l'Infographiste » !... Il faut savoir lire tout ce que font tous ces gens, ce qui n'est pas une mince affaire ! Le chantier est si vaste qu'il est possible que la solution sorte d'un endroit complètement inattendu.

J.P. Je suis un opérationnel et je constate que nous avons utilisé de façon pragmatique une méthode efficace qui est de couper les missions aériennes en phases et en sous-phases. Une sous-phase dure au moins une minute, par exemple le traitement du décollage, le traitement d'une panne, le traitement d'une situation un peu difficile dans un domaine dynamique. Sa durée peut aller de une à dix minutes. S'il s'agit d'actions mobilisant l'attention, le pilote est entièrement concentré, entièrement motivé par la résolution des problèmes induits par la situation. Lorsqu'on lâche les freins au décollage, toute l'attention est mobilisée sur ce qui se passe dans et autour de l'avion. Dans cette phase de vol, il ne peut y avoir de perturbation, de pollution par d'autres processus mentaux, par exemple une réflexion sur sa vie personnelle…

G.B. Quand tu dis « il ne peut y avoir de perturbation… par d'autres processus mentaux… », tu sous-entends que les pilotes sont tellement entraînés et concentrés qu'ils occultent tout ce qui n'est pas nécessaire à cette phase de vol.

J.P. Oui, et les fonctions cognitives mises en jeu sont dénombrables et identifiables. À mon avis, si l'on commençait par analyser à l'aide de l'ensemble des trois modèles précités quelques sous-phases bien caractéristiques, par exemple le décollage, l'évitement d'obstacles, la correction de pannes et l'atterrissage, on aurait certes encore des *patchworks*, mais qu'on pourrait probablement relier ensemble grâce à ce facteur « temps » omniprésent dans chacune de ces phases.

NOUS AVONS TENDANCE A LINEARISER…

G.B. Tout à fait. De toute façon, il faut essayer puisque nous sommes en plein dans la période de débroussaillage et d'exploration de cette nouvelle discipline. Je reviens à ce que tu disais : tu parlais de segmenter des vols en phases, sous-phases… découper le monde en plus petits morceaux pour pouvoir linéariser localement.

J.P. Linéariser, c'est-à-dire ne considérer que des relations simples et proportionnelles entre des choses qui ne sont pas forcément linéarisables.

G.B. Les approximations linéaires permettent de mesurer… et ça marche bien ! Il convient donc de linéariser, de segmenter, d'encadrer, au sens des mathématiques, en modélisant des éléments finis (par approximations successives) et le monde réel serait « tangent » à ces approximations. Maintenant, si ces éléments finis sont ce que nous avons convenu d'appeler des fonctions cognitives, quelles sont les fonctions cognitives émergentes pertinentes pour mieux comprendre un problème d'IHM donné ? Il s'agit de les découvrir, les expliciter, les catégoriser et les articuler. Actuellement, nous en sommes à les décortiquer, un peu comme l'ont fait les biologistes au dix-huitième et au dix-neuvième siècle (catégoriser des plantes, par exemple). C'est un travail très minutieux qui consiste à répertorier, à classifier… Il faut faire des catégories de fonctions cognitives. Cela prend du temps, mais n'en demeure pas moins indispensable. Il ne faut certes pas oublier que construire des fonctions cognitives est un exercice que l'on doit constamment soumettre à la validation. Ce découpage restera toujours artificiel et donc la manipulation devra être du ressort des spécialistes.

J.P. Tu dis que la linéarisation est quelque chose d'artificiel dans notre monde hautement non-linéaire. Je ne suis pas tout à fait d'accord avec toi. Lorsque nous devons nous concentrer pour accomplir une tâche très exigeante intellectuellement dans une situation à risque, nous devons procéder étape par étape, séquentiellement. Nous décomposons ces étapes en sous-étapes jusqu'à ce que nous obtenions des actes suffisamment simples.

PROCESSUS COGNITIF SEQUENTIEL

G.B. Dans certains cas, le processus séquentiel est au mieux une approximation. Nous en avons déjà discuté : processus séquentiel et processus parallèle. Aujourd'hui, il n'est pas encore clair si le cerveau de l'être humain fonctionne de façon séquentielle avec une très haute fréquence (*time-sharing*), de façon parallèle, ou les deux. Le passage d'une activation parallèle à une activation en séquence dépend généralement de la gravité de la situation. Plus celle-ci est habituelle, maîtrisée et « normale », et plus les fonctions cognitives mises en jeu s'activent en parallèle. En revanche, quand la situation est inhabituelle, stressante, non-maîtrisée, « anormale » ou revêtant un caractère « d'urgence », les fonctions cognitives utiles à la gestion de la situation s'organisent en séquence : certaines fonctions cognitives se désactivent pour ne laisser la place qu'à une seule.

J.P. Je serais d'avis de considérer ta première hypothèse, à savoir un séquencement très rapide. J'ai une référence à donner. Tu raisonnes en chercheur, un chercheur rigoureux essayant de ne rien laisser de côté... Moi je raisonne en opérationnel observant les choses de façon un peu plus globale. Je dirais simplement que lorsqu'on applique la mécanique de Newton, on sait qu'on fait une approximation valable dans neuf cent quatre-vingt-dix-neuf mille neuf cent quatre-vingt-dix-neuf cas sur un million de notre vie courante et l'autre millionième sera résolu par la mécanique quantique dont on n'a généralement pas besoin. Donc, en attendant le Einstein de la cognitique, commençons par simplifier un peu les choses en prenant une hypothèse simplificatrice mais valide dans le champ d'action qu'on est train d'explorer. Sinon en compliquant les choses dès le départ, on n'arrivera jamais à rien.

G.B. Dans ce cas, le modèle de « *time-sharing* » impliquerait tout de même plusieurs fonctions cognitives séquencées par un coordinateur central.

J.P. Pas tout à fait : je dirais plusieurs agents séquencés...

G.B. Plusieurs agents, donc plusieurs fonctions cognitives, mais qui sont coordonnées par un processeur central.

J.P. Lui-même éventuellement piloté par des objectifs, par des motivations, par l'éducation, par l'expérience...

G.B. Je voudrais introduire la notion de subjectivité. Ce processeur central est extrêmement subjectif au sens du sujet, c'est-à-dire que chaque individu a le sien et c'est sa propre culture, sa propre formation, son vécu, ses gènes..., qui vont déterminer son fonctionnement. Pour argumenter cette subjectivité, les fonctions cognitives que ce processus central va devoir traiter sont elles-mêmes le plus souvent différentes d'un individu à l'autre génétiquement et culturellement.

J.P. Oui, mais je t'arrête quelques secondes. Si l'on regarde l'Homme courant, tu as raison. En revanche si l'on regarde une population bien définie d'opérationnels, je parle ici des contrôleurs de la navigation aérienne ou des pilotes, c'est un ensemble d'individus déjà sélectionnés, avec une éducation rigoureuse et bien définie. Autrement dit, ce sont des gens ayant statistiquement un comportement opérationnel bien défini. Et comme ils ont été sélectionnés au départ, leur acquis génétique est probablement aussi un peu sélectionné. Dans ce cas, nous pouvons travailler sur une population n'étant certainement pas uniforme ni entièrement homogène, mais qui a de fortes caractéristiques communes.

G.B. Tu parles de normalisation... Les questions que je me pose sont alors : « Et les accidents ? Et les erreurs ? Et tout ce qui va être anomalie par rapport à la norme ? ». La subjectivité du coordinateur central et des fonctions cognitives qu'il gère remonte forcément un jour ou l'autre et c'est là où on dit : « Pourquoi les trois membres d'équipage ont-ils quitté le poste de pilotage pour se rendre dans la soute ? » Cela paraît invraisemblable ! Et pourtant cette situation s'est produite.

J.P. Mais l'analyse des accidents et surtout des incidents, l'ASRS[51] ou l'analyse des incidents dans les compagnies aériennes et chez des constructeurs d'avions, montre qu'ils sont dus à des causes répétitives provenant majoritairement d'erreurs ou d'oublis... Et si l'on analyse justement, pour un système bien déterminé, les sous-phases que j'évoquais précédemment, on peut définir fréquemment pour un système donné et pour une situation donnée, les risques probables de dysfonctionnement. Ceci peut se faire aujourd'hui grâce à cette expérience accumulée dans les analyses d'incidents. En conséquence dans les modèles qu'on utilise, on arrive ainsi à définir pour chacune des actions les risques d'une erreur potentielle, permettant de modéliser dynamiquement tenant compte de ce risque. Ce n'est pas forcément facile. À ma connaissance, cela n'a pas encore été fait aujourd'hui, mais devrait être fait de la même manière qu'il y a quarante ans lorsque Concorde est arrivé, on a introduit avec succès la notion d'occurrence d'incident associé à un risque potentiel. On a désormais les outils pour le faire, à l'aide des agents, des fonctions cognitives, des modèles mentaux et des situations dans lesquelles on peut se trouver.

G.B. Tout à fait. Je reviens à cette notion de coordinateur central. Je pense que c'est une notion très importante. Notamment, lorsque l'on aborde les systèmes Hommes-machines avec une approche multi-agents, on a besoin de cette notion de coordination, et de coordinateur. La question est qu'il faut toujours relier les buts – ce que l'individu veut faire (ces buts donnent un sens aux actions) – et les évènements de l'environnement. Il y a donc une interaction entre les buts et les évènements : d'un côté, un comportement intentionnel, dirigé par les buts, et de l'autre, un comportement réactif, dirigé par les événements. L'être humain n'arrête pas de commuter d'un type de comportement à l'autre. On appelle cela un comportement opportuniste, c'est-à-dire que même si nous décidons d'accomplir un acte et qu'un événement dicte de changer de stratégie, alors l'acte initialement prévu pourra être interrompu au profit d'un autre satisfaisant un certain critère d'optimalité. Par exemple, si je n'ai pas de voiture et que je

---

[51] *Aviation Safety Reporting System* : système de retour d'expérience américain mis en œuvre depuis 1976 et répertoriant plusieurs centaines de milliers d'incidents aéronautiques.

quitte mon bureau pour aller en ville, je décide de prendre le bus, j'ai un certain nombre de choses à faire, un certain nombre de sous-buts à satisfaire. Je sors, une voiture s'arrête, le conducteur, l'un de mes amis, me dit : « Tu montes ? Je vais en ville». C'est un événement inattendu qui me fait changer de but. En pratique, dans la réalité, il y a souvent une interaction entre un comportement intentionnel et un comportement réactif. Il y a des gens qui sont complètement réactifs (dirigés par les évènements), et d'autres qui sont toujours intentionnels (dirigés par des buts). Mais l'être intelligent sait coordonner les deux, il est opportuniste. L'exemple du pilotage est extrêmement intéressant car il nécessite une symbiose entre les éléments et les buts. Et c'est ce qu'il convient de modéliser.

J.P. Oui, mais les objectifs du pilote d'avion de transport sont clairs, ainsi que ses motivations, sauf dans des cas que je qualifierai de folie que l'on trouve de temps en temps. Sans parler des actes de terrorisme – une réelle aberration mentale – certains accidents ont été causés par des cas de folie, par exemple des gens voulant se suicider…

G.B. Le comportement dit opportuniste ne se limite pas aux cas exceptionnels que tu viens de citer. Même dans un cadre bien défini comme le pilotage d'avion, si la règle est de conserver les buts établis, il arrive toujours que certains événements conduisent à changer les buts initiaux, que des re-planifications soient effectuées… Prenons l'exemple de la prise en compte des conditions atmosphériques, inattendues, ou d'une hausse de trafic non anticipée…

Chapitre 10

La modélisation et les modèles

MODELES EXPLICATIFS ET PREDICTIFS

G.B. Comme déjà évoqué, je te propose de distinguer deux types de modèles : les modèles qui servent à expliquer et les modèles qui servent à prédire. Les modèles qui servent à expliquer, comme le modèle de Rasmussen, fournissent un support pour interpréter certaines observations et comprendre... Les modèles explicatifs sont aussi appelés « descriptifs » parce qu'ils sont utilisés pour décrire a posteriori les résultats de l'expérience ou de l'observation de comportements. On a donc besoin d'une trame, d'un langage pour décrire et expliquer ce qui s'est passé, on parle de cadres de travail, de « *frameworks* » descriptifs. Les modèles qui servent à prédire sont difficiles à fabriquer et à mettre en œuvre. Ils ne sont pas du tout fondés sur le même principe. Les modèles prédictifs permettent d'anticiper ce qui pourrait se passer. En général ce sont des analogues, c'est-à-dire qu'on dit : « tout se passe comme si... ». Par exemple pour faire des prédictions atmosphériques, les spécialistes disposent d'un certain nombre de modèles, opérationnels et progressivement réajustés. Ces modèles sont typiquement construits à partir d'une multitude d'éléments finis dont le comportement linéarisé approxime le comportement réel de l'atmosphère locale. Ils conduisent à des prédictions constamment vérifiées et réajustées. En ingénierie cognitive, on a du mal à construire, et donc à utiliser, des modèles prédictifs. Nous sommes pour l'instant dans le champ des modèles explicatifs. Par exemple, lorsqu'on s'intéresse au problème des incidents/accidents, on arrive très bien à expliquer ce qui s'est passé, mais pour prédire ce qui risque de se passer dans le futur, c'est une autre paire de manches ! On n'a pas de modèle pouvant prédire correctement des accidents. C'est par le retour d'expérience qu'on va pouvoir progressivement construire des modèles prédictifs capables de guider les concepteurs, des modèles opérationnels légers car « plus c'est compliqué et plus on se trompe ! ». Plus un modèle est compliqué, plus il va générer des solutions dont la vraisemblance n'est pas toujours assurée. Que signifie donc modélisation en ingénierie cognitive ?

J.P. J'ai vu beaucoup de modèles, mais je suis très loin d'avoir une vue d'ensemble sur des modèles d'opérateur humain. Aucun ne m'a satisfait pleinement. Cependant certains sont meilleurs que d'autres, non parce qu'ils tiennent compte de tous les paramètres influents sur le comportement cognitif, mais surtout parce qu'ils décrivent relativement bien les différentes interactions. Certains, prétendus complets, sont indéchiffrables et trop compliqués pour une utilisation opérationnelle. En ingénierie cognitive, il faut avoir des modèles rigoureux, mais relativement simples, se limitant au nécessaire et suffisant, car lorsqu'on regarde une action faite par un opérateur, par un pilote, même s'il y a de nombreux facteurs et paramètres influents, le comportement opérationnel doit rester relativement simple à expliquer. Quant au prédictif, aujourd'hui je n'y crois pas. Encore une fois, la prise en compte du temps est cruciale et tout modèle d'interaction Homme-machine atemporel ne peut être que d'application limitée. En fait, quand on analyse tous les modèles pertinents, on s'aperçoit que certains peuvent être complémentaires.

G.B. Je voudrais faire remarquer que l'explicitation des fonctions cognitives émergentes de l'interaction entre plusieurs agents (humains et machines) permet de mettre à plat des modèles explicatifs qui lorsqu'ils sont validés et testés par l'expérience peuvent devenir prédictifs.

J.P. J'approuve l'orientation que tu donnes aux modèles. Ils doivent permettre aux ingénieurs de prédire ou, à défaut, de se faire une idée de ce qui pourrait se passer si... D'où cette notion que j'ai déjà signalée, de probabilité à introduire lorsqu'une action peut induire des erreurs, des oublis, des comportements menant à des conséquences dommageables.

G.B. Je voudrais juste rajouter quelque chose. Aujourd'hui, nous sommes encore dans une phase d'exploration du modèle des fonctions cognitives, c'est-à-dire que pour pouvoir prédire, il faut déjà pouvoir aligner les situations prédictibles. Il faudra donc constituer un catalogue de fonctions cognitives en fonction des divers contextes d'utilisation. Il est clair que nous n'avons pas aujourd'hui fait le tour de cette question. Si je prends le domaine aéronautique, qui est fortement prédictif par rapport à d'autres domaines, on arrive à avoir des situations descriptibles en fonction des phases de vol, en fonction du type de pilote et du type d'appareillage. Ce sont les résultats des différents retours d'expériences mis en place, depuis les trois dernières dizaines d'années, qui ont permis ces descriptions relativement correctes de situations aéronautiques. Ce n'est pas le cas de tous les domaines. Il est donc difficile de généraliser. Nous sommes encore très loin d'un modèle général. Je pense que pour aller vers une approche qui permette de faire de la prédiction, il est encore nécessaire qu'on développe de plus amples recherches dans le domaine de l'ingénierie cognitive.

J.P. Il faut accumuler des données. Il faut profiter de toutes les recherches menées sur les questions opérationnelles, en accumuler les résultats et en faire un jour la synthèse. Il ne faut pas s'attaquer au problème le plus général parce qu'on aboutirait à un échec. En revanche il faut s'attacher à regarder les résultats de chaque cas particulier qu'on a à étudier, en fonction de paramètres qu'on saura alors expliciter. Mais à nouveau, tous les modèles en vigueur aujourd'hui, tout au moins à ma connaissance, sont plutôt descriptifs. C'est une limitation les empêchant d'être utilisés pour la prédiction car il leur manque le facteur essentiel qu'est le temps alors que la réalité est dynamique, et cette dynamique n'est prise en compte de façon explicite dans aucun modèle.

LE TEMPS : MONDE OUVERT OU FERME...

G.B. Puisque tu insistes, essayons de réfléchir à la prise en compte du temps ! Le temps est un paramètre, enfin une variable indépendante, quoiqu'en psychologie, elle puisse être une variable dépendante : on peut percevoir le temps de diverses façons en fonction des circonstances. Nous voyons tout de suite que ce n'est pas un problème facile. Il est plus facile de prendre une photographie statique, un « *snapshot* » comme disent les anglo-saxons. La description d'une situation statique est plus aisée. Cependant même si le temps est une affaire importante sur laquelle il va falloir développer plus de recherches, il y a d'autres aspects qui aujourd'hui nous cantonnent à la description plutôt qu'à la prédiction, en particulier, le nombre de variables globales est le plus souvent trop élevé. Il est extrêmement difficile de faire des approximations ou de « laisser tomber » certaines choses qui peuvent devenir importantes dans certaines situations. On ne peut pas tout connaître à l'avance. Je pense que tout ceci est une affaire de grand nombre de variables, mais aussi de monde ouvert et de monde fermé. En fait, on est dans un monde fermé lorsqu'on peut tout connaître à l'avance et c'est ce qu'on suppose le plus souvent. En formation, on essaye de fermer le monde pour bien caractériser les réponses nécessaires, les automatismes humains appropriés aux diverses situations... plus on répète, plus on s'améliore ! Plus on apprend à gérer des situations génériques, plus on devient compétent. Mais il y a l'autre côté, celui du monde ouvert, l'inattendu, l'exceptionnel qui demande d'autres types de qualités : là il ne s'agit plus d'avoir des réponses toutes faites, il s'agit d'avoir un cerveau bien fait et ça... c'est une question ouverte ! Pour modéliser les deux à la fois, j'avoue que, personnellement, je n'y suis pas encore arrivé. Je te propose que nous nous arrêtions sur cet aspect « monde ouvert et monde fermé ».

J.P. Je reconnais bien là le scientifique qui ne veut rien oublier : il y a un nombre impressionnant de variables dont il faut tenir compte. Comme ingénieur et pilote, je peux constater une chose : quand je suis au décollage, le nombre de variables que j'ai à traiter n'est pas du tout le même que quand je fais une remise de gaz, ou quand je fais une mise en palier, ou quand je fais simplement une navigation en conservant une bonne conscience de la situation. Je crois qu'il faut s'adapter justement à ce monde ouvert auquel tu fais allusion, en essayant d'y aller cas par cas, et non de façon générale. Si l'on veut appliquer partout un traitement général, il y a trop de variables et aujourd'hui nous sommes totalement désarmés avec les outils que nous avons. Mais si l'on veut savoir comment le pilote réagit dans un cas de décollage avorté, ou comment il réagit dans une approche de catégorie III en mauvaise visibilité, approche entièrement automatique avec une visibilité ultra-réduite, ou quand il fait une navigation parmi des montagnes, le nombre de variables est automatiquement limité. Si l'on s'en tient à une situation spécifique, on arrive à bien analyser et comprendre. Alors ensuite on peut assembler tous ces morceaux étudiés séparément et regarder comment s'accordent toutes les variables entre elles avec des dénominateurs communs. Donc, il me semble que cette approche, peut-être plus pragmatique que scientifique, devrait permettre d'avancer vers des modèles dynamiques.

G.B. OK. Simplifier une situation à bon escient, limiter le nombre de paramètres est une affaire d'expertise. Tout d'abord, l'expertise concerne des personnes, des utilisateurs, des opérateurs qui ont nécessairement acquis des capacités spécifiques, spécialisées, parce qu'on ne peut pas parler de décollage ou d'un type de décollage sans être expert en la matière, c'est impossible. L'explication est nécessairement liée à l'expertise. De plus, chaque être humain, lorsqu'il est dans une situation inattendue qui lui est a priori inconnue, disons qu'il n'a pas connue dans le passé, va vouloir toujours revenir à quelque chose de connu, de façon tout à fait naturelle. Il peut cependant se tromper ! Lorsqu'il arrive à bien faire cette transition, c'est gagné, il retrouve l'expertise qu'il faut dans la situation qu'il faut. S'il se trompe, soit il s'aperçoit qu'il s'est trompé, soit il ne s'en aperçoit pas et la situation devient problématique. Expertise et conscience de la situation sont donc deux chapitres importants. Je pense que ce que chaque métier s'attache à faire (chaque métier n'a pas attendu l'ingénierie cognitive pour faire ça), c'est de catégoriser toutes les situations problématiques pour effectivement en faire des cas et les apprendre. Le droit est un exemple magnifique pour la gestion de situation à base de cas : un avocat doit connaître toutes les jurisprudences pour pouvoir bien faire son métier, en se référant à des cas connus. Il ou elle peut résoudre des problèmes beaucoup plus vite. La catégorisation est un chapitre particulier des sciences cognitives, et un processus important du domaine de l'ingénierie cognitive ; faire des catégories de situations est un mal nécessaire. Comme je le disais tout à l'heure, les professionnels ne nous ont pas attendus pour faire ces catégorisations de situations. Ce qu'apporte l'ingénierie cognitive, ce sont des méthodes nouvelles, du moins par rapport aux métiers, pour faire ces catégorisations, stocker et ensuite généraliser, c'est-à-dire des modèles beaucoup plus généraux.

J.P. Nous parlons d'expertise et je voudrais revenir sur le retour d'expérience. Les Américains, avec leur système ASRS (*Aviation Safety Reporting System*), ont emmagasiné des centaines de milliers d'incidents. Ils essaient de catégoriser ces incidents afin de revenir en amont vers les concepts de procédures et de systèmes pour essayer de diminuer les risques liés à l'erreur humaine. La prise de conscience des facteurs humains liés à l'erreur a notablement émergé suite aux analyses d'incidents extraits de l'ASRS. Cependant, quelle que soit la bonne rédaction du pilote, la description d'un incident ne donne à ceux qui exploitent les comptes-rendus qu'une vue de l'extérieur. Il faut alors interpréter les mécanismes internes au cerveau du pilote d'après ce qui est écrit dans le rapport... Aujourd'hui, j'ai l'impression de voir les scientifiques avec un microscope ou une loupe en train d'examiner ces malheureux opérateurs pilotes, en train de se demander ce qu'ils ont dans le cerveau. Alors que l'expertise permet de donner justement aux chercheurs quelque chose vue de l'intérieur, si l'expertise est bien utilisée et si de plus on choisit des experts capables de bien décrire ce qui se passe dans leur cerveau, ce qui est relativement rare. Cependant je connais une catégorie de pilotes ayant reçu une certaine éducation à ce sujet, les pilotes d'essais. Avec les autres, c'est beaucoup plus difficile. Donc, tu as raison ; ce qu'il faut effectivement, et nous en parlons depuis le début, c'est la coopération entre scientifiques et experts du domaine, pour nous l'aéronautique. Je pense qu'avec une bonne utilisation de l'expertise, on pourra aller de l'avant. Mais je reviens sur la catégorisation que tu as évoquée : qu'est-ce qu'un processus de catégorisation ? C'est un raisonnement à base de cas que l'on généralise progressivement. Cette démarche consiste à choisir, assembler des cas, en faire des catégories et les analyser, pour ensuite analyser d'autres catégories avant de penser à relier l'ensemble.

G.B. Effectivement, dans le domaine de l'ingénierie cognitive, je pense qu'aujourd'hui on en est là : on est en train d'observer ce qui est en train de se passer et d'établir des catégories. D'une manière générale, comme nous l'avons déjà dit, le rôle de la science est de rationaliser ce que l'on observe. Le développement scientifique de notre domaine a du mal à suivre le développement industriel. Même l'industrie a du mal à se rendre compte des pratiques qu'elle induit, elle avance tout de même et fait le point petit à petit sur ces pratiques. C'est un peu comme Monsieur Jourdain[52] qui faisait de la prose sans le savoir. L'ingénierie cognitive est en train d'essayer de définir une prose, mais je pense qu'il nous faut là rester humbles. Les experts se sont construits des méthodes et ont développé des pratiques qui marchent. Dans le domaine de l'ingénierie cognitive, il est aujourd'hui important de savoir pourquoi telle interaction fonctionne et pourquoi, dans certains cas, elle ne fonctionne pas. L'accès au « pourquoi » passe par la modélisation. Modéliser, en ingénierie cognitive, c'est d'une part modéliser l'expertise, et d'autre part modéliser le

[52] Le Bourgeois Gentilhomme de Jean-Baptiste Poquelin, dit Molère.

fonctionnement de l'interaction telle qu'on la perçoit. Il s'agit autant de l'interaction Homme-machine que de l'interaction Homme-Homme. Pourquoi cette distinction ? Modéliser l'expertise, c'est en fait essayer d'articuler des concepts pour donner du sens à un tout. Modéliser l'expertise c'est mécaniser – un mot que je n'aime pas beaucoup parce que certains gestionnaires l'utilisent un peu à tort et à travers ; il s'agit aujourd'hui de mécaniser les processus administratifs et financiers – là en l'occurrence mécaniser les processus cognitifs experts, c'est-à-dire essayer de comprendre et représenter comment les experts posent et traitent un problème, sélectionnent et articulent certaines variables avec d'autres. Il s'agit de travailler avec des experts, travailler sur l'expérience, la connaissance, le savoir faire... Modéliser l'interaction est tout d'abord observer l'interaction entre agents humains et/ou machines. Par exemple, pour reprendre l'un des fils rouges de nos discussions, l'oculométrie est une technique et un moyen d'observation de cette interaction. Mais ce n'est pas la seule technique ni le seul moyen. Dans le domaine automobile par exemple, nous venons juste de terminer une étude dans laquelle ont été utilisés une technique et des capteurs électrodermaux. Les mesures cardiaques sont aussi utilisées en interaction Homme-machine. Chaque technique et outil, bien sûr, vont apporter des indications différentes qui peuvent être convergentes ou divergentes. Modéliser l'interaction, c'est aussi s'intéresser au temps, et nous ne sommes vraiment qu'à la préhistoire par rapport à ce fameux concept de « temps » ! Alors, pourquoi modéliser l'expertise et l'interaction ? C'est parce qu'en définitive, il va falloir associer les deux. Dans nos études actuelles sur l'utilisation de l'oculométrie, les données dites objectives (séquences de points de fixation du regard notamment) ne suffisent pas pour expliquer ce qui se passe. Il faut de l'expertise à côté pour « donner du sens », c'est-à-dire subjectiviser, à ces séquences mises en évidence de façon déterministe, pour savoir relier les séquences et points d'observation à ce qui se passe dans le cerveau du sujet. C'est l'expertise qui va apporter cette subjectivité... Et il faut croire l'expert qui nous explique ce qui se passe !

J.P. Oui, je suis d'accord sur l'ensemble de ce que tu as dit, mais je reviens toujours à ce qui me semble essentiel. Aujourd'hui, on est face à un problème extrêmement complexe. En tant qu'ingénieur, j'essaie de simplifier et de catégoriser des séquences, des éléments. En m'y attaquant, et là tu as raison, cela me conduit pour des cas considérés, ou pour une catégorie considérée, à modéliser l'expertise et l'interaction, d'ailleurs de façon simultanée.

G.B. Mais les méthodes sont différentes.

J.P. Oui si l'on se réfère aux méthodes. Mais si l'on se réfère à l'action elle-même, par exemple l'exploitation par un pilote de la figuration d'un instrument, il s'agit alors d'une action synthétisée dont on récolte certains paramètres physiologiques séparément, dans l'exemple choisi les enregistrements oculométriques et les réactions et commentaires du pilote...

SUBJECTIVITE ET OBJECTIVITE

G.B. Je pense qu'on revient toujours à cette association objectif/subjectif.

J.P. Pardon, mais je te reprends quand tu dis que l'expertise est subjective. À mon avis, elle n'est pas subjective du tout. Quand, par exemple, je dis qu'au cours de la course de décollage, j'ai regardé le compte-tours du moteur gauche parce que je pensais qu'il y avait un petit problème, et si de plus l'oculométrie le confirme, c'est tout à fait objectif. Mais parfois c'est effectivement subjectif, par exemple quand on interroge un pilote sur une action qu'il a menée, ou sur un ensemble d'actions qu'il a menées dans une période déterminée, une minute, deux minutes, dix minutes... il donnera beaucoup plus ce qui l'a frappé, ce qu'il trouve essentiel, et ignorera les autres détails. Alors en ce sens c'est subjectif, mais ce qu'il dit alors sur un sujet spécifique est tout à fait objectif.

G.B. Pour préciser le terme « subjectif » que j'utilisais tout à l'heure, je faisais référence à la notion de jugement. Sur les exemples que tu prends, un pilote est un expert qui apporte un jugement sur ce qu'il fait...

J.P. Ça dépend de ce qu'on lui demande.

G.B. Bien sûr, mais si on prend deux ou trois experts, il faudrait que tous disent la même chose. Or ce n'est pas vrai dans la plupart des cas. Je me souviens très bien du début des années quatre-vingt, lorsque l'on s'intéressait au balayage visuel (*scanning*) sur les planches de bord, au balayage visuel, on retrouvait des écoles de pilotage, c'est-à-dire les pilotes qui avaient le même type de *scanning*, par exemple de haut en bas et de gauche à droite, étaient ceux qui avaient été formés dans la même école de pilotage. Est-ce objectif ou subjectif ? Alors bien sûr, lorsqu'on a observé et compris que les pilotes avaient automatisé ce que nous appelions le balayage visuel du « T Basique » (présentation standardisée des paramètres essentiels du pilotage à court terme : vitesse, horizon, altitude pour la branche horizontale du T, cap sous l'horizon pour la branche verticale), nous avons objectivisé. Mais, tant qu'on n'avait pas un consensus expérimental crédible, c'était subjectif, c'était les avis de pilotes qui comptaient.

J.P. D'accord, mais je ne regardais pas les choses de cette façon-là. Peut-être est-ce dû à mon passé de formateur où je m'attachais à reconnaître ce que chaque stagiaire individuellement voulait faire et comprenait... et c'est vrai que je ne raisonnais pas de façon globale sur l'ensemble des cent cinquante mille ou deux cent mille pilotes d'avions de transport.

G.B. Subjectif, ce n'est pas péjoratif, au contraire. Les échelles d'évaluation subjective, du type de celle de Cooper-Harper par exemple, permettent aux pilotes de fournir des évaluations subjectives de leur charge de travail, par exemple. Elles donnent des indications extrêmement utiles. Elles sont à l'opposé des mesures électro-encéphalographiques dites objectives. On peut mesurer qualitativement, subjectivement, en donnant beaucoup de sens à ce que l'on « mesure » sans utiliser des nombres précis. Et même lorsque nous utilisons des nombres pour mesurer – des données objectives –, il y a toujours, de toute façon, une interprétation... qui est par définition subjective. Qui dit subjectivité dit aussi, et c'est le côté positif de ce terme, donner du sens.

J.P. Le terme « subjectif » m'irrite un peu. Quand un expert donne une opinion faussée, ou bien il ment et là ce n'est plus un expert, ou bien il dit n'importe quoi et là non plus ce n'est pas un expert. Quand un expert exprime un jugement, c'est par rapport à ses propres sensations, c'est donc quand même une opinion objective...

G.B. Objective pour lui peut-être, mais subjective par rapport aux autres...

J.P. Oui, mais les autres aussi sont objectifs. Je pense qu'il faut être prudent dans le maniement du terme « subjectif » car, lorsqu'en tant qu'expert pilote, j'exprime une opinion, je n'accepte pas qu'on me dise qu'elle est subjective. Non ! elle est bien relative à quelque chose de concret. Il y a là une ambiguïté qui me déplait.

G.B. C'est une des raisons pour lesquelles, je me suis attaché à développer des méthodes, comme la méthode GEM par exemple, où l'on réunit plusieurs experts autour d'une table sur un même sujet et je te garantis que la plupart des experts, qui sont passés dans les sessions GEM que j'ai menées n'avaient pas toujours le même avis. Pourtant individuellement, chacun pensait qu'il avait raison. Chaque participant apporte sa subjectivité dans le groupe et c'est par des confrontations successives bien orchestrées que l'on peut aboutir à un consensus « objectif ». Peut-on parler de subjectivité individuelle et d'objectivité collective ? L'approche multi-agents dans laquelle un agent est considéré comme une société d'agents, au sens de Minsky, nous permet de mettre en évidence que l'agent peut être considéré comme agissant alternativement de façons subjectives et objectives selon que l'on s'intéresse à son comportement extrinsèquement individuel ou intrinsèquement collectif. Lorsque l'agent est un expert qui doit donner un avis, il est individuellement subjectif. Cependant, si plusieurs experts arrivent à un consensus, le résultat va être considéré collectivement objectif (intrinsèquement au groupe bien sûr). Il pourra être considéré subjectif par un autre groupe.

J.P. Je reviens sur la méthode GEM. Quand tu dis qu'il y a des jugements différents entre les experts rassemblés, il s'agit des jugements sur l'objectif défini de la séance en question. Mais chacun est objectif vis-à-vis de sa sensation sur un point particulier. Autrement dit, il n'y a pas de subjectivité quant à ce que chaque pilote ressent sur des faits, mais il peut y avoir une subjectivité vis-à-vis de ce qu'on lui demande d'interpréter d'après les faits. Dans ce cas, il peut y avoir une subjectivité potentielle dans le jugement, mais il n'y a pas de subjectivité dans la description de ce qu'on a ressenti ou de ce qu'on a fait.

G.B. D'accord, le rapport, au sens de « *report* » en anglais, de l'expérience est fait le plus objectivement possible par l'individu. Mais le contenu décrit ensuite par cet individu est présenté à l'extérieur par lui en tant que sujet.

J.P. Parce qu'il se projette.

G.B. Oui justement, qui dit sujet dit subjectif. Son objet du sujet est objectif, mais lui en tant que sujet, il va être subjectif dans ses relations avec les autres... Je te propose que nous ne discutions pas plus longtemps sur ce sujet qui, tu l'as compris, me tient à cœur. Il ne faut pas confondre subjectivité et malhonnêteté ou incompétence, c'est-à-dire lorsque le rapport de l'individu est honnête, je trouve que le sens que cet individu va conférer est extrêmement important. En particulier, la valeur de l'expérience est extrêmement importante. Plus les individus ont de l'expérience, plus ils vont pouvoir nourrir l'analyse cognitive. Plutôt que de faire des statistiques avec mille personnes sur un sujet donné, on peut très vite faire le tour d'une question avec quelques experts. C'est une démarche que les « pro-statisticiens » accusent de subjectivité. Je défends l'approche subjective experte par le fait que l'accumulation d'expérience est bien plus importante que les statistiques qu'on peut interpréter de diverses façons d'ailleurs. Force est de constater que l'interprétation des statistiques est très souvent critiquable. Les méthodes utilisées en sciences humaines sont pour la plupart basées sur des statistiques par ce souci constant de vouloir « objectiviser » en synthétisant. C'est ce type de techniques que les professionnels des sciences humaines et sociales apprennent et utilisent. Ils croient qu'en faisant des statistiques, ils obtiennent quelque chose d'objectif. Le plus souvent, j'en doute fort, alors que lorsque je prends des experts bien choisis, je suis presque toujours beaucoup plus sûr qu'eux des résultats que je vais devoir communiquer. C'est pour cette raison que je défends la méthode GEM qui permet de mettre en jeu un ensemble d'experts et, au bout d'une journée, il y a quelque chose qui sort et qui a une valeur. Après une session GEM, je n'ai pas consulté des milliers de gens, mais ce sont les bonnes personnes dans un environnement propice à l'explicitation et la confrontation croisées de leurs connaissances.

J.P. Je ne peux qu'abonder dans ton sens : j'ai suffisamment vu de pilotes dans ma vie professionnelle pour te dire que si tu choisis trois pilotes d'essais pour avoir l'opinion sur un sujet important, cette opinion sera nettement plus valable que si tu assembles trente pilotes divers et variés pour obtenir statistiquement leur opinion sur le même sujet. De plus, je suis tout à fait d'accord avec toi aussi pour dire que la manipulation des statistiques est quelque chose dont il faut se méfier. Comme toi, je suis tout à fait prêt à dire que si l'on choisit les bons experts, on peut avoir les résultats beaucoup plus rapidement et beaucoup plus sûrement que si l'on consulte une centaine d'individus qui eux n'y connaissent pas grand-chose.

G.B. Je reviens sur le mot subjectif. Quand on dit « si l'on choisit les bons experts » – je sais que je l'ai dit et tu viens de le dire aussi – c'est subjectif : qui dit que ce sont les bons experts ?

J.P. On les connaît. Pour les pilotes d'essais, on connaît leur spécialité parce qu'en général ils sont spécialisés. On connaît leur façon de traiter des problèmes : ce sont des individus que l'on connaît et qui sont bien répertoriés. On les connaît donc objectivement !

G.B. Bon d'accord. Considérons que nous avons fait le tour de la question ! Conservons en mémoire que c'est une question importante parce qu'elle est au cœur du sujet de la modélisation. Dans l'état actuel des connaissances en ingénierie cognitive, la référence aux experts est non seulement importante, mais même inévitable.

J.P. Revenons donc aux questions de modèles. Ce qui importe aux ingénieurs, c'est d'avoir des modèles cognitifs *dynamiques* et je suis persuadé que c'est en suivant cette ligne de conduite, autrement dit en utilisant les experts pour des cas bien particuliers qu'on arrivera rapidement à définir ces modèles dynamiques. D'ailleurs dans l'oculométrie, on commence à entrevoir la possibilité d'existence de ces modèles, mais je n'en dirai pas plus.

G.B. Nous faisons des tentatives, nous verrons bien ce qu'elles vont donner dans les années à venir... on a aujourd'hui un certain nombre d'outils disponibles qui vont permettre justement de prendre en compte cet aspect dynamique et je pense que c'est la nature multidisciplinaire de l'ingénierie cognitive qui va offrir la contribution la plus importante. Si nous prenons encore l'exemple de l'oculométrie et la méthode d'interprétation du comportement de l'individu sur lequel on mesure les points de fixation du regard, nous avons finalement traduit cette interprétation en termes de fonctions cognitives mobilisées à un instant donné. Ces fonctions cognitives sont organisées, elles ne sont pas complètement indépendantes. Elles sont organisées et interagissent les unes avec les autres. Il est donc important de modéliser et comprendre ces interactions, et de catégoriser les ensembles pertinents des fonctions cognitives. On peut parler de « clusters », d'ensembles de fonctions cognitives, et, dans certains cas, de macro fonctions cognitives. Récemment, nous avons développé une représentation tridimensionnelle qui permettra dans le futur de prendre en compte les aspects dynamiques de la cognition. Pour cela, nous avons besoin de l'expertise d'autres personnes et en particulier de graphistes, de graphistes 3D, enfin de gens qui ont l'habitude de manipuler ces concepts que nous n'avions pas franchement l'habitude de manipuler dans notre métier. Ces gens-là sont en train de rentrer dans le champ de l'ingénierie cognitive pour la raison très simple qu'il faut visualiser tous ces concepts extrêmement compliqués : les rendre pertinents et perceptibles. Après cet inventaire au niveau de la modélisation, il est important de développer des méthodes simplifiées et rigoureuses.

L'OBSERVATION

J.P. Encore une fois si l'on veut regarder tous les paramètres, toutes les variables attachées à un problème cognitif, on ne s'en sort pas. Il faut donc faire des choix parmi les variables qu'on va utiliser et ce choix est fonction, bien évidemment, de la situation, du cas, qu'on veut analyser... Mais ce choix d'un nombre limité de variables ne signifie pas du tout que le résultat ne sera pas rigoureux si en particulier on utilise une méthode d'observation qui soit correcte. Il faut certes faire des approximations en limitant le champ d'observation, mais il ne faut pas faire d'approximation dans l'observation elle-même. Autrement dit il faut que l'observation soit objective.

G.B. Je me permets d'insister encore lourdement : qui dit observation dit modèle. On n'observe pas n'importe comment, on observe avec une grille d'observation qui est basée sur un modèle, on observe avec un appareil de mesure qui est basé sur un modèle... L'observation n'est de toute façon pas neutre et est guidée par la motivation de l'observation. Elle va être limitée parce que l'on ne peut que se focaliser sur un nombre limité de paramètres. Bien sûr si on parle d'observation, il se peut que pendant l'expérience, il y ait certains paramètres auxquels on n'avait pas pensé qui vont apparaître comme étant des paramètres importants. Dans ce cas, il faut soit recommencer l'expérience, soit prendre ces paramètres émergents en compte, au « fil de l'eau » comme on dit.

J.P. Je suis d'accord. Il est nécessaire de bien définir a priori les objectifs de l'observation, mais il faut aussi noter tout ce qui survient, et qui n'est pas forcément lié à l'objectif qu'on s'était fixé, car ça peut modifier parfois l'orientation de la recherche, ou l'interprétation de certains résultats…

G.B. Nous revenons à un thème que nous avons évoqués au début de nos discussions qui était de bien poser le problème et d'apprendre aux jeunes générations à bien poser les problèmes. Bien poser un problème est une affaire délicate, mais qui peut s'apprendre : c'est une question centrale de l'éducation en général !

J.P. Oui, je crois avoir déjà fait allusion à mon ancien professeur de mécanique qui avait une méthode très particulière de résolution des problèmes de dynamique. Il disait : « Regardez, vous avez une multitude de forces qui interfèrent sur un corps, sur un système, sur un ensemble de systèmes… Si vous les traitez séparément, vous risquez de vous tromper, alors que devez-vous faire ? Vous isolez de façon virtuelle le système, ensuite vous repérez et définissez tout ce qui entre et tout ce qui sort. Puis il vous reste à appliquer les équations de la mécanique à ces ensembles ainsi définis. En mettant tout cela en équation, vous êtes sûrs d'avoir rigoureusement défini les interactions qu'il peut y avoir avec l'extérieur ». Je pense que pour les questions d'interaction Homme-machine, c'est un peu la même chose.

G.B. Une grosse différence tout de même c'est qu'aujourd'hui, on n'a pas les équations.

J.P. Non et l'on est encore obligé d'utiliser les modèles disponibles tels qu'ils sont, qui peuvent par exemple amener à définir cas par cas des fonctions cognitives pertinentes.

G.B. On a parfois des descriptions écrites ou verbales. Je suis tout à fait d'accord avec toi, il faut isoler le problème, le poser… J'ai proposé une approche d'analyse et de conception anthropocentrée qui prend en compte l'utilisateur, l'artefact à construire, la tâche, l'environnement organisationnel et la situation pour essayer de bien catégoriser les problèmes qu'on cherche à résoudre, les relations entre ces cinq entités et savoir sur quoi l'on se focalise parce que, bien sûr, il faut essayer de tout prendre en compte. On ne peut cependant pas tout prendre en compte simultanément, il faut savoir par où l'on commence, qu'est-ce qu'on est en train de faire et surtout ne rien oublier à la fin parce que même si on ne peut pas tout faire en parallèle, il ne faut pas oublier les aspects importants, et surtout bien les organiser et les articuler.

J.P. C'est-à-dire qu'il ne faut rien oublier de la liste de ce qu'on doit observer. Mais ensuite, sur cette liste, on n'est pas forcé de tout conserver pour conduire l'analyse. On peut négliger certaines choses en connaissance de cause, en sachant que pour le cas considéré leur influence est négligeable. Comme je l'ai déjà évoqué, dans une manœuvre comme le décollage, le seul objectif à cent pour cent du pilote, quel qu'il soit, est de décoller, et tout le reste est éliminé de son esprit. Pour cela, il surveille les moteurs, l'accélération, la piste devant lui pour voir s'il y a des obstacles, des oiseaux par exemple. Toute son attention est à l'affût d'une anomalie, d'un bruit inattendu ou d'une alarme par exemple. Tout cela est très défini et figé pour la minute de durée de la phase de vol.

LE PARTAGE D'ATTENTION

G.B. Tu fais référence à la focalisation de l'attention sur la tâche. Dans le cadre de mes recherches sur le pilotage d'avion, j'ai pu me rendre compte que cette focalisation est fortement liée à l'expertise. Il se peut bien sûr que certains pilotes aient une certaine prédisposition à se focaliser sur la tâche. L'entraînement permet de résoudre un certain nombre d'impasses possibles dans lesquelles le pilote pourrait tomber. Encore une fois, l'expertise joue un rôle considérable dans l'interaction. Expertise et sélection vont souvent ensemble. De nouveaux problèmes sont en train d'émerger avec les automobiles qui deviennent de plus en plus automatisées. Ce n'est pas la peine de rêver, là je pense que, de plus en plus, on est en train de rentrer dans une nouvelle ère de conduite automobile. Les conducteurs, nous (!), allons devoir apprendre à utiliser des instruments comme le GPS – beaucoup ont déjà intégré cet instrument dans leur pratique quotidienne de la conduite automobile –, des systèmes de contrôle de l'énergie notamment pour réduire la pollution, des systèmes d'évitement de collision dynamiques et statiques, en latéral, en longitudinal, etc. L'automobile du futur sera « stabilisée » sur un rail électronique. Notre automobile va être peuplée de ce que j'appelle des agents artificiels et avec qui il va falloir collaborer, parce qu'il faudra bien que le conducteur en tienne compte. Le conducteur va s'installer dans un certain confort, mais à l'opposé, ce confort va exiger des contraintes qui n'existaient pas avant. La question est de savoir si pour ces nouvelles voitures, il va falloir une expertise particulière. En principe, la réponse publique est de dire « Non » ! Il faut que tout le monde puisse conduire une voiture. Mais au fond, est-ce qu'on n'est pas en train d'aller vers une spécialisation de la conduite ? Ne va-t-on pas mettre en place de nouveaux critères de sélection comme cela existe déjà pour diverses cylindrées de motos ?

J.P. Je crois qu'il faut regarder les cas où l'un de ces agents, auxquels tu fais allusion, viendrait soudainement à manquer, à tomber en panne. J'ai un cas concret m'étant arrivé : sur une voiture avec direction assistée, un jour, j'ai eu une panne de moteur, le moteur s'est arrêté. Comme j'ai une boîte automatique, plus rien ne marchait. Soudainement le volant est devenu dur et là j'ai eu le réflexe de ne pas faire n'importe quoi, mais d'insister de toutes mes forces et j'ai réussi parce qu'il y a quand même une liaison directe entre le volant et les roues, mais avec un effort considérablement plus élevé qu'avec l'assistance hydraulique, d'autant plus considérable d'ailleurs que le vérin hydraulique introduit aussi une résistance supplémentaire lorsqu'il ne fonctionne pas. Avec toutes ces assistances, il va être important de savoir réagir correctement à leur panne. C'est ce qui se passe avec les avions où l'on a de multiples automatismes, où par exemple maintenant avec les commandes électriques on n'a pas de relais mécanique avec les gouvernes aérodynamiques. Théoriquement, le risque de perte totale d'efficacité est de l'ordre du dix millionième : il est considéré acceptable de perdre trois cents personnes au bout de dix millions d'heures de vol à cause d'une telle panne. Bon, l'ennui est que ça peut arriver non pas au bout de dix millions d'heures de vol, mais n'importe quand d'après les statistiques, même au début de la période de dix millions d'heures de vol. Est-ce qu'il faut par conséquent le négliger ? Je n'en sais rien. Pour l'aéronautique, on peut quand même s'en tirer par d'autres artifices, maintenance appropriée, procédures, etc. Mais pour un conducteur automobile qui est sur la route, circulant parmi des obstacles continuels, le problème devient majeur. La panne d'un élément vital est un problème majeur.

G.B. Ton expérience de la panne de moteur et ton action sur le volant est intéressante. Je pense que tu n'es pas un conducteur standard, c'est-à-dire que tu connais ce que veut dire conduite assistée et donc tu sais qu'il existe toujours une action mécanique entre le volant et les roues. Si quelqu'un ne le sait pas, pour une raison ou pour une autre, ce qui est tout à fait possible et qu'il sent le volant qui se raidit, l'interprétation peut être : « mon volant est bloqué ! » et puis on ne va pas aller plus loin. C'est donc en ce sens que je dis que l'expertise peut être salvatrice. Aussi minime soit elle, elle est susceptible d'éviter l'accident.

J.P. J'ai oublié de dire qu'en même temps, les freins n'avaient plus d'assistance...

G.B. Nous nous orientons là vers une évolution des connaissances en termes de conduite et de moyens de récupération après panne.

Chapitre 11

Théories, simulations et contexte

THEORIES ET MODELES

G.B. Pour moi une théorie, c'est un modèle qui est socialement admis ! En d'autres termes, lorsqu'une communauté admet un modèle, celui-ci passe au stade de théorie. Bien sûr, les modèles qui deviennent universels sont des théories fortes. Une autre façon de définir une théorie, c'est un modèle qui n'a pas encore été expérimenté. Cette seconde définition est souvent acceptée, mais je préfèrerais que nous adoptions la première. Dans cette conception, l'ingénierie cognitive se situe plus au niveau des modèles qu'au niveau des théories.

J.P. Je rajoute un petit quelque chose à ce que tu viens de dire. Je suis d'accord avec toi pour les théories admises de tous, mais je pense que nous ne devons pas nous priver d'émettre nous-mêmes des théories. Dans une société dévolue à la recherche, je ne vois pas pourquoi nous ne pourrions pas bâtir des théories d'après toutes les connaissances que nous avons accumulées ou qui ont été accumulées ailleurs. Je ne crois pas qu'il faille être trop restrictif vis-à-vis de cette notion de théorie. Mais en fait, tu as raison, l'ingénierie cognitive est caractérisée par des modèles et la manière de s'en servir.

G.B. Je voudrais faire une distinction entre les théories axiomatiques dans lesquelles on part d'axiomes pour aller vers leur application dans le monde réel, et les théories expérimentales induites à partir de l'observation du monde réel. Ces deux types de théories se rejoignent-ils ? Nous touchons là aux questions du réalisme et du constructivisme qu'Alain Cône et Jean-Pierre Changeux ont habilement discutées dans leur livre « Matière à pensée ». Les mathématiciens partent d'axiomes, démontrent des théorèmes et, éventuellement, le résultat peut revenir dans le monde réel. À l'autre bout du spectre, en biologie, on va observer certains comportements et puis on va construire des théories à partir des résultats de l'observation de ces comportements. Dans l'ingénierie cognitive, on est tantôt d'un côté tantôt de l'autre, mais de manière générale ce que nous utilisons, ce que nous appelons théorie ou modèle, le modèle de Rasmussen par exemple, a été construit à partir d'observations. Aujourd'hui, pour être tout à fait clair, nous n'avons pas de lois générales gouvernant les facteurs humains comme c'est le cas en physique. Nous sommes en train de construire des modèles partiels ne capturant que quelques aspects saillants de l'interaction Homme-machine par exemple, mais, je partage ton avis, il ne faut pas se priver de construire des théories. Mais à quel niveau ces théories doivent-elles être construites ? Comment doit-on les construire ? Quels outils utiliser ? Par exemple, il y a certaines personnes qui font des modèles mathématiques du comportement humain sans trop de confrontation à la réalité. C'est un autre problème. Inversement, il y a des gens qui sont vraiment confrontés à la réalité et qui ne construisent pas de modèles. Il faut trouver un compromis entre les deux. Représenter le comportement de l'être humain sous forme mécaniste peut être très intéressant, mais il faut, bien sûr, faire attention aux limites de cette approche.

J.P. Je vais directement à du concret. Je pense que l'ingénierie cognitive doit se servir de modèles simples et utilisables. Je vais citer un exemple d'une construction progressive, de « briques » qu'on ajoute petit à petit à des théories et à des modèles. Lorsque je me suis impliqué dans la formation, j'ai utilisé des modèles déjà en vigueur aux États-Unis en particulier, où l'on regardait les questions d'habiletés et les questions de procédures, et l'on s'arrêtait là. À noter que Rasmussen a rajouté celui des connaissances. Et à l'usage, sans connaître Rasmussen à l'époque, nous avions rapidement aussi rajouté ce niveau de connaissances. Mais ensuite, au début des années quatre-vingt, nous avons été obligés de rajouter une quatrième dimension décrite alors nulle part dans les modèles : le comportement humain opérationnel. Nous l'avons fait de façon pragmatique avec d'excellents résultats. Ainsi c'est vraiment l'observation des problèmes concrets et surtout la poussée des nécessités qui nous obligent à compléter petit à petit l'ensemble des modèles.

MODELES DE SIMULATION

G.B. Je te propose de continuer la discussion sur la notion de prédiction en se focalisant sur certains aspects industriels. La Conception Assistée par Ordinateur (CAO) a beaucoup évolué au point où c'est le produit tout entier qui peut aujourd'hui être modélisé et simulé. Au-delà du produit, l'entreprise toute entière est aussi simulée afin d'optimiser à la fois le développement du produit et sa mise en service. Plutôt que d'aller à tâtons dans la conception, on va pousser jusqu'au bout la conception virtuelle, c'est-à-dire qu'on va construire un avion complètement virtuel et en déduire les machines, l'organisation des machines et les profils du personnel qui vont permettre de le fabriquer pour en définitive arriver à l'objet final très concret. Avec les nouveaux outils, nous allons réellement pouvoir mettre en œuvre une véritable conception anthropocentrée. Les tests d'utilité et d'utilisabilité vont pouvoir être réalisés très tôt sur des systèmes intégrés, simulés certes mais en « grandeur réelle ». Ce type d'approche de la conception va contribuer très certainement à limiter les surprises en exploitation. Nous serons alors dans une approche prédictive. C'est un sujet de discussion intéressant parce qu'en fait, l'une des grandes questions de l'étude des facteurs humains c'est l'anticipation des surprises. La conception et le développement d'un produit sont des processus itératifs dans lesquels il faut constamment faire des tests. Bien évidemment, tout(e) outil (ou méthode) qui permet de détecter des problèmes le plus tôt possible est le (ou la) bienvenu(e) pour éviter de réparer ou de tout casser pour reconstruire. On voit aujourd'hui se développer de nouvelles approches d'intégration de l'entreprise, d'intégration de la CAO, du *Knowledge Management*... qui permettent, entre autres, de mieux anticiper les surprises.

J.P. Il faut, là encore, définir ce qui est statique et ce qui est dynamique. Pour définir un avion avec tous ses équipements, avec ses formes aérodynamiques, avec même l'intégration ergonomiquement physiologique du pilote à l'intérieur, je pense que les procédés virtuels existants sont tout à fait adaptés. Mais tu as évoqué quelque chose de statique certes, mais dynamique aussi, c'est-à-dire l'organisation. La fabrication des machines et celle des équipements sont encore relativement statiques, mais l'organisation elle-même est vraiment dynamique, par exemple comment des modifications conçues sur des circuits électriques d'une partie d'avion fabriquée sur un site vont être prises en compte à temps sur un autre site en charge de la fabrication d'une autre partie d'avion pour que leur assemblage sur un troisième site se passe sans problème en respectant une planification serrée. Forcément ce qui est intéressant pour un constructeur est de savoir en combien de temps la machine finale va être construite et comment organiser l'ensemble. J'avoue manquer d'éléments pour savoir exactement comment on a pris en compte ces deux aspects des problèmes dans les approches CAO dont tu parles. À partir du moment où l'on peut mettre un pilote virtuel dans un cockpit, alors qu'on a vu que c'était possible, je crois qu'il faut aller beaucoup plus loin. Jusqu'à présent, on s'est limité à des études gestuelles, c'est-à-dire savoir si la main pouvait atteindre telle ou telle chose, si le regard pouvait englober autre chose. Mais on n'est pas encore allé là où réside le plus intéressant et certainement le plus difficile : « Comment un pilote virtuel cognitif peut-il donner une idée de ce que le pilote réel pourrait faire, c'est-à-dire agir et réagir dans le même environnement ? ». Et il y a certainement là du grain à moudre.

G.B. Tu as mis le doigt sur un problème important : nous n'avons pas aujourd'hui de modèle fiable de pilote. On a des modèles anthropométriques, mais on n'a pas de modèle cognitif fiable. Une grande limitation est précisément là. On n'a pas non plus de modèle cognitif fiable des gens qui vont construire l'avion, et c'est certainement pire. Nous pouvons bien sûr encadrer l'ensemble, faire une construction virtuelle jusqu'au bout, mais, encore une fois, on revient au même problème de la prise en compte des facteurs humains en conception/développement. Même si ce travail est effectué par d'excellents ingénieurs, à l'arrivée, on retrouve des utilisateurs qui vont faire émerger des surprises. Même avec l'aide de ces environnements virtuels de conception, étant donné que l'être humain s'adapte, de nouveaux types de surprises vont émerger. Nous allons générer des comportements encore difficiles à imaginer aujourd'hui. C'est en quelque sorte un cercle vicieux. Je pense tout de même que nous allons faire un grand pas avec l'exploitation du potentiel de la modélisation et de la simulation en environnements virtuels de conception.

J.P. La conception assistée par ordinateur est régie par une multitude de règles. Mais toutes ces règles ne sont appliquées qu'en statique : quand on se trompe dans une règle, dans l'application d'une règle, on s'en aperçoit et l'on peut revenir en arrière et modifier. On a le temps, les ingénieurs devant leurs consoles dans leur bureau peuvent le faire. Dans un cockpit et dans une situation réelle, c'est totalement différent, et là les règles qu'on demande à un pilote d'appliquer, c'est-à-dire les procédures, parfois ne sont pas applicables ou ne le sont que de façon difficile ce qui amène justement à des dysfonctionnements dans l'utilisation d'une machine. C'est là que nous devons porter notre effort.

LA GESTION DES CONNAISSANCES

G.B. Nous venons d'arriver à un point extrêmement important qui est à la fois très pragmatique et aussi du domaine de la recherche : celui de la gestion des connaissances, le problème du *Knowledge Management*. C'est en utilisant ce nouveau système de simulation dont nous parlions tout à l'heure et en accumulant les connaissances, ce qu'on a fait jusqu'à maintenant, dans le cockpit par exemple, qu'on va mieux construire et faire aboutir les théories relatives au domaine de l'ingénierie cognitive ! Le *Knowledge Management* doit être pris très au sérieux. Je vais caricaturer pour ensuite essayer d'affiner. D'un côté, il y a les protagonistes des bases de données : on stocke tout et puis on verra après ce qu'on en fait ! En général on s'aperçoit, au regard des retours d'expérience d'enquêtes accident/incident, qu'il y a beaucoup de choses stockées. La question de l'utilisation de telles bases de données reste ouverte et ne m'a pas encore convaincu. C'est une première approche. Il y en a une deuxième totalement à l'opposé qui est complètement organisationnelle, je dirais presque syndicale, basée sur la discussion permanente, mais qui a tendance à oublier de formaliser. Cette approche ne m'a pas non plus convaincu dans le contexte du « *turn-over* » actuel de nos sociétés. Il me semble que la gestion des connaissances est à la fois un problème de facteurs humains, très clairement, et un problème sociotechnique engendrant la construction d'outils à la fois conceptuels et technologiques qui vont permettre de gérer des connaissances dans l'entreprise. En particulier, dans le domaine de l'ingénierie, la préservation et le traitement continus de ces connaissances devraient permettre petit à petit de faire émerger ce dont on parle depuis le début : des théories... surtout mises en pratique sur le terrain. Or aujourd'hui, je ne vois pas beaucoup de choses faites dans ce sens. Beaucoup d'industriels considèrent que faire de la gestion des connaissances est un travail supplémentaire coûteux. En effet, qui dit travail, dit financement et investissement. C'est une question de coût/bénéfice : qu'est-ce que ça va rapporter de faire cela parce que, comme je l'ai dit tout à l'heure, faire de la gestion de connaissances est à la fois une question pratique et une question théorique. C'est une question pratique et économique par le fait qu'elle permet de connaître, lorsqu'on en a besoin, les flux d'informations et de connaissances, conserver l'acquis, et donc mieux gérer l'entreprise. C'est une question théorique parce qu'en fait seul dans son coin, le chercheur ne peut pas faire du *Knowledge Management* (KM) : ça n'a tout simplement pas de sens. Il faut qu'il soit en prise avec le réel.

J.P. La gestion des connaissances est indispensable aujourd'hui. Elle peut être régie par des règles générales. Cependant dans une entreprise, on tombe immédiatement sur des cas particuliers qu'il faut traiter. Les méthodes générales de la gestion des connaissances doivent donc être adaptables aux cas particuliers. Ce n'est pas quelque chose de particulièrement motivant pour les gens qui progressent et qui, au fur et à mesure qu'ils avancent, laissent en arrière ce qui ne leur a pas servi et qu'ils considèrent comme inutile. Mais justement, la gestion des connaissances doit tenir compte de ce qu'on laisse derrière et qui n'a pas servi pour qu'on sache et qu'on se rappelle pourquoi ça n'a pas servi. Pour les matériels aéronautiques en particulier, une chose vient conforter cette nécessité de gérer des connaissances : la certification des équipements et des avions, obligeant à justifier tous les choix qu'on a faits dans la conception des équipements, des machines, des procédures... Tout cela doit être justifié dans le détail, ce qui oblige à faire une gestion des connaissances.

G.B. Oui c'est vrai. La certification est propre à l'aéronautique. L'automobile n'est pas certifiée comme peut l'être un avion. Avant d'aller plus loin sur la question de la certification, je vais être un peu provocateur. On est en train de s'apercevoir aujourd'hui que la gestion des entreprises devrait utiliser des méthodes qui sont des méthodes du champ de la recherche. Je veux dire en fait qu'un chercheur écrit des papiers pour faire connaître et valider son travail, il doit se confronter à ses pairs et pour ça, tous les ans, ou sur des périodes répétitives plus ou moins fréquentes, il ou elle écrit des papiers qui sont relus, et évalués par une communauté. Bien sûr, les communautés qui relisent sont en général très sérieuses. Le chercheur accumule ainsi, pour le bénéfice de tous, un certain nombre de connaissances qui constituent sa trace, son passé, qu'il construit petit à petit. Ce qui est important, c'est que ces connaissances soient disponibles pour tout le monde. Les chercheurs font un *Knowledge Management* perpétuel de leurs produits de recherche, c'est-à-dire qu'ils accumulent progressivement et, en particulier, apprennent à écrire de façon à ce que les autres puissent comprendre. C'est l'un des éléments extrêmement importants : les bons chercheurs écrivent en général très bien. Il est plus intéressant pour un ingénieur de concevoir, de résoudre des problèmes et de trouver des solutions rapidement que d'écrire un rapport. Écrire sert le plus souvent à justifier ce que le concepteur ou l'ingénieur a fait et peut-être pour justifier son salaire, mais ce n'est pas forcément pour améliorer le concept qu'il est en train d'élaborer. Or aujourd'hui, avec cette nouvelle nécessité de gérer les connaissances, bien écrire devient quelque chose d'impératif. Finalement, la recherche, vue sous cet angle, peut avoir une influence considérable sur l'entreprise.

J.P. Je voudrais revenir en arrière, sur la manière dont on construit les théories et les modèles. Ma réflexion est motivée par une attitude observée récemment au cours d'une réunion que nous avons eue sur les recherches à mener pour tenter d'apporter des solutions à long terme à certains problèmes industriels aéronautiques. Notre intérêt et notre attention s'étaient portés sur l'oculométrie… nous y revenons encore une fois ! L'utilisation de ce dispositif et la méthode d'exploration associée devraient à mon avis faire émerger des connaissances nouvelles, en tout cas à mieux comprendre et mieux prédire le comportement d'un pilote dans un cockpit, par exemple. Il avait été dit dans la réunion qu'aujourd'hui les résultats d'observation montrent qu'on ne peut pas définir de façon concrète de corrélation entre ce que regarde un individu et ce qui se passe dans son cerveau.

G.B. C'est un problème d'observabilité des variables internes pertinentes à partir d'observables oculométriques. Il faut en plus des informations subjectives pour donner du sens à ces données objectives…

J.P. Oui, c'est ça. Nous ne pouvons pas nous arrêter au constat que les données objectives ne suffisent pas. D'une manière générale, on ne va pas très loin avec ce genre d'argument et l'on n'exploite pas un filon très prometteur. La remarque que tu viens de faire est parfaitement valable : ces recherches dites concrètes (ou objectives) n'ont pas utilisé l'expertise (qui, comme tu l'as fait remarquer, est subjective). Mais pour aller plus en avant dans la recherche de ces modèles, de ces théories, en l'occurrence de l'utilisation de l'oculométrie, il faut associer à la fois les théories basées sur des observations concrètes, et l'expertise disponible qui peut permettre de corriger ou de renforcer les observations et les modèles en question.

QUANTITATIF ET QUALITATIF

G.B. Un domaine très important de l'ingénierie cognitive concerne la contextualisation et, plus généralement, le contexte. Il s'agit de contextualiser des données dites objectives, des mesures...

J.P. Disons qualitatives, quantitatives...

G.B. Quantitatives... Certains chercheurs, en physiologie notamment, les ont qualifiées de données objectives. En général, on a des données quantitatives, mesurées, mais sans beaucoup de liens entre-elles, ce sont précisément ces liens qui manquent ! À côté de cela, nous avons des connaissances subjectives. Je crois qu'il est important de mettre en regard les données objectives et les connaissances subjectives. Subjectiviser l'objet, c'est lui donner du sens. Lorsqu'un pilote nous dit quelque chose, c'est lui qui le dit, faut-il le croire ? Un autre pilote peut dire quelque chose de différent, c'est sa propre expérience ! J'ai toujours été en faveur d'une meilleure compréhension des connaissances subjectives... qui font la différence ! À la limite, on peut se poser la question : « combien faut-il de pilotes pour que les connaissances acquises soient qualifiées d'objectives ? ». Il faut associer quantitatif/objectif avec qualitatif/subjectif pour mettre le liant et construire quelque chose. Tu vas me dire : « Mais où est la science là-dedans ? ». Pour moi, la science est aussi dans la rationalisation des connaissances subjectives des experts d'un domaine, c'est-à-dire que je pense qu'il y a une science de la connaissance de la même façon qu'il y a une science de données objectives. Par conséquent, la question est de développer des théories qui vont dans ce sens et qui permettent d'associer des croyances plutôt que des vérités. Nous avons déjà évoqué plusieurs fois le cas des recherches en oculométrie comme un bon exemple concret, qui, je le répète, ne peut pas faire l'impasse d'une approche croisée « objectif/subjectif ». Ceci rejoint la problématique de la rationalisation du contexte dont on parle beaucoup... mais depuis si peu de temps finalement ! Toute donnée devrait être prise dans son contexte qu'il faut le plus souvent rendre explicite. Et, qui mieux qu'un opérationnel, un expert du domaine, peut donner du sens à un contexte. En fait, l'acquisition du contexte, la formalisation du contexte, est donnée par des gens qui ont vécu ce contexte. Un contexte opérationnel ne peut pas s'imaginer. Un chercheur ne peut pas l'imaginer, ce n'est pas possible ! Il est donc important d'adopter une approche croisée entre données objectives et connaissances subjectives. Cette approche devrait permettre d'éviter certaines surprises.

CONSCIENCE DU CONTEXTE OPERATIONNEL

J.P. On peut peut-être parler à nouveau des erreurs. Depuis toujours dans l'exercice de ma profession, l'erreur humaine a été une problématique à laquelle nous sommes confrontés. La classification de ces erreurs a été faite par de nombreuses personnes et j'en ai lu des dizaines. Mais, les classifications les plus aisées à utiliser opérationnellement sont pour moi celles où apparaissent leur contexte, leur occurrence. En particulier, les modèles de Wanner-Lecomte sont très utilisables car les erreurs sont rattachées au contexte : ce qui les provoque, ce qui les conforte...

G.B. Wanner et Lecomte sont pour moi des gens du champ de la recherche aéronautique, en même temps qu'ils ont été des opérationnels. La grosse question, liée à cette notion de contexte, est de savoir quel est le profil du chercheur en ingénierie cognitive. Ce n'est certainement pas un chercheur théorique qui va être isolé du domaine dans lequel il travaille. Mais s'il travaille dans le domaine aéronautique, doit-il être un pilote chevronné ? Quel est le niveau de qualification que doit avoir un ingénieur cognitif, un spécialiste d'ingénierie cognitive, pour pouvoir comprendre et surtout formaliser les contextes ? Cette question est très importante parce que dans certaines approches d'ergonomie classique, l'ergonome est en fait très souvent déconnecté du domaine qu'il étudie. Il peut avoir, de ce fait, un comportement extérieur, et donc objectif, mais il a aussi un comportement de novice, c'est-à-dire qu'il y a des choses qu'il ne va pas atteindre parce qu'il ne connaît pas suffisamment le domaine pour aller en chercher la « substantifique moelle ». À l'opposé, quelqu'un qui serait vraiment dans le domaine – un *insider* –, qui serait expert du domaine étudié, va connaître tous les détails, les trucs, mais va souvent les considérer comme des évidences et donc ne va pas en parler, ne va pas les formaliser. Je pense qu'entre les deux – une question que je me suis posée depuis très longtemps – un ingénieur, ou quelqu'un qui fait de l'ingénierie cognitive doit être plus que sensibilisé au domaine qu'il étudie. En d'autres termes, il doit aller faire des séjours d'immersion dans le domaine étudié. Dans le domaine aéronautique, il peut déjà être pilote, ou bien il va devoir passer du temps avec les opérationnels. Ce temps-là est incompressible, on ne peut pas y déroger. La grosse question est : comment doser cette immersion ? Ma première réponse est : le plus possible ! Cependant, un être humain ne peut pas tout faire : il a certaines compétences dans un certain domaine, et s'il veut tout faire, il va le faire mal ! L'important est de se concentrer.

J.P. Je suis plutôt pragmatique. On revient ici sur ce que nous avons dit tout à l'heure, sur le nécessaire couplage entre la théorie et l'expertise. Pour que le couplage soit correct, il faut un bon interfaçage entre les deux. Autrement dit, il faut que les théoriciens, disons les chercheurs, soient correctement immergés dans l'environnement opérationnel qu'ils veulent étudier, et il faut aussi que les experts opérationnels comprennent bien le monde de la recherche et les théories que ce monde développe et utilise. Et il s'agit là, malheureusement, d'une question totalement humaine : les chercheurs et les experts doivent coopérer. Quant au dosage du recouvrement des compétences, il est automatiquement défini par le couplage des personnes elles-mêmes. Il n'y a pas de règles strictes mais des adaptations individuelles entre personnes, entre personnalités car en général les caractères sont très affirmés, et au sein d'une coopération entre ces deux catégories d'individus. Autrement dit, on arrive au concept de gestion des ressources humaines dans une équipe (CRM) utilisé dans la formation des pilotes, et qui devrait exister aussi entre opérationnels et chercheurs.

G.B. La solution est dans le travail coopératif. C'est clair ! La compréhension, autant que la pratique, de ce travail coopératif devrait, à mon avis, faire partie du cursus de l'ingénierie cognitive. Il est donc impératif que les nouveaux ingénieurs cogniticiens aient une formation solide en matière de travail coopératif ; tous les ingénieurs d'ailleurs, mais ceux-là en particulier !

Chapitre 12

Conception anthropocentrée

UTILISER LA SIMULATION EN CONCEPTION

G.B. Je te propose de commencer à parler des méthodes actuelles d'intégration des facteurs humains en conception. Que penses-tu de la simulation ?

J.P. La simulation est un moyen d'étude extrêmement puissant puisqu'elle permet de voir quasiment in situ les réactions et le comportement des opérationnels, surtout avec les simulations actuelles pouvant être très réalistes dans la réplique de la machine et de son environnement. Bien évidemment, on ne parle ici que de simulation où l'Homme intervient, c'est-à-dire une simulation où se trouve une véritable interface entre la machine et l'Homme. Autrement dit, on ne parle pas par exemple des réactions d'une structure d'avion au phénomène de flottement. La simulation s'applique à différents stades de développement d'une machine. Suivant les cas et l'avancement des études, elle peut être élémentaire ou extrêmement sophistiquée selon ce qu'on désire étudier et l'état des connaissances. Cela peut représenter une figuration, ou une commande de système, ou au contraire un vol entier... On choisit donc un type de simulation en fonction de l'objectif désiré. Cependant encore faut-il pouvoir en déduire ce qu'on cherche. Il faut aussi avoir des méthodes appropriées pour son utilisation et son exploitation.

G.B. Oui, et nous pouvons généraliser à d'autres domaines. Comme en aéronautique, le domaine automobile utilise plusieurs types de simulateurs : il y a des simulateurs très rudimentaires qui servent de support aux premières phases de la conception et ensuite on peut aller jusqu'aux simulateurs « trois axes » et « six axes » simulant les mouvements de la voiture... Par exemple, j'ai piloté une voiture (simulée) sur la neige et c'était extrêmement réaliste. La question est de choisir le bon niveau de détail pour utiliser un bon niveau de simulation, parce que ça coûte cher ! C'est encore une fois le bon sens qui tranche ! Il est possible de mettre en place d'excellentes simulations avec des outils très rudimentaires. Aujourd'hui, les outils de prototypage rapide permettent de concevoir très vite une interface avec un niveau de précision graphique remarquable : on peut très rapidement développer le prototype d'un instrument ou d'un cockpit d'une façon très réaliste. Alors bien sûr, ce type de simulation ne permet pas d'avoir toutes les fonctionnalités ! Les prototypes développés peuvent donc être très superficiels, mais ils donnent déjà une bonne idée de ce qu'il se passe. C'est le premier stade de simulation : on va construire une petite maquette pour que, rapidement, des utilisateurs puissent la tester. Prendre en compte les facteurs humains, c'est avant tout mettre des utilisateurs potentiels en contact avec un nouveau concept. On leur demande ensuite ce qu'ils en pensent. Ces premières évaluations permettent de formaliser des exigences ou spécifications de haut niveau du produit réel. À mesure qu'on avance dans le processus de conception, les prototypes se complexifient, et puis petit à petit, les simulateurs deviennent plus complets. La question que je voudrais poser à ce niveau-là est : « quand on construit quelque chose qui est radicalement nouveau, ce n'est pas la même chose que lorsqu'on progresse à petits pas, c'est-à-dire lorsqu'on apporte des modifications à des objets qui existent déjà ».

J.P. C'est la distinction entre révolution et évolution.

G.B. Oui, et dans le cas de l'évolution, on peut utiliser des simulateurs du passé et faire des modifications... C'est d'ailleurs souvent ce qu'on fait dans l'industrie : on fait souvent des modifications sur des choses qui existent déjà. Cette stratégie évolutionniste marche bien avec les principes classiques de l'ergonomie. En revanche, lorsqu'on construit un objet radicalement nouveau, il faut reconstruire un prototype de A à Z. La question est donc de savoir si l'industriel va se lancer dans l'investissement de ce type de simulation ? Je dirais qu'il n'a pas le choix, il faudrait qu'il le fasse sans hésitation. Il n'y a pas de conception anthropocentrée sans une vue globale (et locale) de l'objet que l'on tente de construire. Les spécifications de haut niveau en dépendent et vont elles-mêmes conditionner la maturité du produit final. Je pense donc qu'il est crucial de distinguer les petites modifications, qui existe déjà, des réelles innovations, des objets qui sont radicalement différents.

PRENDRE EN COMPTE LA DYNAMIQUE

J.P. Je crois que nous avons oublié de dire en quoi la simulation est importante. Elle permet de présenter les phénomènes en mouvement de façon réaliste.

G.B. Ta chère dynamique !

J.P. Il est important que l'opérateur potentiel utilise la machine au sein d'un environnement et d'une dynamique les plus proches possible du réel. Pour compléter ce que tu dis, la simulation et les simulateurs correspondants doivent être adaptés aux objectifs de chaque étape d'une étude. Mon passage aux essais en vol et dans la formation m'a bien montré combien cette simulation pouvait et devait être diverse. Par exemple en formation, pour la connaissance des systèmes, la pratique de leur utilisation est un fixateur puissant dans la mémoire, et la simulation offre l'outil approprié. Quand on utilise l'enseignement assisté par ordinateur, on introduit une simulation élémentaire, de l'interactivité dans les cours. C'est un moyen puissant de fixation des connaissances. Dans une chaîne de formation, l'enseignement des procédures nécessite un simulateur un peu plus sophistiqué. L'enseignement des automatismes est particulier. Si l'on veut enseigner les automatismes de façon tout à fait littérale avec des livres, on s'aperçoit que deux journées entières sont nécessaires à la simple description d'un FMS – un système de gestion de la navigation comme nous en avons déjà souvent parlé – alors qu'en mettant le stagiaire devant un simulateur de FMS, en trois heures, il aura compris ce qu'est cet équipement. De plus, il saura comment l'utiliser et tout cela sera fixé dans sa mémoire. La simulation peut d'ailleurs aller jusqu'à celle de l'avion lui-même et de son environnement. On peut alors en toute quiétude simuler des situations complexes qui seraient dangereuses en vol réel. C'est ainsi qu'on opère en certification où l'on simule des cas limites délicats et bien précis. Aujourd'hui, il est possible d'utiliser les simulateurs pour la plupart des tâches délicates avant de les exécuter sur l'avion. On utilise alors des simulateurs de vol capables de représenter l'environnement, avec vision de l'extérieur et mouvement du poste d'équipage qu'on peut utiliser ou non suivant les cas traités... Par conséquent, la simulation est effectivement quelque chose d'extrêmement variée et, bien sûr, dépendant essentiellement des objectifs qu'on se fixe.

G.B. Donc, plus ou moins simple…

J.P. Oui, simple par exemple pour étudier une figuration sur un écran, dès le début de sa conception : un PC avec un écran sur lequel on peut faire varier un nombre adéquat de paramètres est suffisant. Mais seulement à ce stade-là car, plus tard, il faudra bien évidemment intégrer la figuration dans un panneau de pilotage, et ensuite l'intégrer dans l'utilisation opérationnelle de l'avion ce qui nécessitera une simulation plus évoluée… La simulation permet donc d'aller pas à pas.

DES SITUATIONS D'UTILISATION

G.B. Essayons maintenant d'approfondir les méthodes qui, associées à la simulation, permettent d'étudier les facteurs humains… Je comprends bien l'utilisation de la simulation dans le cas de la formation, parce qu'il y a des accidents, des incidents, des situations accidentelles qu'on ne peut pas envisager en vol réel. Le simulateur permet de mettre les gens en situation. Il permet de construire et de maintenir des automatismes humains – des réflexes. Ces automatismes humains permettent l'anticipation : une fonction cognitive très précieuse dans les univers en boucle fermée. Si je m'intéresse à tout cela, c'est pour mieux concevoir les systèmes. Alors en quoi le simulateur peut aider dans le processus de conception. Nous avons déjà parlé des petits outils de prototypage rapide, comme PowerPoint, qui sont en principe faits pour présenter des petits textes ou des petits croquis… D'ailleurs, la paire papier-crayon constitue un excellent outil de simulation : elle permet de représenter graphiquement un concept pour se faire comprendre : un dessin vaut mieux qu'un long discours ! Je suis prêt à généraliser tout ceci pour expliquer l'approche facteurs humains de la conception qui s'appuie sur la simulation. Il serait d'ailleurs très utile que les spécialistes d'ingénierie cognitive s'attellent à faire des catégories de cas d'utilité et d'utilisabilité de la simulation en conception, avec ses avantages et ses inconvénients…

J.P. On est face à un double problème, le choix du type de simulation, donc de l'outil lui-même, et la définition de son mode d'emploi, de la méthode d'utilisation. L'outil est fréquemment le plus facile à définir car sa complexité est dictée par des contingences matérielles : budget et délais disponibles, technologie disponible, connaissances acquises sur la simulation, état d'avancement de la définition des systèmes et objets à simuler, matériels disponibles, et bien évidemment les objectifs visés de l'étude lancée. Mais ensuite je ne connais pas de méthode vraiment définie pour l'utilisation de la simulation en conception. En fonction de la simulation ainsi disponible, on établit un programme avec des scénarios où l'observation du comportement des opérationnels cobayes est codifiée en fonction des objectifs et des résultats escomptés, mais permettant aussi l'explicitation des comportements individuels grâce à un questionnement établi lui aussi d'après les objectifs des sessions de travail. On note soigneusement les erreurs, les déviations, les difficultés rencontrées dans l'exécution des scénarios, l'opinion et le jugement des opérateurs. L'important est à la fois l'observation et l'exploitation pragmatique et rigoureuse des résultats de cette observation pour en tirer le maximum de résultats, par exemple pour retenir les meilleures configurations d'un système à utiliser ou au contraire pour en éliminer celles qui ne seraient pas correctes. C'est là que l'ingénierie cognitive devrait apporter quelque chose de concret et de tangible.

G.B. Tout centre d'ingénierie cognitive devrait avoir son propre service de simulation. C'est un investissement qui ne s'improvise pas et qui peut coûter cher. Cependant, c'est un investissement nécessaire si l'on veut réellement faire de la conception anthropocentrée. De plus, le service de simulation ne peut se limiter à une approche généraliste. Si l'on fait de l'aéronautique, il faut des simulateurs aéronautiques. Dans le domaine médical, il faut des simulateurs médicaux. Il faut rester très pragmatique. La question de la spécialisation dans des domaines particuliers se pose donc : un simulateur d'avion n'aura pas d'intérêt dans le domaine automobile ou dans le domaine nucléaire. En revanche, comparer des performances et des comportements sur des fonctions analogues dans deux domaines différents peut être extrêmement riche.

NE PAS HESITER A IMPLIQUER DES EXPERTS

J.P. Au sujet de l'outil, il s'agit bien d'une interface physique entre une personne humaine dont les caractéristiques générales opérationnelles changent peu d'un individu à l'autre, et une machine dont les caractéristiques physiques changent totalement, par exemple d'un cockpit d'avion à l'habitacle d'une automobile. Il est donc impossible d'avoir des simulateurs bons à tout faire, sauf à étudier des comportements élémentaires tels que réaction à un type de signal ou temps de réponse à une information type. L'outil doit être spécialisé vis-à-vis de l'utilisation de l'objet qu'il est censé simuler. Quant à l'Homme, dont on retire en quelque sorte l'expertise opérationnelle de l'utilisation de l'outil, c'est pratiquement le même Homme devant un simulateur aéronautique, un simulateur de conduite automobile ou de centrale nucléaire.

G.B. A l'expertise spécifique près !

J.P. Oui, bien sûr, mais les caractéristiques humaines opérationnelles se retrouvent d'un individu à un autre sous des formes différentes, mais sont fondamentalement les mêmes. En revanche, l'expertise change ainsi que les conditions d'utilisation. Par exemple, la conduite automobile requiert une attention constante et les réactions doivent être immédiates alors que, en aéronautique, ce n'est pas toujours le cas car la plupart du temps, les actions peuvent être un peu différées, et l'on a souvent un peu de temps pour réfléchir. Donc, si l'on conçoit un centre de simulation pour la recherche, il faudra qu'il ait des outils appropriés aux objets à simuler et à leur environnement, mais il devra aussi utiliser des experts différents suivant justement les types d'objets à simuler. Ceci ne veut pas dire qu'il n'y ait pas de corrélation entre les différents résultats de comportement obtenus sur divers types de machines car c'est toujours l'Homme qui se trouve devant une machine... Cependant un centre qui utiliserait plusieurs objets de simulation, conduite automobile, centrale nucléaire, etc, qui aurait tous ces simulateurs simultanément, nécessiterait des investissements énormes. Il vaudrait mieux avoir une bonne entente entre plusieurs centres spécialisés de simulation pour qu'on puisse échanger les résultats obtenus sur les différentes simulations afin d'en faire une synthèse, qui serait une synthèse humaine applicable à tous les cas.

G.B. Nous avons parlé de simulations et recommencé à parler d'expertise. Je te propose de revenir sur la question des méthodes. Beaucoup de secteurs industriels utilisent des méthodes très carrées, si je peux m'exprimer ainsi. Dans le domaine des facteurs humains et de l'ingénierie cognitive, nous avons recours à des experts... Enfin, disons que nous avons quelques experts qui permettent de résoudre un certain nombre de problèmes parce qu'ils ont de l'expérience, et rationalisé un certain nombre de choses que d'autres n'ont pas rationalisées.

Je suis de ceux qui pensent que l'utilisation de l'expertise est essentielle, primordiale... au-delà du domaine des facteurs humains d'ailleurs, dans toutes les disciplines. Certains avaient quelque peu oublié l'expertise. Depuis quelque temps, elle revient sur le devant de la scène. Il est important de conserver la connaissance des gens, le savoir-faire... La mémoire organisationnelle est plus que jamais une question cruciale. Je suis toujours étonné de constater qu'on ne sait pas trop comment s'y prendre alors que nos anciens maîtrisaient l'expertise et l'expérience, et leur transmission de génération en génération... Je constate qu'aujourd'hui cette notion d'expertise n'est pas vraiment développée dans ce qu'on apprend à l'école et dans les universités, les grandes écoles.

J.P. Oui. Cependant il y a des cas où il est nécessaire d'être critique vis-à-vis de certains experts.

G.B. On recommence alors tout à zéro.

J.P. Je dois m'expliquer. Dans la plupart des cas, en conduite automobile ou en aéronautique ou dans le nucléaire, on a besoin d'experts, de gens ayant déjà une expérience, capables d'aller rapidement à l'essentiel, d'analyser certains phénomènes ou au contraire de synthétiser certains résultats. Mais j'ai souvenance, dans les travaux que j'ai pu faire en simulations de développement et de recherche, de cas où les gens s'occupant du simulateur, et parce que les experts pilotes étaient difficiles à trouver car toujours très occupés, se mettaient dans les simulateurs pour essayer de mettre au point eux-mêmes leurs méthodes grâce à leurs actions. Les résultats étaient assez dispersés. Dans certains cas, on avançait de façon correcte dans la mesure où ce qu'on demandait aux « experts » qu'ils étaient, était quelque chose de banalement humain. Mais dès que par exemple il s'agissait de piloter, on arrivait à des cas où le technicien de simulation devenait meilleur qu'un pilote parce qu'il répétait une manœuvre des dizaines et des dizaines de fois, et, pour cette manœuvre, il arrivait à une expertise « extraordinaire » pour laquelle le pilote à qui l'on demandait une réaction instinctive était moins bon. On arrive là à des définitions et à des limitations de l'expertise. Qu'est-ce qu'un expert ? Parlant de pilotes, on peut définir plusieurs expertises. Celle de pilote d'essais est une expertise très pointue avec un grand professionnalisme, mais très large du point de vue de l'adaptation. L'expertise d'un pilote de ligne est aussi très variable. Parle-t-on d'un pilote sortant de l'école, d'un pilote avec trente ans d'expérience, d'un pilote instructeur ? Est-ce un pilote ayant volé sur dix types d'avions différents dans sa carrière ? Ou étant resté sur le même type d'avion ? Donc, il faut définir l'expertise et la trouver parmi tous les experts disponibles. La recherche des compétences nécessaires n'est pas facile. Il faut bien définir en quoi l'expert est expert, dans quelle plage de professionnalisme il est expert. Il ne faut pas se tromper dans les choix, et c'est une raison pour laquelle on a tendance à faire appel à plusieurs experts plutôt qu'à un seul.

G.B. En fait, l'expertise peut permettre de valider certains concepts. Nous avons déjà évoqué le recours aux statistiques pour la validation dans le domaine industriel comme en sciences, ce qui nécessite un grand nombre de sujets ou d'évènements ou de situations pour pouvoir effectuer une validation correcte. L'expérience m'a montré que l'utilisation de l'expertise permet de réduire considérablement le nombre de tests. Il est évidemment nécessaire de bien choisir les experts. Ça c'est clair ! D'ailleurs, l'aéronautique l'a compris depuis très longtemps : le fait qu'il y ait des pilotes d'essais qui sont super-experts permet d'aller droit à certains buts et de tester un certain nombre de choses qui, sans cette expertise, demanderaient de balayer un domaine beaucoup trop vaste. J'ose une généralisation : les experts permettent de simplifier les tests et les évaluations, et par conséquent les processus de conception et de développement.

IMPLIQUER LES UTILISATEURS

J.P. Oui, par exemple en aéronautique les pilotes d'essais, éduqués pour avoir un champ professionnel relativement large, dans la conception d'un avion ou dans celle de nouveaux équipements, sont souvent répartis en fonction des études en cours. Autrement dit, un pilote d'essais est affecté au suivi du FMS, un autre au suivi de la conduite des moteurs, un autre suivra les questions de roulage au sol... Cette spécialisation n'est pas gênante car, de toute façon, ils participent tous à l'ensemble des essais en vol, ce qui leur permet d'avoir une vue globale et large de l'évolution des matériels. Ainsi leur expertise est utilisée de façon assez intensive dans la conception, ce qui permet d'aller très vite à l'essentiel dans la conception d'un équipement ou d'une procédure. Mais une fois que cette conception est à peu près mûre, il faut la valider et, pour ce faire, on ne peut pas se baser uniquement sur l'expertise unique de celui qui a participé à la conception. Il faut donc choisir, en fonction des objectifs opérationnels définis, un éventail d'expertises relativement large incluant des futurs utilisateurs normaux. Donc, il faut traiter séparément les expertises : d'une part pour la conception et le développement ; et d'autre part pour la validation et la certification. La certification est encore quelque chose de particulier, car elle se traite avec des experts sensés tout connaître. Mais entre la certification et la conception, se trouve cette phase de validation où l'on est obligé d'avoir, je ne dirais pas des experts mais des professionnels avertis devant consolider ce qui a été trouvé dans la conception.

G.B. Dans ce cas-là, un des rôles du pilote d'essais va être d'intervenir dans la conception. Je suis très heureux d'entendre aussi que pour le test, il va falloir mettre des gens qui ne sont pas uniquement des « super-pilotes », mais des pilotes professionnels qui travaillent tous les jours dans des conditions n'étant pas des situations extrêmes, mais qui ont le vécu de leur métier. Il est fondamental de prendre en compte le « vrai » utilisateur final. À ce niveau, se pose le problème de la recherche et de l'implication de ces personnes. Ce n'est pas si simple : on aboutit à des problèmes commerciaux, des problèmes juridiques, des problèmes de relations entre compagnies, entre entreprises... Le travail d'un pilote de ligne en exercice dans une compagnie aérienne est de piloter un avion commercial et ce n'est pas de participer à des tests. L'approche de la conception participative est encore à construire dans les mentalités. C'est un point essentiel du développement de l'ingénierie cognitive : la conception participative doit passer dans les mœurs. Je sais que cela va prendre du temps. Il est extrêmement important que les compagnies aériennes notamment comprennent que, pour le bien de tout le monde, elles ont tout intérêt à mettre à disposition des pilotes pour une meilleure conception anthropocentrée. Cette question se traduit sur le plan administratif, sur le plan juridique, sur le plan commercial... Les répercussions sont extrêmement nombreuses et variées, j'en suis conscient ! Depuis plus de vingt-cinq ans que je fais ce métier, j'ai toujours eu des problèmes dans ce domaine. Aujourd'hui encore, nous en rencontrons quand il s'agit d'apporter une contribution dans le domaine de la cabine passagers pour libérer des personnels navigants commerciaux et ce n'est pas du tout évident. Je me rends compte que je viens de poser plusieurs problèmes qu'il va falloir décortiquer. Un des problèmes majeurs concerne par exemple les relations entre les entreprises et les syndicats. Je sais que c'est un problème épineux, mais on ne peut pas l'évacuer, c'est un problème qui revient tout le temps et si on veut vraiment avoir des utilisateurs, il va falloir bien poser le problème une fois pour toutes... c'est un problème essentiel qu'il convient de prendre très au sérieux, sinon nous serons obligés d'avoir les mêmes pilotes pour la conception et l'évaluation. On ne peut pas être toujours juge et partie ! Bien sûr, ce que je viens de dire concerne la recherche ; tu dois avoir une expérience différente dans le secteur industriel.

J.P. En aéronautique, il y a une différence assez marquée entre le PNT[53], c'est-à-dire les pilotes, et le PNC[54], c'est-à-dire les stewards et les hôtesses. En matière d'implication dans la conception des matériels, les premiers ont déjà une expérience de participation au développement, à la validation de leurs équipements depuis une bonne trentaine d'années. Cependant on rencontre de temps en temps d'ailleurs des compagnies aériennes, et pas des moindres, ne voulant surtout pas se compromettre dans les questions de conception d'un équipement ou de quoi que ce soit, et donc ne voulant pas envoyer de représentant officiel chez le concepteur. En revanche, elles sont en général d'accord pour fournir des « cobayes » professionnels pour une validation. Une validation est une chose relativement statistique et anonyme... Cependant pour la conception, on fait quand même appel à une expertise opérationnelle chez des compagnies aériennes ne voulant pas se compromettre. Ainsi, lorsque j'étais à Aéroformation, je faisais détacher des pilotes de compagnies aériennes pour travailler en permanence dans le centre de formation sous ma responsabilité. Leur compagnie aérienne n'avait plus de responsabilité à leur égard alors que j'utilisais leur expertise individuelle. Cette procédure a été utilisée ensuite par Airbus et aujourd'hui est considérée tout à fait normale par tous. On arrive donc à avoir une certaine expertise d'utilisateurs insérée dans le processus normal de conception, et ensuite la validation est assurée pas des experts et des professionnels normaux. En revanche, c'est quelque chose de nouveau pour le PNC et il va falloir un certain temps pour que les compagnies aériennes arrivent à se mettre au même rythme que pour le PNT.

G.B. Effectivement, s'il a fallu trente ans pour les PNT et qu'il en faudra trente autres pour les PNC...

---

[53] Personnel Navigant Technique.
[54] Personnel Navigant Commercial.

J.P. Non il en faudra moins...

METTRE L'EXPERTISE A PLAT

G.B. Nous sommes aujourd'hui confrontés à ce problème-là et il me semble important d'entrer un peu plus dans le détail : lorsque nous parlons de conception anthropocentrée, nous essayons de chercher quelles sont les exigences de ces êtres humains qui vont devoir évoluer dans l'environnement de travail que nous sommes en train de créer pour eux. Dans ce but, il est important d'aller voir comment ils travaillent, de récupérer leur expérience, leur expertise, et là ce n'est pas de la validation, c'est du recueil d'expérience. J'ai développé pour cela la méthode connue sous le nom de méthode GEM[55] dont nous avons déjà parlé, qui se révèle très efficace au fil des ans. Mais on a beau avoir une méthode, le problème reste toujours de faire participer les bonnes personnes. On s'aperçoit qu'en pratique, ce n'est pas si simple pour toutes les raisons déjà évoquées. J'avais utilisé avec succès aux États-Unis, il y a vingt ans une société de services fournissant des utilisateurs tests, une sorte de *pool* d'utilisateurs pour le bénéfice de la conception participative. La NASA utilisait une société qui recrutait des pilotes de lignes. Lorsque nous avions à tester de nouveaux concepts, cette société mettait à notre disposition un certain nombre de pilotes, moyennant finance bien sûr ! Il fallait donc prévoir dans le plan expérimental un budget pour ce genre de chose. C'était très cadré, les gens étaient très professionnels et il n'y a jamais eu de problèmes. Il n'y avait pas de pilotes d'essais au sens des « super-pilotes », mais plutôt des pilotes d'essais au sens des « pilotes-lambda ». Ce processus était très efficace. La NASA avait beaucoup d'avance dans le domaine des facteurs humains, ils avaient commencé à travailler sur les missions spatiales dès le début des années soixante. Ils avaient intégré le concept de simulation pour la conception. Ils sont arrivés à ce concept de société d'approvisionnement d'utilisateurs testeurs pour le bénéfice de la recherche et de l'innovation. Je me pose toujours la question : n'est-ce pas une solution qu'il faudrait envisager chez nous ?

J.P. Il y a une source d'expertise pas très utilisée mais qui pourrait l'être mieux, celle des anciens. En aéronautique, qu'ils soient techniques ou commerciaux, les retraités ne désirent pas

---

[55] *Group Elicitation Method*

uniquement cultiver leur jardin, voyager, se lancer dans la finance... Certains désirent mettre à disposition l'expérience qu'ils ont accumulée pendant des dizaines d'années professionnelles.

G.B. Les Japonais, par exemple, ont le concept de « Trésor Vivant » : les gens sont payés jusqu'à leur mort pour continuer à offrir leurs connaissances... Ce sont surtout des artistes ou des gens qui détiennent un savoir culturel...

J.P. Je ne prétends pas du tout que les connaissances opérationnelles d'un pilote qui part à la retraite aujourd'hui seront encore toujours valables dans cinq ou dix ans parce que l'aéronautique évolue très rapidement et de façon considérable.

G.B. Comment mettre l'expertise à plat pour mieux l'utiliser ? Il s'agit surtout de méthodes et de cas utilisés par les experts. Les cas sont des problèmes que les experts ont déjà résolus et qu'ils utilisent comme références pour résoudre de nouveaux cas. Dans le jargon scientifique, on parle de « raisonnement à base de cas ».

J.P. La transmission des méthodes par les experts me semble fondamentale...

G.B. Quand on parle de méthodes, on parle aussi de mesures. Revenons donc au problème de la mesure... Comment mesurer des facteurs humains ? Cette question est tellement large qu'il nous faudrait étudier un grand nombre de méthodes, modèles et mesures, et analyser leur pertinence, portée et efficacité. À ce niveau, je reviens sur quelque chose que j'ai déjà écrit dans mon livre sur l'analyse des fonctions cognitives : mesurer, ce n'est pas forcément « mesurer numériquement », mais c'est aussi « mesurer qualitativement ». Encore faut-il savoir ce qu'on est en train de faire et justement les experts mesurent généralement de façon qualitative : ils savent si quelque chose marche ou ne marche pas ! Nous sommes toujours plus à l'aise lorsque nous pouvons avoir des paramètres quantifiables. La grosse question est de savoir comment, dans les facteurs humains qui restent largement du domaine du subjectif, associer des mesures quantifiables, comme nous l'avons vu souvent qualifiées d'objectives, et des avis d'experts qui sont tous subjectifs. Je reste convaincu que le subjectif et le quantitatif restent les grandes questions fondamentales de la mise en œuvre de méthodes prenant en compte les facteurs humains.

TEMPS, ERREURS ET ACCEPTABILITE

J.P. En regardant un peu en arrière avec tous les essais de développement que j'ai pu effectuer, trois paramètres essentiels reviennent constamment dans les évaluations : (1) le temps : « combien de temps ai-je passé sur cette manœuvre ? était-ce trop ou pas assez ? » ; (2) les erreurs : « quelles erreurs la situation, la configuration peuvent-elles m'amener à faire, et dans quels secteurs ? », « ces erreurs sont-elles acceptables, peut-on les détecter, les corriger, ou au contraire peuvent-elles conduire à des catastrophes ? » ; et enfin (3) l'acceptabilité sur le plan professionnel : « même si l'équipement qu'on me donne est formidable, sert-il à quelque chose, me sert-il ? », « est-ce quelque chose que je vais être contraint d'utiliser en supplément des autres équipements, ou au contraire, va-t-il m'emmener un meilleur confort, un meilleur temps d'utilisation, diminuer le risque d'erreurs possibles par rapport à l'existant ? ». Ces trois paramètres reviennent constamment. Alors, comment les mesurer. Pour le temps, c'est relativement facile. Pour les erreurs, cela tient à la fois de l'observation et de l'expertise. L'acceptabilité est une fonction des deux paramètres précédents et de l'utilisation professionnelle elle-même. En fait ce sont trois entités, trois paramètres dépendant les uns des autres.

G.B. J'en rajouterai une quatrième qui est induite par l'utilisation des instruments électroniques et informatiques à bord, et partout dans la vie d'ailleurs, et qui concerne la conscience de la situation. Nous faisons face aujourd'hui à des systèmes que nous sommes censés manipuler mais qui nous posent le plus souvent des problèmes de compréhension : nous ne savons pas ce qui se passe, comment ça marche vraiment ! Ce n'est souvent pas grave, mais il peut arriver que la situation se complique notablement. Nous admettons des choses, nous y sommes le plus souvent obligés.

J.P. Je suis tout à fait d'accord avec toi sur la conscience de la situation, c'est un processus très important, intimement associé d'ailleurs à l'action et aux erreurs elles-mêmes.

G.B. Je voudrais revenir sur cette dualité objectif/subjectif parce que je crois que le cœur du problème est là. On croit souvent à tort qu'en voulant objectiver les mesures, on est plus correct et surtout plus scientifique que lorsqu'on prend en compte des avis subjectifs. Mon observation depuis fort longtemps a été qu'il était convenu de dire, par exemple en médecine, qu'aujourd'hui on a énormément de données objectives : on mesure des tas de paramètres... Aujourd'hui, lorsqu'on va faire une analyse, un bilan, on obtient des kilomètres de listings de mesures. Mais il faut un avis : « vais-je bien ou ne vais-je pas bien ? » Cet avis est subjectif et, par définition, a du sens. Si je ne me sens pas bien, je veux savoir ce que j'ai vraiment.

J.P. Peux-tu prendre un exemple ?

G.B. Je me suis récemment soumis à un test de dépistage de problèmes cardiovasculaires. Ce test a eu lieu « pendant l'effort ». J'ai pédalé pendant plus d'une demi-heure sur un parcours simulé assez difficile. Une fois terminé, le médecin a analysé les données... Il avait préalablement calculé ma fréquence cardiaque théorique. Lorsqu'il est revenu me voir, il m'a dit : « j'ai une bonne nouvelle et une mauvaise nouvelle »... Alors, je lui ai proposé de commencer par la mauvaise. Le verdict était clair : je n'avais pas atteint ma fréquence cardiaque théorique pendant le pédalage, qui était cependant très intense, c'est-à-dire que je n'étais pas monté assez haut dans l'effort. La conséquence pratique était qu'il ne pouvait pas calculer, avec ses abaques, les problèmes que j'aurais pu avoir ; il aurait fallu que je monte plus haut pour pouvoir utiliser les équations dont il disposait. Il ne pouvait donc rien conclure.

J.P. Et quelle était la bonne nouvelle ?

G.B. Il m'a dit que même avec un effort très intense, j'étais tout de même en dessous de ma fréquence cardiaque théorique, et donc que tout allait bien apparemment. Suite à ces résultats surprenants, je me suis demandé pourquoi prendre autant de paramètres pour finalement arriver à quelque chose de simple qui donne une information finalement importante : je n'avais probablement pas de problème cardio-vasculaire majeur. Ce type de méthode dite objective, prenant en compte de plus en plus de paramètres, nous conduit à reconsidérer l'approche positiviste qui consiste à découper le monde en tout petits morceaux et à le reconstruire ensuite. Cette approche marche bien avec les ordinateurs parce qu'elle se prête bien à la digitalisation. Beaucoup de chiffres et de calculs, mais où est le sens dans tout cela lorsqu'il s'agit de phénomènes biologiques, psychologiques ou sociaux... qui par essence sont analogiques ?

J.P. J'ai une petite remarque au sujet de ton test. Tu n'avais pas atteint les limites prévues, mais tu étais à l'extérieur du domaine suspect. Donc, le test avait été fait de façon valable et fiable. Il est vrai que dans tout ce qu'on fait, il existe des limites et, normalement, on opère dans ces limites que ce soit dans un cockpit, dans une voiture... Et quand on sort de ces limites, on est le plus souvent obligé de faire appel au raisonnement qualitatif. Cependant, on a repéré des domaines de variation dans lesquels on peut appliquer des règles, qui sont relativement objectives.

PRENDRE EN COMPTE L'IMPREVISIBLE ?

G.B. La question qui vient immédiatement à l'esprit : comment explique-t-on les accidents ? Ils n'arrivent que très peu souvent sur ce qui a été prévu et dûment calculé, mais plutôt sur ce que l'on n'a pas prévu ni calculé. On est toujours hors limite pour les accidents. Il y a certes des accidents de routine. Ceux-là sont de plus en plus éradiqués par les progrès de la réglementation. En fait, contrairement à ce qu'on dit sur le sujet des erreurs humaines et des accidents, il est très clair que le nombre d'accidents aériens a considérablement diminué, surtout avec l'automatisation et la réglementation. En revanche, ce qui a changé, c'est la nature des erreurs humaines. La question est toujours de savoir comment prévoir pour agir ou réagir correctement en situation problématique. Cependant, quand tu dis qu'on sort de l'épure, tu veux certainement dire qu'on est hors des limites de ce qui est prévisible. Nous sommes là dans le domaine intéressant de l'ingénierie cognitive : comment fait-on pour s'en sortir dans les cas non prévus ?

J.P. J'ai peut-être une réponse à cela. Quand on regarde les accidents, ils sont quasiment tous la conséquence de la combinaison de plusieurs causes dont le nombre moyen se situe entre quatre et cinq. Parmi ces causes, au moins une concerne les facteurs humains, le comportement en général. En fait, les accidents d'aujourd'hui possèdent toujours la même structure des accidents d'hier. Ce qui a changé, c'est effectivement la nature des équipements, la gestion du vol... Mais le problème auquel le pilote doit faire face est la résolution d'une combinaison de situations en général inattendue et qu'il n'a encore jamais rencontrée. Autrement dit, c'est la nouveauté d'une situation dangereuse et inattendue qui fait que le comportement est altéré. Ceci a été étudié, il y a plusieurs années avec le comité ICARUS déjà cité. On avait conclu que s'il était impossible de prévoir tous les cas, parce qu'il y a une infinité de combinaisons de situations, on peut cependant former les pilotes sur des familles de situations, en éduquant chez eux le sang-froid, le bon diagnostic, l'estimation du risque et le choix correct d'actions à effectuer. Et là, on revient au basique, aux éléments basiques du comportement humain.

G.B. Je pense qu'une des grandes questions est là : tout ce qui est procéduralisé, paramétrisé, est maîtrisé ou plus exactement peut être maîtrisé. Tu parles de quatre à cinq causes par accident... Oui effectivement, c'est ce que j'appelle des « patterns » ou des formes. C'est un peu comme dans la théorie des catastrophes de René Thom[56], il y a des formes qui sont catastrophiques, elles sont comme ça et l'on n'y peut rien. En d'autres termes, il s'agit d'une combinaison de circonstances qui fait qu'on ne peut pas s'en sortir.

J.P. C'est la théorie de Reason[57]...

G.B. James Reason a introduit l'idée des précurseurs qui préfigurent un accident potentiel. René Thom a donné une théorie mathématique des catastrophes. Il a découvert sept catastrophes universelles.

---

[56] Thom, R. (1983). *Paraboles et catastrophes*, Flammarion, Paris.
[57] Reason, J. (1990). *Human error*. New York: Cambridge University Press.

Chapitre 13

Les méthodes

METTRE DE L'ORDRE

G.B. Nous avons développé plusieurs points théoriques et essayé d'en donner les motivations. À ce niveau de la discussion, il est important de donner quelques solutions. La grosse question reste de trouver des méthodes suffisamment simples et adaptées, utilisables sur le terrain par des gens qui ne sont pas forcément des docteurs en ingénierie cognitive. Le mieux serait d'en faire une brève description, une petite liste des expériences que nous avons eues par rapport aux méthodes que nous avons utilisées et ce que nous devrions faire dans le futur.

J.P. Je pense que la manière d'aborder le problème est relativement simple puisque l'ingénierie cognitive s'adresse à des techniciens, des ingénieurs, habitués à une approche rigoureuse des problèmes. L'approche de la définition de ces méthodes est classique. Elle consiste à définir des « cas » ; ces cas exprimant des problèmes spécifiques aux facteurs humains et à l'interface Homme-machine. Si l'on prend le cas « numéro un », il faut commencer par bien poser le problème et donc bien définir les objectifs. Une fois qu'on a bien défini ces objectifs, on peut alors continuer de façon rationnelle.

G.B. Pour essayer de mettre de l'ordre dans ces méthodes, il y a plusieurs façons de les décomposer et les classifier. Deux premières classes s'imposent. Tout d'abord, il y a les méthodes relatives à l'utilisateur final, par exemple en aéronautique c'est le cockpit, le pilote, mais c'est aussi l'opérateur de maintenance, c'est peut-être aussi le formateur. Il y a ensuite les méthodes relatives au processus de conception. Il ne faut pas oublier que les facteurs humains ne se limitent pas au produit lui-même, c'est aussi la façon dont on le fabrique qui est importante. Si l'on considère la question des erreurs humaines, les erreurs ne sont pas totalement le fait d'utilisateurs finaux, il y a aussi les erreurs de conception, de production... La prise en compte des facteurs humains s'adresse à tous les acteurs impliqués dans le cycle de vie d'un produit.

J.P. Tu as raison et je crois qu'on touche là un point important. De telles méthodes ne peuvent pas être universelles en ce sens qu'elles ne peuvent pas totalement s'appliquer à n'importe qui, n'importe comment et n'importe quand. Lorsqu'on définit une méthode de résolution des problèmes de facteurs humains s'appliquant par exemple aux pilotes, ou bien aux maintenanciers ou encore aux concepteurs, il faut regarder comment se comportent les humains correspondant à chaque profession : comment se comporte un pilote, comment se comporte un maintenancier et comment se comporte un ingénieur de bureau d'études. Et pour chacun de ces cas spécifiques, on peut bâtir quelque chose de correct. Autrement dit, il ne faut pas vouloir être trop universel, mais il faut se concentrer sur chaque type d'acteurs.

PENSER « CYCLE DE VIE »

G.B. « Acteur » ou « agent » égale « fonction ». L'analyse fonctionnelle est une nécessité. Je reviens à quelque chose qui m'intéresse : la caractérisation des différents acteurs du cycle de vie d'un produit ! Le cycle de vie, c'est depuis la première idée jusqu'à l'obsolescence... jusqu'à la fin, jusqu'à la mort du produit.

J.P. Ceci est important, surtout maintenant qu'on parle de développement durable, jusqu'au démantèlement du produit.

G.B. Tout à l'heure, je parlais justement d'énergie nucléaire avec un spécialiste. Dans l'industrie nucléaire, les déchets nucléaires constituent un aspect extrêmement important : on n'a pas mis un terme au danger une fois que les combustibles ne sont plus utilisés, le danger continue à exister !

J.P. Et même avec les déchets, il y a le démantèlement des usines elles-mêmes, des usines qui fabriquent de l'uranium ou du plutonium, c'est le démantèlement des centrales nucléaires qui cause aujourd'hui des problèmes. Si ce problème n'est pas traité dès la conception, on a forcément des problèmes par la suite.

G.B. Peut-on dire que nous avons une approche écologique des sciences de l'ingénieur aujourd'hui ? Les facteurs humains ne se limitent pas à l'interaction Homme-machine immédiate. La technologie fait partie de nos vies et va faire partie de la vie de nos descendants. Sans entrer dans des considérations politiciennes, je te propose de discuter de ce problème extrêmement important.

J.P. Oui, ne parlons pas des « politico-socio-etc »... Je pense qu'aujourd'hui il y a le début d'une conscience universelle concernant la façon dont on doit traiter la fabrication des produits, leur utilisation et éventuellement d'ailleurs leur démantèlement. C'est une approche écologique devant s'appliquer à toutes les matières, y compris la nôtre.

G.B. A l'époque de la mondialisation, il est temps de poser la question des facteurs humains à un niveau global. Il apparaît très clairement que sans une réglementation effective, rigoureuse, bien posée... cette question reste sans réponse.

J.P. Oui, mais la réglementation arrive toujours a posteriori d'une action ou d'un développement. On en est aujourd'hui dans la première phase où l'on essaie de trier les concepts et les choses importantes et nécessaires. Cependant, il est très intéressant de noter l'avancée du nouvel organisme européen de certification des aéronefs, l'EASA[58], qui vient de définir les règles à adopter en matière de facteurs humains dans la conception des équipements aéronautiques. Cela signifie que la prise en compte de ces facteurs humains est définitivement réglementaire.

G.B. Dans une économie de marché comme la nôtre, il est utile de considérer le coût de la mise en œuvre de l'ingénierie cognitive. La question est donc de savoir comment organiser le cycle de vie d'un produit, y compris son démantèlement, pour que ce soit économiquement acceptable. Tu parlais de développement durable : je pense que le problème de fond est de reconnaître que ce que nous faisons va aussi avoir un impact sur les générations futures. Aujourd'hui, je ne suis pas certain que tous les protagonistes en soient conscients.

---

[58] *European Aviation Safety Agency.*

J.P. A chaque fois qu'un concept nouveau a émergé, il a coûté de l'argent. C'est une règle tout à fait universelle. Et puis au bout d'un certain temps, il est assimilé et il est inclus dans les idées, les réflexions, les études, les concepts classiques et normaux, subissant aussi des réglementations qui ont été mises en œuvre autour de ces concepts nouveaux. On trouve toujours de l'argent dans la mesure où on démontre que le concept est utile et utilisable. Or au début de vingt et unième siècle, on s'aperçoit que ce concept est non seulement nécessaire, mais qu'il est vital.

G.B. Je t'écoute et t'entends avec plaisir ! La prise en compte des facteurs humains est nécessaire et demande des financements de recherche à la hauteur de l'enjeu.

J.P. Ce n'est pas moi qui dirais le contraire.

G.B. Il est temps d'investir à la hauteur de l'enjeu pour faire entrer la problématique de l'ingénierie cognitive dans nos sociétés techno-centrées...

J.P. Je me permets aussi d'insister sur un point basé sur l'histoire. Partout où les questions de facteurs humains se sont posées, partout où les questions d'interfaces Homme-machine se sont posées, la technologie était non seulement présente, mais aussi l'incitatrice de ces questions et de l'évolution, voire de la révolution, qu'elles ont suscitée. En aéronautique, par exemple, dans les quarante dernières années, les cockpits ont évolué pour arriver à des outils extrêmement sophistiqués et très bien adaptés aux humains. Tout cela a été l'œuvre de techniciens n'ayant aucune notion théorique concernant les facteurs humains. Ils étaient eux-mêmes des êtres humains très pragmatiques, opérationnels ou concepteurs dans les bureaux d'études. Je crois qu'il est nécessaire de travailler ensemble avec ces gens d'expérience pragmatiques et de bon sens, de partager les méthodes efficaces. Les méthodes à définir portent non seulement sur des concepts humains, mais aussi sur la technologie utilisable aujourd'hui et plus tard.

G.B. La technologie précède très souvent la science. Faut-il encore répéter que le rôle du scientifique est de rationaliser le monde qu'il est capable d'observer. Je ne peux pas résister à citer une pensée récente de Michel Serres : « la science, c'est ce que les pères enseignent à leurs fils et la technologie, c'est ce que les fils enseignent à leurs pères ». On est aujourd'hui porté par un mouvement technologique très fort : les jeux vidéos, par exemple, se développent très rapidement au point de rendre ringard ce qui se fait couramment dans l'industrie conventionnelle. En suivant cette logique, dans les dix prochaines années, nos enfants vont véhiculer cette culture nouvelle (l'interaction virtuelle, la 3D, le mouvement, la dynamique...). Ils sont nés dans cette évolution technologique de l'interaction. Leur appréhension des technologies interactives est déjà incontestablement différente de la nôtre. Par contre, il faut rationaliser cette évolution pour mieux la comprendre et la maîtriser... Il s'agit d'évoluer vers plus de sagesse, même si l'innovation est exaltante et incontournable. Faire de la science, c'est d'une certaine façon être sage.

J.P. Oui. Pour revenir aux méthodes, nous disions qu'il fallait suivre le processus de la mise en place rationnelle d'une approche. C'est un processus connu depuis des siècles. L'invention, tout au moins l'innovation, va se trouver, comme je disais tout à l'heure, dans la façon de remplir les cases à laquelle l'analyse rationnelle va nous conduire.

CONSERVATISME ET INNOVATION

G.B. Nous avons parlé d'innovations et de méthodes « facteurs humains ». Pour moi, innovation et facteurs humains sont deux concepts qui peuvent être concurrents. Ce que je veux dire par là c'est qu'à chaque fois qu'on innove, on casse les pratiques en cours. Comment traite-t-on la question de la continuité des pratiques ? Comment traite-t-on les facteurs humains dans ce cas ? Lorsqu'on est passé du cheval à la machine à vapeur, on a cassé une continuité, mais on a complètement changé de moyen de locomotion et il a fallu réapprendre des métiers nouveaux. Il s'agit là d'innovations importantes. Faire des petits deltas de changement, ou faire des révolutions, sont des affaires différentes. Aujourd'hui, la cassure provoquée par l'évolution des technologies de l'information est devenue une évidence. Cependant si l'être humain est le même, les pratiques induites sont en train de changer de façon drastique. Comment mieux comprendre, donc comment mieux construire des outils et des machines qui soient finalement acceptables d'un point de vue humain.

J.P. Je ne suis pas tout à fait d'accord avec toi quand tu dis que l'innovation casse une chaîne. Tu as cité l'exemple du cheval, d'abord cheval animal et ensuite cheval-vapeur. Il y a quand même le concept d'énergie qui n'a pas été changé. C'est la manière dont l'énergie a été produite qui a été changé. Je te cite un autre exemple plus proche peut-être de nos discussions. Lorsque j'ai mis en place les méthodes nouvelles de formation des pilotes, j'ai innové, mais je n'ai pas cassé de chaîne. Depuis des siècles et des siècles, l'humanité a utilisé les mêmes principes d'enseignement qui sont d'enseigner aux gens ce qui est nécessaire pour faire une action et d'utiliser la pratique pour le fixer dans la mémoire, bien mieux que par la lecture de bouquins. Donc j'ai utilisé ces deux principes, mais en utilisant des outils différents du livre, que je n'ai quand même pas rejeté et qui est toujours utilisé. J'ai ainsi introduit les machines à enseigner, l'enseignement assisté par ordinateur, la simulation sous toutes ses formes... Donc en cela j'ai innové, mais je n'ai pas innové au niveau des concepts fondamentaux qui restent toujours les mêmes.

G.B. Bien sûr, mais je ne discutais pas des concepts fondamentaux de la physique. Je parlais plutôt de l'interaction Homme-machine. De plus, j'ai été volontairement provocateur parce qu'une certaine branche de l'ergonomie a tendance à se concentrer sur la continuité dans le travail. Cette notion de continuité est importante, mais elle a tendance à occulter le fait que les pratiques peuvent évoluer avec l'apparition et l'appropriation de nouveaux artefacts. Aujourd'hui, quand on écrit avec un ordinateur, on n'écrit pas de la même façon que jadis sur des feuilles de papier. Quand on écrivait un texte sur une feuille de papier, on avait une écriture plutôt linéaire. Généralement, on faisait un plan que l'on suivait. Sur l'ordinateur, le « copier-coller » a profondément modifié la façon d'écrire les textes. Je me suis surpris récemment à écrire un papier à la main parce que mon ordinateur n'était pas disponible, et à chaque fois que je voulais « copier et coller » un morceau de texte, ma pensée était perturbée. Voilà un exemple de changement de pratique auquel nous nous sommes très (trop) bien habitués. Pour utiliser un jargon du métier, il y a eu un changement de méthode (au sens du modèle GOMS[59]). En effet, même si la méthode du « copier-coller » pouvait être pratiquée

[59] GOMS, « Goals, Operators, Methods and Selection rules », est un modèle cognitif et une méthode pour explorer l'interaction humain-ordinateur. GOMS a été développée à l'Université américaine de Carnegie Mellon par Stuart Card, Allen Newell et Tom Moran.

dans le passé en utilisant des ciseaux, du papier et de la colle, elle était extrêmement lourde. Elle n'était donc pas la méthode privilégiée. On préférait faire un plan et le suivre, quitte à revenir raturer le brouillon et recopier l'ouvrage, souvent en entier !

J.P. Oui, et alors ?!

G.B. La question est de se demander si les nouvelles méthodes émergentes sont acceptables, utilisables et utiles. Si toutes les réponses sont « Oui », il y a alors des chances que l'artefact ayant fait émerger ces méthodes passe dans la vie courante. Mais comment teste-t-on l'acceptabilité, l'utilisabilité et l'utilité lorsque nous sommes en face de l'utilisation d'un nouvel artefact ? Il faut non seulement définir des principes, des critères, mais aussi des méthodes acceptables pour assurer les tests ? En aéronautique, lorsqu'on cherche à certifier de nouveaux systèmes ou instruments de bord, il est crucial de définir de nouvelles méthodes pour la certification que l'on devra aussi valider.

J.P. Oui, ce procédé a d'ailleurs un nom : les essais de conformité, « *means of compliance* » en anglais… et les essais en vol en particulier.

G.B. Au début de ma carrière de recherche, j'avais été confronté au problème de la certification du pilotage à deux. Airbus nous avait soumis la question de la certification « facteurs humains ». Nous disposions d'un texte de la FAA[60] : la « FAR[61] 25 Appendix D » ! Ce texte comportait environ cinq lignes, qui disaient qu'il fallait prendre en compte les facteurs humains, « point final » ! Il fallait donc interpréter. Cette réglementation était plutôt une incitation qu'un guide de certification. Il a fallu mettre en place des méthodes précises d'évaluation des facteurs humains. Les questions qui sont venues sur le tapis à l'époque concernaient la charge de travail : il fallait vérifier que la charge de travail de chaque pilote était acceptable, sinon meilleure, lorsqu'elle était répartie entre deux plutôt que trois personnes. Nous avons donc travaillé sur le développement de méthodes de mesure de la charge de travail. Nous nous sommes tout de suite centrés sur des méthodes

---

60 *Federal Aviation Administration* (l'agence gouvernementale américaine pour l'aviation).

61 *Federal Aviation Rule* (un chapitre de la réglementation américaine de l'aviation civile).

physiologiques. C'était en mille neuf cent quatre-vingt-un ! Nous avions travaillé avec un grand hôpital à Paris sur la prise en compte de la fréquence cardiaque...

J.P. En fait la variation de la fréquence cardiaque...

G.B. Oui, la variation de la fréquence cardiaque pour mesurer la charge de travail. Alors pour résumer l'affaire, j'ai raisonné en automaticien parce que c'était ma principale expertise à l'époque. En automatique, on utilise le principe d'observabilité et de commandabilité des systèmes. Pour qu'un système soit observable, il faut que les observables traduisent les états internes du système. C'est-à-dire que ce qu'on perçoit doit permettre de comprendre ce qui se passe à l'intérieur. Or la variation de la fréquence cardiaque ne permet pas de comprendre la charge de travail de façon fiable. Elle n'est pas une variable observable de la charge de travail. Elle n'en est qu'une composante. Il faudrait d'autres variables observables pour pouvoir avoir une appréhension fiable de la charge de travail. D'une manière générale, je me suis aperçu qu'il fallait toujours combiner les données objectives (ici de nature physiologique) à des informations subjectives pour générer du sens. Comme nous en avons déjà parlé, l'utilisation d'un personnel opérationnel expert permet de donner ce sens aux données dites objectives. Plus ce personnel est impliqué dans les activités analysées et meilleur est le résultat.

RETOUR SUR L'EXPERTISE

J.P. Comment donc organiser le retour d'expérience ?

G.B. Il vaut mieux coordonner et conjuguer les pratiques et les innovations technologiques. Ce sont deux choses qui ne vont pas forcément toujours dans le même sens. Je me suis aperçu que les gens qui utilisent une technologie depuis un certain temps peuvent devenir très protecteurs des pratiques qu'ils...

J.P. Ils deviennent conservateurs...

G.B. Oui voilà, j'hésitais à le dire, mais c'est ça. Mais dès qu'ils découvrent qu'ils peuvent faire encore plus avec un nouveau système, ils ne sont plus conservateurs, ils ont compris : on n'est pas conservateur lorsqu'on voit bien qu'on peut bénéficier d'une nouvelle technologie. Mais c'est tout de même un handicap assez important qu'il est nécessaire de bien maîtriser parce que c'est une réalité, quelles que soient les couches socioprofessionnelles... c'est vrai pour tout le monde !

J.P. Nous parlons d'expertise. Le premier réflexe d'un concepteur de système devrait être de définir la personne qui sera utilisatrice du système qu'il conçoit. Ainsi dans le cas d'un pilote, il doit bien analyser sa formation, les tâches qui lui sont confiées, ses limitations, ses contraintes... Il ne faut quand même pas oublier qu'un pilote se remet en cause tous les six mois. Je doute qu'il y ait beaucoup d'autres professions où l'on se remet en cause tous les six mois ! De plus, à chaque qualification de type lorsqu'il change d'avion, il est obligé de se remettre à nouveau en cause, et périodiquement à chaque renouvellement d'une même qualification... C'est la même chose pour les maintenanciers, où il y a des catégories, des spécialisations, avec des réglementations exigeantes. Il faut d'abord commencer par connaître l'utilisateur du système ou de la machine.

MATURITE D'UNE TECHNOLOGIE

G.B. Nous nous dirigeons là vers le concept important de maturité. Nous avons déjà dit qu'aujourd'hui tout change très vite. La technologie change tellement vite qu'on n'attend pas qu'elle arrive à une certaine maturité pour l'utiliser... et surtout la vendre ! L'aéronautique est un cas particulier étant donné qu'on a besoin d'une sécurité maximale, ce problème de la maturité est pris en compte, souvent implicitement. En revanche, dans les technologies informatiques par exemple, on arrive à vendre des systèmes sans qu'ils soient complètement matures. Ceci est nouveau. On avait l'habitude d'acheter un outil quand il était stabilisé. Il semblerait qu'aujourd'hui on soit toujours sur un transitoire et comme l'informatique se met dans tout, forcément ce concept de maturité devient crucial. Un logiciel n'est jamais terminé presque par définition ! Il faut être en équilibre sur du transitoire ce qui génère de nouvelles pratiques. Pourquoi pas ! Il faut constamment être « branché » ! À la vitesse actuelle de l'évolution de la technologie, est-ce que l'être humain est toujours capable de s'adapter ? C'est une question de fond.

J.P. Ma réponse est non, certainement pas. Les concepteurs doivent porter beaucoup d'attention à l'innovation qu'ils désirent introduire pour qu'elle puisse être acceptée par les personnels spécifiques auxquels s'adresse le matériel. Il faut que les populations concernées aient la capacité de suivre l'évolution envisagée, et même s'il y aura toujours des personnes pouvant la suivre sans problème, l'ensemble lui-même mettra plus de temps à s'adapter que les individus pris séparément. J'ai déjà donné l'exemple de l'introduction dans les années quatre-vingt des nouveautés appelées « *glass cockpit* », aménagement nouveau des cockpits amené par l'utilisation généralisée de l'informatique dans les cockpits, combinaison d'écrans informatiques sur lesquels on pouvait rassembler un grand nombre de paramètres de vol et de systèmes, et d'un système de gestion et de contrôle automatiques du vol. Airbus fut le premier à l'introduire, sur l'A310 avec en plus l'équipage à deux pilotes. Par chance, Boeing lança, immédiatement après, ses B757 et B767 avec les mêmes concepts et la communauté mondiale des pilotes perçut l'innovation comme venant de Boeing, alors seule référence valable à ses yeux... cette innovation fut acceptée sans trop de problème. Mais quatre ans plus tard, Airbus poursuivant dans l'innovation lança le tout électrique dans les commandes de vol du dernier-né d'alors, l'A320, en faisant la faute psychosociologique de dire que tout était automatique sur cet avion et que cela apportait des améliorations sensibles sur le confort et la sécurité... ce qui était vrai ! Et là, les pilotes se sont révoltés. Ils ont dit non ! Pour eux, l'innovation était trop importante. Cependant, quand la formation a débuté, on n'a pas eu de problème pour former les pilotes par petits groupes, mais la communauté mondiale a tout de même mis entre cinq et dix ans pour effacer le rejet initial. Donc, il y a une échelle de temps qu'on ne peut pas réduire lorsqu'on s'adresse à une population en grand nombre.

G.B. Tout à fait, mais tu vois, cet exemple conforte ce que je disais tout à l'heure. Deux points sont importants à mes yeux : premièrement, l'utilisateur final a des pratiques bien établies – il est conservateur d'une certaine façon – et je pense que le fait que les pilotes aient accepté le « *glass cockpit* » parce que Boeing l'a proposé, premièrement correspondait à une certaine stabilité, parce que Boeing était là depuis très longtemps sur la scène internationale, alors qu'Airbus était tout jeune (et on se méfie toujours du « jeunot » !) ; et deuxièmement, il y a toujours, lorsqu'on fait une innovation technologique importante, un problème de communication. La façon dont on communique une innovation est déterminante pour l'acceptation. C'est un problème de marketing. Parfois, certaines façons de communiquer peuvent bloquer les gens, alors que d'autres vont leur faire acheter tout de suite le produit. Le marketing est une affaire de facteurs humains, ce qui n'a rien à voir avec la technologie elle-même. De plus, il y a un troisième point : tu dis qu'il a fallu dix ans pour que ça passe. Effectivement, il y a une maturation des choses, on ne peut pas, au niveau d'une population, faire accepter une nouvelle technologie tout de suite, si bonne que soit l'idée. De toute façon, si l'idée est mauvaise, elle sera très vite et définitivement rejetée. Lorsqu'on parle de la maturité d'un produit, il ne faut jamais oublier la maturité des pratiques associées. Note bien que la maturité d'un produit peut être travaillée avant son exploitation effective.

J.P. La maturité est certainement un problème de notre industrie contemporaine. Mais, pouvons-nous revenir aux méthodes…

G.B. Pour en revenir aux méthodes, nous n'allons pas en donner ici une description détaillée parce qu'elles sont décrites dans des livres plus techniques et qu'il y en a de plus en plus aujourd'hui. Lorsqu'un ingénieur va utiliser une méthode « facteurs humains », il est important qu'il prenne conscience que son utilisation va prendre du temps et n'est pas gratuite ; c'est un mal (ou un bien) nécessaire ! À chaque fois que je me suis confronté à ce type de problème, il a toujours fallu que je vende des idées, souvent en vain. Il a fallu démontrer et convaincre les décideurs d'aller dans une certaine direction. La culture joue un rôle fondamental dans le succès de ce type d'affaires. Je suis convaincu aussi qu'il y a aujourd'hui encore beaucoup à dire sur le bien fondé de la prise en compte des facteurs humains. On se demande encore à quoi ça sert. Parce que finalement, certains disent : « oui, mais tout cela relève du bon sens ! ».

SCENARIOS, CRITERES ET SIMULATIONS

J.P. La question du bon sens est revenue souvent dans nos discussions. Quel est d'après toi l'élément le plus important qui caractérise la prise en compte des facteurs humains dans la conception de nouveaux systèmes ?

G.B. Il faut construire des scénarios d'utilisation de ces systèmes, des scripts comme on le fait au cinéma. Les scénarios sont des chronologies et des configurations technologiques et organisationnelles. Lorsque des acteurs, des agents, jouent ces scénarios, ils font émerger la dynamique dont tu parles. Les scénarios sont fondamentaux dans la conception anthropocentrée.

J.P. Oui, effectivement, le développement de scénarios permet de décrire de manière dynamique le fonctionnement des systèmes Hommes-machines et surtout exprimer la façon dont les humains se comportent dans l'utilisation de ces systèmes. Les modèles résultants devraient permettre de faire des prédictions. C'est l'un des problèmes importants. Un autre point important est qu'il va falloir définir les critères pertinents pour que les systèmes puissent être validés et par la suite puissent être observés, sinon mesurés, avec une fiabilité et une crédibilité suffisantes. J'ai une remarque à formuler à ce sujet. Quand on traite des facteurs humains, on fait appel simultanément à des matières très diverses : la psychologie, l'ergonomie, la sociologie, etc... Lorsqu'on conçoit un système, on fait donc appel à toutes ces matières. En conséquence, il faut arriver à les synthétiser dans la phase de conception et ce n'est pas en faisant appel à tel grand maître, tel savant en matière d'ergonomie, qu'on arrivera à résoudre le problème. C'est là que l'ingénierie cognitive doit réussir à faire la synthèse de tous ces points pour que ses méthodes puissent être utilisables.

G.B. Nous aurons gagné lorsqu'un ingénieur généraliste sera capable d'utiliser ces méthodes, comme il utilise les mathématiques ou la physique. Nous avons mis en place certaines formations qui vont dans ce sens, mais il y a encore beaucoup de chemin à parcourir. Par exemple, nous parlions de modélisation : je pense que ce qui est important est de bien caractériser les niveaux de granularité de ce que l'on étudie. Tu parlais de phase de vol tout à l'heure, effectivement on peut prendre des phases de vol très limitées et y analyser quelque chose en profondeur. Mais parfois, ce n'est même pas le vol qu'il faut prendre en compte, c'est le cycle entier de conception du système. En fait, il y a des vues de près et des vues de loin. Les méthodes seront différentes selon qu'il faudra faire une analyse microscopique des choses, ou qu'il faudra faire une analyse macroscopique. Mettons qu'on analyse un vol de A à B, on ne peut pas prendre tous les points de A à B, tout ne va pas être pertinent, on va perdre du temps. La détermination de la bonne granularité est une question importante qui relève de l'expertise. Un expert en facteurs humains dans le domaine considéré est capable de dire : « ceci n'est pas important, cela est important »... De plus, cet expert doit toujours être critique. Même l'expert du domaine peut se tromper. Pour résumer, encore une fois, la granularité d'analyse est une question d'expertise.

J.P. Je suis d'accord avec toi. L'ingénieur concepteur qui travaille en double avec son expert (opérationnel) doit le pousser dans ses derniers retranchements pour être sûr que ce qu'il dit est crédible et fiable.

G.B. Je tiens à redire que, de nos jours, les ingénieurs concepteurs ont terriblement besoin d'avoir un esprit critique. Un ingénieur concepteur doit se distinguer d'un technicien par son esprit critique et sa créativité. L'ingénieur concepteur n'est pas quelqu'un qui doit appliquer systématiquement des méthodes, même s'il les connaît et s'il sait les appliquer couramment, mais surtout il doit savoir les choisir et critiquer à bon escient ce qu'il est en train de faire. Je suis convaincu que cet aspect « analyse critique de la situation et des problèmes associés » est quelque chose qu'il faut absolument apprendre aux futurs ingénieurs.

J.P. Au sujet des méthodes, il faut y rattacher un concept : quand on développe un système, il faut obligatoirement concevoir aussi le mode d'emploi et s'attacher à définir les procédures d'utilisation. Autrement dit la conception du système est inévitablement accompagnée de la conception de son utilisation. Et, là aussi, l'expert a un rôle considérable à jouer.

G.B. On arrive à cette question importante, déjà débattue, de savoir que pour concevoir l'utilisation d'un système, il faut des simulateurs. Il est souvent difficile d'imaginer le fonctionnement réel d'un système, et surtout son utilisation, sans l'avoir concrètement devant soi.

Chapitre 14

L'observation de l'IHM

LA SIMPLIFICATION

G.B. Nous avons largement discuté la nécessité de prendre en compte l'utilisateur, les besoins de l'utilisateur, les exigences de l'utilisateur, et les usages dans la conception de systèmes. La question est alors : « comment prendre conscience de ce dont les utilisateurs ont besoin ? » Le problème de l'observation bien sûr va conduire à une nécessité de synthétiser les informations observées. Mais avant de parler de synthèse, il est important de parler de comment on va aller chercher les informations dont on a besoin pour prendre en compte les facteurs humains dans la conception de systèmes.

J.P. L'observation est essentielle. Lorsqu'on débute dans une science, ou une technologie, l'observation permet de rationaliser. Tu as parlé de synthèse et une ingénierie se doit de faire de nombreuses synthèses, d'éléments, de matières, mais le problème est de savoir ce qu'il faut tirer d'un cas observé, de s'y adapter. Je ne pense pas qu'il faille « tout » prendre dans une observation, dans la plupart des cas, c'est impossible, mais il faut s'efforcer de trier ce qu'on essaie d'y rechercher et c'est bien le problème ! Ceci conduit à faire des « simplifications » dans les objectifs qu'on se fixe. Ainsi en se limitant à des choses précises et définies, on arrive à bien analyser chaque cas observé, et en rassemblant toutes les analyses particulières on peut en faire des synthèses.

G.B. Tu parles de simplifier : ce que les élèves d'une école d'ingénieurs doivent vraiment apprendre, c'est à bien poser les problèmes et à simplifier, aller droit au but. La question que nous nous posons maintenant avec la prise en compte des facteurs humains, c'est comment simplifier. Qui décide de simplifier ? Sur quelle base simplifie-t-on ? Qu'est-ce qui guide la simplification ? On ne peut pas tout traiter, mais comment allons-nous simplifier ? Quelles observables allons-nous considérer ? C'est là qu'entre en jeu la modélisation, disons les modèles d'utilisateurs, d'opérateurs, les modèles des usages, nous avons parlé du modèle de Rasmussen… Ces modèles vont nous guider justement à simplifier. Le problème, c'est qu'il faudrait que ces modèles soient acceptés le plus largement possible pour que les gens sachent comment l'observation a été « réduite ». Quelles sont les réductions que nous avons dû faire en observant ? Quels critères avons-nous utilisés pour simplifier ?

J.P. Je crois que le choix dans la simplification est basé sur l'utilisation de modèles appropriés, comme tu l'as dit, et sur une certaine expertise adaptée à ces modèles. Je cite l'exemple de la partie « course au sol » de la phase de décollage d'un avion. Elle est rapide et limitée dans le temps, environ trente secondes. Dans l'observation et l'analyse de cette partie, comme j'en ai déjà fait la remarque, il n'est pas nécessaire de prendre en compte tous les éléments du modèle choisi. Ainsi, l'on sait que pendant la course de décollage, les pilotes sont entièrement pris par leur tâche, donc, par exemple, il est inutile de prendre en compte leurs paramètres affectifs. D'autre part, le nombre de paramètres à observer visuellement est limité : vitesse, temps, poussée des moteurs, alarmes éventuelles, environnement extérieur, alignement sur la piste, l'état de cette dernière, obstacles possibles… Il faut aussi être réceptif aux aléas autres que visuels : bruit anormal, éclatement de pneu, conversation avec le contrôle d'aéroport… Bien que tout cela se succède ou s'imbrique très rapidement l'ensemble est relativement limité en nombre d'actions diverses. Il en est de même pour chaque élément des phases de vol donnant ainsi un ensemble, certes important, d'analyses particulières cependant relativement aisées. Il est vrai qu'ensuite la synthèse ne sera pas forcément simple à effectuer.

G.B. Quand tu parles d'arrêt au décollage – le moment où le pilote doit décider d'arrêter la course de l'avion en cas de problème critique – il est vrai que nous pouvons parler d'expertise et d'expérience. L'expertise est bien sûr fortement corrélée à l'expérience. Je pense que dans le domaine des facteurs humains, on ne peut pas faire d'observation vraiment pertinente si on ne travaille pas avec des experts. C'est un domaine où l'expertise joue, et jouera encore pendant longtemps, un rôle extrêmement important, tout simplement parce que nous n'avons pas encore de théories ou de modèles suffisamment établis et robustes pour les appliquer à la lettre. Bien sûr, les théories et les modèles que nous avons nous permettent de guider la simplification dont nous parlions tout à l'heure, mais l'expérience et l'expertise ont le plus souvent le dernier mot sur le choix de ce qu'il convient d'observer. En revanche, lorsqu'on parle d'arrêt au décollage, pour la phase en question, tu as dit : « ça dure très peu de temps ! »... Trente secondes environ. Effectivement, l'attention des pilotes est focalisée sur la tâche, en l'occurrence une tâche de surveillance essentiellement où la charge attentionnelle est très forte et je dirais limitée à un seul objectif. C'est ce qui permet de simplifier l'observation que l'on peut faire dans cette phase-là du vol. On peut par extension découper le « monde » en phases ou en domaines relativement étroits qui permettent d'effectuer des simplifications qui ont du sens. Les simplifications peuvent être de natures très différentes dans tel ou tel domaine pertinent... ou contexte. Le terme « contexte » est certainement le plus approprié. À ce niveau, je voudrais faire une autre remarque concernant le type de modèle. Pendant très longtemps, le modèle d'opérateur humain que nous avons utilisé était essentiellement un modèle de processeur analogue aux ordinateurs. Il comporte un processeur, une mémoire à long terme, une mémoire à court terme, des canaux émetteurs et effecteurs. Ce type de modèle faisait l'hypothèse du canal unique de traitement de l'information. Nous avons introduit l'approche multi-agents, que j'ai appelée « analyse des fonctions cognitives » pour prendre en compte des configurations plus générale que le canal unique, c'est-à-dire le traitement de l'information non seulement séquentiel mais aussi parallèle. Dans l'exemple de l'arrêt au décollage – une phase de trente secondes — je reste persuadé que plusieurs fonctions cognitives sont actives en parallèle pour détecter des problèmes éventuels. Une fois qu'un problème est détecté, il est ensuite traité, probablement de façon séquentielle. Combien y a-t-il de fonctions cognitives mobilisées dans la détection ? Je n'en sais rien pour l'instant, mais en tout cas je reste persuadé que la complexité du processus peut être modélisé pour en améliorer l'observation. Les experts sont certainement plus efficaces parce qu'ils sélectionnent les « bonnes » fonctions cognitives de surveillance et que ces fonctions cognitives ne sont pas les mêmes que celles d'un débutant – elles sont plus complexes et hautement contextualisées.

DES FONCTIONS COGNITIVES EMERGENTES

J.P. Je m'aperçois qu'il y a une ambiguïté dans le mot « simplification » tel que je l'ai utilisé. Cette simplification ne concerne pas l'analyse des phénomènes, mais s'adresse au choix des paramètres à traiter. Ainsi, par exemple, le modèle choisi, disons celui de Rasmussen, s'appliquera totalement à cette phase de course de décollage, mais on n'utilisera que les éléments s'appliquant à chacun des paramètres observés et retenus. Avec ce modèle et dans une phase relativement courte, avec des pilotes focalisés sur une tâche bien précise, on peut analyser les actions menées et déterminer les fonctions cognitives en cause. Ces dernières ne sont pas très nombreuses dans la course de décollage, peut-être une dizaine ?

G.B. C'est beaucoup…

J.P. Cela semble être beaucoup. Mais en adoptant une méthode rigoureuse d'analyse, assez simple à définir, sur des sous-phases de vol limitées, on peut pousser l'analyse assez loin. En procédant ainsi sur des cas tels que, par exemple, une remise de gaz, une interception de faisceau ILS[62] en approche d'atterrissage ou tout autre cas similaire, et il y en a de très nombreux en aéronautique, on pourra ne sélectionner qu'un nombre limité de fonctions à la fois. Et c'est en cela que réside la simplification. En rassemblant tous les résultats ainsi obtenus, on doit pouvoir aller plus loin dans la connaissance de toutes les fonctions cognitives répertoriées et de leur combinaison et intégration.

G.B. Tu dis : « une dizaine de fonctions cognitives ». Ce serait bien de pouvoir lister ces fonctions cognitives. On ne va pas le faire ici, mais ça serait intéressant de le faire parce qu'une dizaine ce n'est pas beaucoup pour un ordinateur, mais c'est beaucoup pour l'être humain. En effet, si l'on revient à la loi de Miller qui dit qu'on ne peut traiter que sept entités informationnelles par unité de temps. Il est trivial de dire que dix c'est trop ! Cela veut dire qu'il y a certaines fonctions cognitives qui seront occultées. Il est généralement admis que cette contrainte humaine existe quel que soit le niveau d'expertise. Par conséquent, si le pilote veut prendre en compte une dizaine de fonctions cognitives, il doit les avoir organisées pour qu'elles soient toutes prises en compte, compte tenu de la loi de Miller. C'est un problème à la fois d'apprentissage et d'expérience…

J.P. Oui tout à fait…

---

[62] *Instrument Landing System* : utilisé dans beaucoup d'aéroports pour guider l'atterrissage des avions équipés d'instrumentation appropriée.

G.B. Il est donc important de faire une distinction entre les systèmes qui demandent une formation et une expérience et ceux qui n'en demandent pas. Ce qui est intéressant c'est que la nature des systèmes peut changer. Par exemple, l'automobile qui pouvait être réparée par n'importe quel garagiste demande aujourd'hui des garages spécialisés ayant non seulement des experts humains mais aussi des machines électroniques hautement sophistiquées. En ce qui concerne la conduite, l'automobile est sensée être utilisable et utilisée par le plus grand nombre, c'est-à-dire que quelle que soit la formation des gens, quel que soit leur âge, quelles que soient, je dirais leurs habiletés. Or il semblerait qu'aujourd'hui, pour des soucis justement de sécurité et de confort, les constructeurs d'automobiles sont en train d'informatiser la voiture à un point tel que les niveaux d'automatisation que nous connaissons en aéronautique pourraient être rapidement dépassés. On est en train d'installer le GPS, l'anti-collision, les radars latéraux et longitudinaux, on est en train d'installer les communications à bord (on installe le téléphone dans le tableau de bord) et probablement, on va interconnecter tous ces systèmes dans un avenir plus ou moins proche. On va donc arriver à une électronique de bord extrêmement complexe, et je me pose la question, qui me semble-t-il risque d'emmener à des spécialisations, ou du moins une prise en compte, une formation finalement, une expérience dont on n'avait pas besoin dans le passé. Est-ce que tu penses que le conducteur d'automobile du futur aura différents niveaux d'expertise en fonction des types de systèmes installés ?

AUTOMOBILE ET AERONAUTIQUE

J.P. On peut établir un certain parallèle entre les évolutions de l'automobile et de l'aéronautique, en particulier lorsque l'informatique a surgi dans les années quatre-vingt pour améliorer les performances et la sécurité. Cependant à l'époque, on comptait sur les automatismes pour éliminer l'erreur humaine, ce qui fut une erreur dans le principe car on n'élimine pas une caractéristique humaine aussi basique que la propension à l'erreur.

G.B. Ou tout au moins leurs répercussions...

J.P. On réussit cependant à fortement diminuer les erreurs dangereuses. C'est, je crois, ce qui se passe plus lentement avec les automatismes de l'automobile où il semble cependant qu'on n'introduise pas la fiction de l'élimination de l'erreur humaine. Il y a avec l'automobile des différences importantes, favorables et défavorables, dont certaines majeures. Favorable d'abord. En cas de panne, on peut s'arrêter au bord de la route, impossible en avion où l'on est obligé de poursuivre le vol... Défavorable ensuite. La conduite en voiture impose en permanence des réactions à court, et même à très court, terme, alors qu'en avion, cette nécessité est rare, les réactions d'urgence relevant plutôt du court à moyen terme sauf pour le pilotage et les reprises en manuel. Une autre différence importante est qu'un conducteur d'automobile est soumis aux aléas parfois imprévisibles causés par les multiples interactions avec les autres conducteurs, alors qu'en avion, il faut évidemment se méfier des autres, mais les interactions potentiellement dangereuses sont rares. Ceci peut être modifié si le contrôle routier devient automatique et collectif. Tout cela concerne la différence dans l'intervention du facteur temps, presque uniquement « tactique » en automobile et beaucoup plus « stratégique » en aéronautique. Un des problèmes difficiles à résoudre en automobile est de concilier l'action et le contrôle, les tâches de conduite et celles de surveillance. Faciliter ces dernières revient à soulager les premières, par exemple avec l'asservissement en vitesse lorsque la sécurité le permet. Évidemment, l'Homme est là en permanence, ce qu'il ne faut pas oublier.

G.B. Oui tout à fait. Tu dis qu'en fait l'automobile est beaucoup plus individuelle que l'aéronautique. Je suis en train de me poser la question de savoir si l'organisation du trafic automobile ne devrait pas changer dans le futur. On est amené à se poser ce genre de question assez rapidement : avec l'augmentation du parc automobile, je ne sais pas quelle est la progression du nombre d'automobiles tous les ans, mais de toute évidence il est en train de croître. Il arrive un moment où l'organisation devient quelque chose d'extrêmement important. C'est un premier point. Le deuxième point est relatif à l'évolution. Nos enfants ne vont pas avoir les mêmes antécédents, « *background* » en anglais, que nous. Ils ont une appréhension des systèmes informatiques que personnellement je n'ai pas, même en ayant fait beaucoup d'études dans le domaine de l'informatique. La plupart des jeunes de dix-sept ans n'ont aucun problème à utiliser un ordinateur équipé de logiciels très sophistiqués. Je ne sais pas comment anticiper le futur par rapport à cela, mais ce que je peux dire c'est que l'appréhension de systèmes d'information par les nouvelles générations sera beaucoup plus facile que pour nous en tout cas.

En revanche, je suis en train de me poser la question sur les systèmes physiques. Une automobile reste tout de même un objet physique ; ne devient-elle pas un objet informatique, et donc un agent, à mesure que les logiciels qu'elle inclut prennent le pas sur la mécanique. Les jeunes sont comme des poissons dans l'eau lorsqu'ils utilisent des jeux vidéo ou Internet, les enfants utilisent les systèmes informatiques de façon instinctive. Et là justement, je me pose la question du rapport au réel qui est en train d'évoluer rapidement. Ayant travaillé pendant des années à essayer de comprendre comment les pilotes pouvaient s'adapter ou comprendre les nouveaux systèmes informatiques, il semblerait qu'aujourd'hui, la tendance soit inversée, ou s'inverse progressivement. Le problème n'est plus de comprendre l'utilisation des systèmes informatiques, le problème est de replacer ces systèmes dans un contexte qui ait du sens, dans un contexte physique. La conscience de la situation est l'un des points qui est sur le devant de scène. Cette question a toujours existé. Il fallait être conscient de la situation, sauf qu'avec des systèmes que l'on maîtrise directement, mécaniquement, ce n'est pas la même chose qu'avec des systèmes électroniques et informatiques qui nous éloignent de la mécanique, et plus généralement du monde réel.

J.P. Peux-tu donner un exemple ?

G.B. Prenons le freinage automobile par exemple. Les freins conventionnels demandent que nous pressions progressivement sur la pédale de frein pour obtenir un freinage sans dérapage ou blocage des roues. Avec le système ABS[63], l'appui sur la pédale de frein peut être brutal, le freinage résultant est le produit d'un traitement approprié qui va arrêter l'automobile sans blocage des roues, ni dérapage. Le conducteur n'a plus à connaître la physique du phénomène sous-jacent. Le système ABS éloigne le conducteur de la mécanique de freinage correspondante. La conscience que nous avons du freinage est de nature différente.

J.P. Comparer la conduite automobile et le pilotage des avions est intéressant, mais, pour les deux, l'adaptation à l'évolution est essentielle. La durée de vie d'une automobile se situe entre cinq et dix ans. On peut donc se permettre de changer rapidement les équipements d'un modèle à l'autre, ce qui parfois modifie la façon de conduire pas toujours d'ailleurs

[63] *Anti-lock Braking System* : système automobile qui permet de ne pas bloquer les roues quelque soit l'amplitude du freinage.

sans incident. La vie d'un avion est désormais de vingt à trente ans pour des raisons économiques. Les équipements se modifient, mais à un rythme relativement lent car leur certification et leur remplacement sur les versions d'avion déjà en opération coûtent cher aux utilisateurs.

G.B. Nous revenons au problème de l'adaptation…

J.P. Il y a des individus qui ont plus de mal à s'adapter aux changements et modifications. Leur base physiologique et cognitive est pratiquement un invariant sur lequel l'éducation et la formation viennent poser un habit, changeant au gré de cette éducation et de cette formation. Autre influence, importante celle-là, la culture qui est la manière dont on va porter le costume. Elle change beaucoup plus lentement que l'habit ou le costume car elle influe sur des sociétés entières, même sur celles qui apparaissent évoluer rapidement. Un exemple : dans la petite ville où je vais souvent, la population est répartie entre catholiques et protestants, remontant aux guerres de religions, alors que très peu de gens sont pratiquants. Cette influence n'est pas primaire dans le sujet que nous traitons, mais elle est présente en influence secondaire ou tertiaire. Pour revenir à l'observation, l'analyse des cas doit tenir aussi compte de ces éléments de contexte. Sont-ils valables seulement pour aujourd'hui, ou bien aussi dans le futur, et pour combien de temps ? La synthèse doit se projeter dans l'avenir, pour dix, vingt, cinquante ans ?

LES INVARIANTS HUMAINS

G.B. Je voudrais revenir sur les invariants de l'individu. Il est clair qu'il y a des comportements de base, des sens primitifs, l'inné en fait, qui certainement ne changeront pas. Ils n'ont pas changé depuis des millénaires, je ne vois pas pourquoi ils changeraient aujourd'hui. En revanche, je pense qu'il y a des comportements construits, on parlait de l'expertise, de l'expérience, qui sont en train de changer, qui changent en fonction des artefacts que nous utilisons et de l'environnement dans lequel nous évoluons. Lorsqu'on conduit une automobile avec l'ABS ou avec le contrôle de trajectoire, ce n'est pas la même chose que lorsqu'on conduit une voiture qui ne possède pas ces équipements-là. Je me suis aperçu en les utilisant qu'il fallait apprendre à s'en servir aussi, mon comportement a changé, souvent assez radicalement. Ce n'est que par un retour d'information fort, un arrêt d'urgence ou même une amende par exemple, que l'on commence à prendre conscience de ce genre de choses ! La technologie a donc une influence sur le comportement des individus. Si nous sommes d'accord qu'il y a des invariants, les comportements construits par l'évolution de la technologie ou de la culture changent. Prenons un autre exemple d'évolution. Dans le village de mes grands parents, je me souviens, il y a trente ans – il n'y a pas si longtemps de cela finalement – les gens de la campagne faisaient les dépiquages du blé ensemble et coopéraient quelles que soient leurs pratiques religieuses, quelles que soient les tendances politiques. Les gens étaient obligés de coopérer et de s'entre aider. Alors bien sûr, une fois que le dépiquage était terminé, les antagonismes religieux et politiques reprenaient ! La technologie, ou plutôt l'absence de technologie poussée, avait une influence directe sur le comportement des gens et sur les pratiques. Aujourd'hui, le nombre d'exploitations agricoles a fortement diminué, elles ont augmenté en taille et tous les agriculteurs que je connais sont équipés de matériel extrêmement sophistiqué et ils n'ont donc besoin de personne pour faire prospérer leur exploitation. Dans ce cas, la mécanisation et l'automatisation ont conduit à l'individualisation par manque de nécessité de coopération. D'où, une chute de la coopération.

J.P. Je suis d'accord avec toi à propos de l'influence de la technologie sur l'évolution du comportement et je réalise que j'ai, une fois de plus, introduit une ambiguïté lorsque j'évoque l'invariant humain. Pour moi, cet invariant est la quasi-permanence de l'état biologique du cerveau humain et du corps en général. Ensuite, la façon dont les neurones « travaillent ensemble » pour créer de l'expérience, l'expertise, peut être considéré comme l'acquis individuel. Cependant, cet acquis reste limité et l'Homme ne peut pas faire n'importe quoi. En revanche les automatismes sont encore très loin de faire tout ce que l'Homme peut faire. Lorsqu'on met un être humain face à ou dans une machine, il n'acceptera jamais que la machine se substitue entièrement à lui.

G.B. C'est sûr, mais je reviens à mon exemple précédent, les agriculteurs ont plus de rapports Homme-machine que de rapports Homme(s)-Homme(s). C'est intéressant, peut-être regrettable, mais c'est comme ça ! Nous pouvons encore parler de mécanisation dans ce contexte agricole, mais l'ère de l'information arrive. Dans nos métropoles modernes, la mécanisation a été maîtrisée depuis longtemps, on est passé à l'ère de l'information. Les pratiques sont en train de changer. Ce qui est important d'un point de vue facteurs humains, c'est de comprendre et de rationaliser ce qui est en train de se passer. Le développement des technologies de l'information va beaucoup plus vite que ce que nous sommes capables de rationaliser. Le téléphone mobile, la musique MP3 et Internet en sont des exemples clairs. De plus, l'industrie est en avance par rapport à la science. La science ne dirige pas. Tout au plus, elle fait quelques rationalisations et c'est déjà bien ! Plus que jamais, les scientifiques doivent se donner les moyens de mieux appréhender ce qui est en train de se passer sur ce sujet.

J.P. Il s'agit aussi de faire évoluer l'état d'esprit des scientifiques puisque effectivement la technologie est en avant d'eux, comme tu l'as déjà fait remarquer. S'ils sont en retard, il faudrait qu'ils se mettent au diapason en tenant compte de ce qui a déjà été découvert ou élaboré par d'autres, et ça je ne suis pas sûr que ce soit dans l'esprit des scientifiques qui voudraient toujours être un peu à l'origine des choses.

G.B. Tu parles des chercheurs inventeurs !

J.P. Un exemple en revenant un peu en arrière : lorsqu'on a commencé à informatiser les avions, je pense aux « *flight management systems* », aux « *glass cockpits* », l'évolution n'était pas du fait de l'aéronautique. L'aéronautique a suivi l'automatique et l'informatique, et probablement même, dans le passé proche, les jeux vidéo, de façon très astucieuse.

G.B. Probablement. Mais en tout cas, je vais revenir sur la déclaration « les scientifiques veulent être à l'origine des choses », parce que là je suis concerné ! L'informatique moderne a été générée par certains visionnaires remarquables. Je prendrai pour exemple certains visionnaires comme Alan Turing l'un des pères de l'informatique, ou, à la fin des années cinquante, Douglas Engelbart qui a inventé la souris et a été à l'origine de l'interaction moderne avec les ordinateurs, il a commencé à la NASA d'ailleurs. Au début des années soixante-dix, Alan Kay a conçu le micro-ordinateur et est l'un des principaux architectes des interfaces multi-fenêtrées modernes. À l'époque, personne ne pensait que le micro-ordinateur était quelque chose d'important, il a fallu attendre les années quatre-vingt. Tout cela a été l'œuvre de certains chercheurs, que je préfère qualifier d'inventeurs. La question préoccupante aujourd'hui, c'est le développement exponentiel de cette société de l'information qui en fait dépasse ses propres créateurs. C'est ce qui m'intéresse. Je ne dis pas que la situation est catastrophique, au contraire j'ai confiance en l'avenir et je suis toujours intéressé de participer à l'innovation, mais aussi à la compréhension de ce qui est en train de se passer. Un deuxième point : je pense que les chercheurs ne freinent pas le développement industriel, du moins en ce qui me concerne, c'est bien le contraire. Je suis en faveur de l'innovation et je suis toujours équipé de nouvelles technologies. En revanche, comme je l'ai déjà dit, je crois qu'il est très urgent aujourd'hui que l'on mette les moyens pour comprendre ce qui est en train de se passer et ne pas attendre les accidents. Il est utile de remarquer que beaucoup de thèmes scientifiques ont été développés parce qu'il fallait expliquer telle ou telle catastrophe ou accident. Il est bien sûr plus facile d'expliquer un accident après coup que de le prévoir, c'est clair ! Cela dit, je pense que nous devons mettre en œuvre les approches multidisciplinaires que nous avons à disposition pour anticiper et non plus uniquement pour expliquer.

J.P. Parlant d'explication d'accidents, je me permets une petite digression vers la médecine. Sans penser qu'il n'y ait pas de véritable recherche fondamentale en médecine et en biologie, ce qui est diffusé au public concerne essentiellement la lutte contre la maladie, l'étude des pathologies, dont la médecine tire des enseignements pour les questions fondamentales. Pour cette recherche des causes de dysfonctionnement et de leurs remèdes, il y a une grande analogie entre la médecine et l'aéronautique. Il y a certes en aéronautique cette parité entre efficacité et sécurité, mais peut-être la recherche de la sécurité offre-t-elle plus de possibilités que la recherche d'efficacité.

RETOUR D'EXPERIENCE ET TRAÇABILITE

G.B. Nous sommes en train de parler de prévention. Il est très difficile de faire de la prévention. Prenons l'exemple des campagnes de communication sur le SIDA[64]. Prévention va avec prise de conscience. Prévention va avec retour d'expérience et retour d'expérience va avec prise d'informations sur le réel. Comment traite-on ce retour d'expérience ? Nous en avons déjà parlé : la grosse question c'est qu'au moment où l'on va capter de l'information pour

[64] Syndrome d'immunodéficience acquise.

préparer le retour d'expérience, on ne sait pas a priori ce qui va être important pour la suite. A priori, on peut tout prendre, mais cela va être difficile et même peut-être pas pertinent. Quelles vont être les informations qui vont être ensuite pertinentes pour faire de la prévention. Je constate que nous avons construit un autre type d'expertise : celle du « retour d'expérience-prévention » qui est loin d'être rationalisé. Le domaine nucléaire aurait beaucoup à nous apprendre sur ce point.

J.P. Grâce au retour d'expérience, on peut s'appuyer sur beaucoup de cas afin d'augmenter nos connaissances. Mais en matière de facteurs humains, on se heurte à deux difficultés majeures. D'abord l'abondance de cas lorsqu'on traite l'ensemble des rapports d'incidents s'y rapportant, avec peu de méthodes de traitement rapides et fiables. Ensuite l'énorme difficulté à comprendre ce qui s'est réellement passé dans le cerveau des acteurs. À la lecture des comptes-rendus forcément individuels, il faut remonter en amont des évènements pour comprendre ce qui a bien pu se passer dans le cockpit, dans la cellule de contrôle au sol, et surtout dans le cerveau des individus. Dans ces analyses, on est confronté à l'utilisation de systèmes, de combinaisons de systèmes le plus souvent complexes. Si l'on ne connaît pas exactement pourquoi les systèmes ont été conçus ni les logiques de leurs combinaisons, on ne peut qu'avoir des difficultés de compréhension dans le comportement des utilisateurs. En matière de prévention des incidents et accidents, il est important de se référer à la traçabilité des choix ayant aboutis à l'existence des systèmes ou des procédures, afin d'éviter certains choix dans le futur ou au contraire pour confirmer le bien fondé d'autres.

G.B. Laisse moi revenir à mon Quercy. Nous sommes en train de redécouvrir des choses que nos ancêtres connaissaient très bien. Dans les villages, la traçabilité était automatiquement assurée par le fait que les gens restaient tout le temps dans la même région, dans le même village même. La traçabilité était essentiellement orale et vivante. La connaissance et l'information étaient disponibles, continues et pratiques. On savait que telle chose avait été construite par telle personne, peut-être même deux générations auparavant, et qu'elle avait été faite pour telle ou telle raison, et puis on avait l'histoire de ce qui se passait, parce que les gens discutaient. Il y avait une place pour la discussion, notamment pendant les veillées...

J.P. Les problèmes étaient limités !

G.B. Je suis tout à fait d'accord. Les problèmes étaient relativement limités, mais étaient néanmoins profonds. Il fallait vivre sans assistance technologique, et ce n'était pas si simple. L'accroissement des moyens technologiques nous a permis de faire plus de choses, les problèmes se sont complexifiés et de nouvelles contraintes sont apparues. Nos marges de manœuvre se sont à la fois élargies et rétrécies. Précédemment, on parlait de la vie de manière générale, il fallait tout assurer. Lorsqu'on parle de traçabilité en aéronautique, on parle de choses très techniques et spécifiques, ce n'est pas la vie en général. On a effectivement complexifié, mais on a aussi restreint. La traçabilité a, à mon avis, une double cible : la première c'est le changement des métiers et le « *turn-over* » des gens ; et la seconde, c'est le changement rapide, l'évolution rapide de la technologie. Le problème de la traçabilité va très certainement nous occuper encore un certain temps parce qu'on ne l'a pas encore maîtrisé. Je pense qu'aujourd'hui il y a beaucoup de problèmes naissant du fait que la liaison entre les gens ne se fait pas correctement. Dans le passé, ces liaisons étaient presque naturelles : elles étaient hiérarchiques, elles étaient des liaisons de compagnonnage ou tout simplement d'aide et de coopération naturelle. Aujourd'hui, ces liaisons se font presque de fabricant à fournisseur. Je ne parle pas du phénomène d'intégration rapide des gens dans une entreprise... Tout cela demande beaucoup de traçabilité et je vais même jusqu'à dire que, peut-être, il y a de nouveaux métiers qui devraient être créés pour assurer cette traçabilité.

J.P. Oui. En mettant de nombreuses cloisons entre les professions, entre les différentes sortes d'activités, la technologie facilite la dispersion des organisations, obligeant à mettre en place des liens, des organisations transverses, et aussi des moyens de se retrouver dans cet ensemble éminemment dynamique. Revenant sur l'objet de ce chapitre, l'observation, nos nombreuses digressions autour de cette notion montrent que le sujet n'est pas très facile. En observant le comportement humain, il faut non seulement faire des synthèses sur les cas individuels observés, mais aussi sur l'utilisation des systèmes utilisés, faire des synthèses dans les retours d'expérience. Il faut s'intéresser aux pourquoi et comment de l'évolution de la technologie et de ses produits...

Chapitre 15

Industrie et recherche

L'INDUSTRIE AVANCE TRES VITE

G.B. Nous avons déjà discuté d'un certain nombre de points comme la nécessité de synthétiser les informations, de mieux définir les interactions entre systèmes, environnement et utilisateurs en particulier. Je te propose de discuter, ou de rediscuter, de la liaison étroite entre l'industrie et la recherche. Nous avons déjà évoqué le fait que l'industrie est aujourd'hui en avance par rapport à la recherche : la recherche en ingénierie cognitive n'a pas suffisamment de temps et de matière pour rationaliser tout ce qui est en train de se passer, parce que le développement technologique va trop vite. L'évolution des pratiques essaie de suivre et la recherche est encore plus en arrière. Ce n'est pas un bilan très positif pour nous. Il est important que l'industrie réalise qu'on a besoin de recherche pour mieux comprendre ce qui est en train de se passer. Et pourquoi en a-t-on besoin ? Tout simplement pour essayer de mieux nous orienter dans l'avenir, pas sur des besoins immédiats uniquement, mais aussi sur des besoins à moyen et long terme pour l'individu. Les facteurs humains devraient être considérés dans les enjeux stratégiques. Aujourd'hui, ce sont les facteurs économiques et financiers qui contribuent à optimiser à court terme. Il y a bien sûr beaucoup de raisons pour cela – on est dans une économie de marché – mais il est important de réaliser les conséquences en matière de facteurs humains de ce qu'on est en train de produire sur le moyen terme et le long terme. Ce n'est pas uniquement une question de compensation immédiate. Nous avons discuté précédemment de certaines questions d'organisation et, en particulier, de rôle des différents acteurs : des ingénieurs, des financiers, des commerciaux, des gestionnaires...

J.P. Je suis d'accord avec ton constat. A cause de la concurrence, l'industrie est obligée d'innover continuellement. Elle a donc mis en place des structures de recherche, mais plutôt de recherche appliquée pour donner rapidement des réponses à des problèmes actuels. Cette recherche a des objectifs à relativement court ou moyen termes. Disons que pour l'industrie aéronautique, l'objectif est d'avoir la résolution rapide de certains problèmes se posant dans les cinq ans qui arrivent, c'est-à-dire lorsqu'on lance un nouveau projet, d'avion ou d'équipement... et d'avoir la réponse aux problèmes se posant spécifiquement pour ce projet-là. L'industrie aéronautique a donc bâti une organisation très performante répondant à ce genre de besoin en matière de facteurs humains. Et la recherche hors industrie ne s'est pas encore structurée en fonction de ce genre de nécessité. Elle est basée sur des structures ayant une évolution lente. Les chercheurs, d'après ce que je constate, essaient de résoudre des problèmes, mais dans la lenteur, le calme de la réflexion, dans le calme de petites observations de laboratoire, ce qui ne correspond pas du tout aux besoins de l'industrie. Je parle ici des facteurs humains et ce n'est pas forcément le cas pour la métallurgie ou pour d'autres matières. Alors à quoi cela est-il dû ? Je pense que c'est dû à la structure de la recherche et au fait qu'elle-même n'est pas associée directement à l'industrie. Je crois que les chercheurs doivent avoir des contrats avec l'industrie, pas forcément pour résoudre des problèmes immédiats, mais de façon à montrer à l'industrie quels sont les enjeux d'une recherche à long terme, alors qu'aujourd'hui la recherche ne donne pas à l'industrie cette vision du futur en termes de découvertes et d'innovations en matière de facteurs humains, et j'en suis désolé. Que fait-on ? On essaie de résoudre les problèmes actuels. Par exemple, on essaie de pallier les erreurs, de pallier les conséquences des erreurs. On analyse donc les incidents, mais ce que veut l'industrie est la correction immédiate des causes de ces incidents. Et que fait-on ? Pour l'une des causes majeures d'accidents aériens, l'absence de conscience d'obstacles terrestres, on met en place des méthodes de formation des pilotes, on équipe les avions d'instruments pour résoudre ce problème, mais sans le résoudre totalement, sans s'attaquer aux causes profondes. Cependant, on diminue le taux d'accidents, ce qui satisfait tout le monde. Mais à mon avis sur ce cas d'exemple, la recherche sur les facteurs humains devrait aller beaucoup plus loin. D'ailleurs, récemment un haut responsable aéronautique a mis le doigt sur un point très important. Il a dit : « ce que j'aimerais, c'est qu'on arrive à trouver le mécanisme qui fait que les pilotes s'enlisent dans des erreurs et ne peuvent pas en sortir ». Cela justifierait une recherche approfondie, à long terme, parce que ça concerne ce qui se passe de façon intime dans le cerveau entre la perception, le traitement de l'information, les choix et décisions et ensuite les actions. Cela concerne évidemment l'industrie chargée de l'ergonomie des postes d'équipage et de celle des instruments, utilisant là l'ergonomie physiologique et cognitive. La réponse à cette question est au cœur de l'ingénierie cognitive.

G.B. Les sources de financement industrielles et de recherche, essentiellement publiques, sont de natures extrêmement différentes.

J.P. Je suis d'accord avec toi, mais je pense, et je reprends ce que j'ai dit tout à l'heure, que la recherche en matière de facteurs humains a pris un gros handicap dès le départ en ne sachant pas intéresser l'industrie à des recherches qui aillent à plus long terme que la résolution des problèmes immédiats et actuels. Ce qui fait qu'aujourd'hui, compte tenu de la complexité des facteurs humains et de celle des interfaces Homme-machine, on s'attaque à une multitude de petits problèmes spécifiques et partiels dont une grande partie peuvent êtres résolus par les équipes mises en place par l'industrie chez elle, contrainte et forcée par la concurrence et par la commercialisation de ses produits... On a donc à faire face, toujours en matière de facteurs humains, à une fragmentation, à une sorte de dispersion des recherches. Il n'y a pas de synthèse mais malgré tout l'industrie essaie de résoudre ses problèmes spécifiques limités chaque fois qu'ils se posent, sans regarder plus loin que ces problèmes partiels. Alors qu'il manque en définitive à l'industrie et aux services officiels, à ceux qui financent la recherche ou qui la subventionnent au plan national ou européen, une vision globale synthétique de ce que devrait être la recherche en matière de facteurs humains et d'interface Homme-machine. Les organisations finançant la recherche sont sollicitées par les industriels qui au lieu de proposer une recherche globale présentent leurs problèmes immédiats et spécifiques. En aéronautique, par exemple, la coordination entre le sol et le bord est un énorme problème, mais qui est pris encore une fois par petits bouts et non pas de façon globale. Il me semble qu'on pourrait peut-être se dégager de ce fouillis actuel en proposant des thèmes présentant pour l'industrie un intérêt dans un futur pas trop lointain. Le thème de l'oculométrie ne fait concurrence à aucun industriel alors qu'il est relativement facile, par exemple, de les convaincre que l'oculométrie permettra d'avancer dans la connaissance de la perception, dans celle du traitement cognitif des informations. Nous sommes en face d'un problème fondamental qui n'est pas uniquement inhérent à l'aéronautique, mais essentiel pour l'ensemble des transports et l'industrie nucléaire. Les accidents de *Three Mile Island* et *Tchernobyl* ont clairement révélé des problèmes de facteurs humains. La conduite automobile est évidemment concernée... Autrement dit si l'on arrivait à définir et présenter des projets de recherche ne faisant pas concurrence aux équipes des industriels, en montrant au contraire l'intérêt pour eux des résultats à obtenir, je pense qu'on arriverait à financer des recherches qui iraient dans l'intérêt de tous.

RATIONALISER LES FACTEURS HUMAINS

G.B. Tu dis : « les petits problèmes de facteurs humains sont traités directement par les industriels ». Il y a vingt-cinq ans que j'essaie de m'employer à former des gens dans le domaine, ici à SUPAERO et dans divers autres lieux. Ce n'a pas été facile. Il n'y avait pas beaucoup de créateurs en matière d'ingénierie cognitive. Aujourd'hui, il semble que les choses changent surtout parce que les industriels commencent à nous prendre au sérieux. Ce n'a pas toujours été le cas...

J.P. Dans le domaine physiologique, oui. Mais psychique ?...

G.B. Je me souviens avoir intentionnellement évité d'employer le terme « psychologie » pendant des années lorsque je parlais du domaine correspondant avec des ingénieurs. Ce n'est pas une science dure, et étant ingénieur moi-même, je sentais qu'il y avait discréditation implicite lorsque j'osais parler de sciences « molles ». Il fallait donc y croire ! Il nous a fallu valoriser cette discipline naissante. Vingt-cinq ans, ce n'est pas beaucoup finalement, tout ce temps-là pour arriver où nous sommes aujourd'hui. L'idée de créer EURISCO avait germé depuis 1987, il y a une vingtaine d'années. Le terme « cognitif » faisait sourire dans le domaine de l'ingénierie parce qu'on ne savait pas de quoi il s'agissait. Il a fallu expliquer et démontrer. Les problèmes ne venaient pas uniquement de personnels techniques, les gens des sciences humaines et sociales exprimaient aussi des doutes et, je dois le dire, une certaine réticence à se compromettre dans le domaine industriel. Les sciences cognitives existent depuis longtemps. Elles étaient concentrées sur des sujets fondamentaux sans trop aller chercher des problèmes durs de l'industrie. Nous avons mis du temps à les installer et ce n'est pas terminé. C'est toujours une combinaison d'impatience et de persévérance. Parler de sciences cognitives ne surprend plus personne chez Airbus par exemple, il y a même un département de facteurs humains. Il y a quinze ans, c'était inconcevable et nous étions loin d'être entendus. Par conséquent, c'est très bien que l'industrie s'approprie le développement de l'ingénierie cognitive. Les ingénieurs y ont un très bon niveau technique et commencent à y être sensibilisés. Je suis très heureux d'avoir fait partie des gens qui ont facilité cette intégration et je ne peux pas laisser dire qu'il n'y a rien de construit à ce jour.

J.P. Je n'ai pas dit qu'il n'y avait rien, j'ai dit qu'il y avait un handicap.

CREDIBILITE DES METHODES ET DES OUTILS

G.B. Merci de relancer ce sujet. C'est en partie parce que nous avons alloué du temps et des ressources suffisants. Il faudrait que ce type d'approche se multiplie. De toute façon, l'évaluation est toujours au rendez-vous pour permettre de réorienter les projets. Lorsqu'on décide d'y aller, il faut « mettre le paquet » et ensuite juger sur pièce. Aujourd'hui encore, on n'est souvent pas capable d'arriver à une évaluation concrète parce que l'absence de moyens ne nous permet pas d'arriver à des résultats concrets.

J.P. Pour citer un exemple déjà mentionné, j'ai utilisé l'oculométrie, il y a vingt ans, avec difficulté, car la technologie appropriée était à ses débuts, mais avec succès et aujourd'hui la situation est bien meilleure.

G.B. Oui, il faut y croire ! Tout projet de recherche prend du temps et beaucoup d'investissement, surtout au début lorsqu'on commence avec peu de moyens.

J.P. C'est l'histoire de la poule et de l'œuf...

G.B. Le problème est que même lorsqu'on a prouvé, il faut encore, et surtout, bien communiquer ! Il faut alors gérer une position « d'outsider ».

J.P. D'accord, mais comme tu l'as bien signalé, les études des facteurs humains sont relativement récentes ; ce qui explique la difficulté de la prise de conscience de leur utilité. Il faut se rappeler que l'évolution des esprits ; elle est relativement lente sociologiquement. Comme la matière des facteurs humains s'est bâtie, il y a peu de temps, il a fallu au départ montrer une compétence auprès des gens intéressés que sont les industriels et les utilisateurs, les compagnies aériennes en particulier. Au fur et à mesure que le temps passait et que la compétence s'affirmait, les facteurs humains ont été de plus en plus acceptés, pas encore totalement aujourd'hui, mais enfin la bataille est pratiquement gagnée. On n'est cependant pas encore au point où les facteurs humains sont considérés comme l'est la mécanique rationnelle.

G.B. Non, et ce n'est pas demain la veille.

J.P. Il faut accepter d'être quatre ou cinq siècles en retard par rapport à la mécanique rationnelle... Mais petit à petit, au fur et à mesure que les choses avancent, la crédibilité se bâtit pour la recherche sur l'interface Homme-machine, l'interface Homme-système, les facteurs humains. Comme déjà dit un facteur essentiel est de convaincre les industriels du bien fondé des recherches fondamentales. Ils n'en sont pas persuadés aujourd'hui parce qu'on ne leur a pas vraiment montré quels étaient les avantages de la recherche fondamentale en facteurs humains, sauf peut-être pour des approches comme l'oculométrie, ce qui est un début. Déjà il y a vingt ans, j'étais personnellement convaincu de son intérêt, mais le système était lourd et difficile à utiliser...

G.B. Lourd physiquement... Au début des années quatre-vingt, il fallait une caméra huit-millimètres fixée sur un casque de moto !

J.P. Le démarrage est effectué et le reste va suivre. Il y a certainement quelque chose à exploiter intelligemment, par exemple en n'essayant pas d'emblée de tout étudier, mais en sélectionnant un secteur primordial intéressant de l'industrie aéronautique. Peut-être pas seulement elle, mais en y associant le nucléaire, les transports, avec quelque chose de relativement limité, ou plutôt délimité afin de ne pas donner l'impression que cette recherche va occuper un champ extrêmement vaste avec le risque de s'y perdre. Donc, il faut se focaliser sur quelque chose intéressant le plus de monde possible et ne donnant pas lieu à une concurrence chez les industriels. Dans ces conditions-là, on devrait pouvoir avancer efficacement. Tu as évoqué PAUSA[65] qui à mon avis est un projet essentiel, mais considéré comme

---

[65] PAUSA (Partage d'AUtorité dans le Système Aéronautique) est un projet national qui est centré sur la répartition des responsabilités entre pilotes et contrôleurs, mais aussi entre agents du système aérien et automates.

gigantesque par les gens qui sont vraiment dans le bain. On a affaire actuellement à deux mondes différents cohabitant avec des évolutions quasi indépendantes : le monde du sol et le monde de l'air…

G.B. On a réussi à les regrouper tout de même…

J.P. On a réussi à les regrouper sur le papier, mais pas encore de façon opérationnellement efficace et pour cela il reste beaucoup de chemin à faire. Et je crains que justement le projet ne soit un peu trop grand. Ainsi, on réfléchit vraiment depuis deux mille quatre sur l'automatisation globale des transports aériens. Mais dès la première séance de réflexion, on a conclu que l'automatisation des transports aériens impliquait d'abord de s'attaquer à la structure du contrôle au sol. Et là, tout le monde se gratte la tête en disant : « comment va-t-on réussir à convaincre les gens du sol pour qu'ils dialoguent avec les gens du bord... ? ». On est encore dans une phase préliminaire d'action psychologique et sociologique. Pour toutes ces raisons, je crois que le vaste projet PAUSA nécessite de débuter par des phases relativement focalisées… Là encore, je crains que les industriels ne prennent le leadership en s'attaquant au problème à leur façon, en ne voulant pas voir le problème dans ses causes profondes, ce qui les obligerait à dépenser beaucoup dans des recherches fondamentales, mais en découpant les difficultés de façon opportuniste en résolvant leurs problèmes immédiats toujours fragmentaires. Cette manière de procéder est en accord avec la répartition classique des budgets étatiques de recherche, à courte vue et par petites touches.

G.B. PAUSA a été découpé en plusieurs phases. La première phase de dix-huit mois permettra de focaliser le sujet de façon plus formelle. Nous avons mis les gens qu'il fallait pour faire le travail, des spécialistes de facteurs humains associés à des ingénieurs. Nous allons essayer de traiter cette question que tu évoques des rapports entre le sol et le bord, qui sont réels et depuis très longtemps. Les facteurs humains impliqués ne sont pas uniquement opérationnels, ils se situent aussi à tous les niveaux du management. Les questions organisationnelles sont de plus en plus importantes et encore mal comprises. Il est clair que l'organisation va jouer un rôle fondamental dans l'avenir des facteurs humains au niveau des produits. En d'autres termes, il ne faut pas restreindre les facteurs humains au cockpit. Nous sommes focalisés sur le cockpit parce qu'on a l'habitude d'analyser les erreurs patentes des pilotes en particulier. Il y a aussi des erreurs latentes qui sont le plus souvent enfouies dans l'organisation. Des décisions sont prises au moment de la conception, de la production, de la formation, de la maintenance... Tout n'est pas automatisé ! Les gens prennent des options dans différents endroits de l'organisation. L'automatisation totale... Reparlons-en ! La machine à laver par exemple existe depuis longtemps.

L'AUTOMATISATION : PHENOMENE DE SOCIETE

J.P. La machine à laver : très bien ! Quoi qu'encore il faille la charger, choisir le programme... Donc il y a une automatisation qui n'est là que partielle en regardant le système de lavage qui va du linge sale au linge propre. Il y a quand même des humains qui s'occupent du linge sale, et qui ensuite sélectionnent les programmes... On n'en est pas encore au linge rentrant dans la machine à laver qui trie : « ça c'est de la soie et donc il faut telle température, ça c'est du coton, il faut une autre température... ». On n'en est pas là.

G.B. Il faut encore « penser » pour laver son linge !

J.P. Oui. C'est ce qui se passe en aéronautique. On a pensé utiliser les automatismes à bord des avions pour augmenter l'efficacité du vol et éliminer les erreurs humaines dans les tâches concernées. Pour ce dernier objectif, on s'est aperçu que tout en diminuant le taux d'erreur dans ces tâches, on en avait créé d'autres, et surtout qu'il était illusoire de compter éradiquer l'erreur humaine. On est revenu sur une façon plus pragmatique, plus cognitivement ergonomique, de concevoir les automatismes où tout n'est pas bon à être automatisé. En revanche, alors que l'ensemble des pilotes est en faveur d'une automatisation la plus poussée possible, au sol, le personnel opérationnel du contrôle de trafic aérien a été jusqu'à ce jour majoritairement contre une automatisation même lorsqu'elle est possible de façon « cognitivement correcte ». Revenant sur l'automatisation du transport aérien, on pense beaucoup aux aspects techniques, types d'asservissements, intégration des mobiles que sont les avions dans le trafic général, capacité des aéroports, moyens de transmission des informations, etc. Mais peu de personnes se posent la question de l'acceptation des passagers qui paieront pour être véhiculés automatiquement dans un espace fertile en aléas de toutes sortes. « On verra plus tard, et voyez ce qui se passe dans le métro entièrement automatisé » telle est la réponse classique.

Les différences sont telles qu'une argumentation n'est pas nécessaire. Il faut que celui qui paie pour son transport soit suffisamment motivé pour accepter la solution offerte, en particulier pour que le risque encouru soit au plus égal à celui qui est observé aujourd'hui dans le transport aérien. En fait, l'automatisation de ce dernier se construira pas à pas, au rythme d'améliorations partielles conséquences d'opportunités techniques, financières, commerciales, environnementales, politiques, sans plan initial de synthèse bien établi. C'est ainsi que l'automatisation augmentera, mais, pour être totale, je pense qu'il faudra encore changer de siècle. Ceci étant dit, que faut-il automatiser ?

G.B. Tu m'as dit : « il y a des gens qui savent ce qu'il faut automatiser ». Ingénieur en automatique, informaticien et psychologue, spécialiste de l'aéronautique, et je me suis toujours demandé s'il fallait automatiser tel ou tel système et pourquoi. Je me suis aperçu qu'on automatise souvent parce que la technologie est disponible, mais non parce qu'il faut automatiser en se demandant quelles seront les conséquences. C'est une question extrêmement importante. Quand tu dis qu'il y a des gens qui savent ce qu'il faut automatiser, ces gens-là doivent être les premiers qu'il faut aller chercher. Il faut prendre du recul et ne pas rester le nez dans le guidon par rapport aux technologies actuelles. J'insiste sur le fait que ce n'est pas parce que la technologie est là qu'il faut absolument l'utiliser. Il faut aussi discuter de la finalité de la technologie. En aéronautique commerciale, l'une des finalités premières concerne les passagers. Les passagers payent pour un service. Si ce service-là n'est pas satisfaisant, alors les passagers vont être mécontents. C'est une question de maturité de la technologie. En particulier, dans beaucoup de cas, la maturité des systèmes automatiques est encore à prouver. Nous avons un métro automatique, mais le passage à un avion automatique reste une extension intellectuelle difficile.

J.P. C'est une extrapolation utopique…

G.B. Avant le métro automatique, on a quand même eu l'ascenseur : un véhicule dont la trajectoire est verticale, contrairement au métro qui est sur une trajectoire horizontale ! Des véhicules évoluant sur une dimension… Dans les deux cas, ces véhicules évoluent dans un monde fermé. Alors bien sûr, il y a des pannes qui peuvent se produire. Lorsque ces pannes se produisent, on peut arrêter le métro ou l'ascenseur, et l'on résout le problème de façon statique. Pour l'avion, c'est très différent, on ne peut pas l'arrêter parce que le monde est ouvert et en boucle fermée au sens qu'on ne peut pas arrêter le processus sous-jacent. Ce serait la même chose pour les centrales nucléaires d'ailleurs. Dans une centrale nucléaire, le processus ne peut pas être arrêté facilement et, de plus, le processus peut s'emballer et diverger très vite. On a donc besoin de connaissances pour traiter ce type de problème. Cette discussion nous ramène au modèle de Rasmussen. Dans le métro, on a bien fait le tour de la question. Il n'y a plus besoin de connaissances extrêmement sophistiquées, un opérateur avec une formation minimum peut s'en sortir ; je parle d'un opérateur qui va réparer ou surveiller. En aéronautique, la connaissance est d'un autre niveau et ça me permet de dire autre chose. Il y a quelque temps, l'un de mes collègues est venu me voir pour m'inviter à participer dans un groupe de travail sur l'automatisation, il m'a dit : « Je sais que tu ne vas pas être d'accord, mais je vais te dire ce que je pense et où l'on va aller. Aujourd'hui, on peut automatiser complètement, donc pourquoi ne pas le faire ? ». Ma première réaction a été d'évoquer les vols spatiaux. En effet, la navette spatiale est un système automatique, ce qui prouve d'ailleurs la faisabilité d'un vol automatique ! Mais pour ce système automatique-là, combien y a-t-il de gens au sol ? Par combien de gens au sol allons-nous remplacer deux pilotes ? À mon avis, le facteur multiplicatif est d'un ordre cent, voire mille et là, d'un point de vue économique, si nous revenons à la discussion du début, qui va accepter de payer ? Combien va-t-il falloir de spécialistes pour bien observer tout ce qui marche et qui ne marche pas ?

N'OUBLIONS PAS L'ENERGIE...

J.P. Pour répondre à ta question : « est-ce que je crois à l'automatisation totale ? », j'ai omis de signaler un paramètre, qui va devenir essentiel dans ce vingt et unième siècle : l'énergie.

G.B. Ah ça, c'est un paramètre important, tu as raison...

J.P. Que va devenir l'aéronautique avec la crise prévisible de l'énergie ? À la fin du siècle, il y aura peut-être encore du carburant possible pour les avions. En revanche au sol, il faudra des énergies de substitution. Pour les métros, il n'y aura pas de problème avec l'électricité. Le nucléaire sera toujours là pour y suppléer, malgré certains écologistes, nécessité faisant loi. On peut effectivement se poser la question pour l'aéronautique. Cela pourrait avoir une influence bénéfique en faveur de l'automatisation poussée en termes d'économie d'énergie : l'automatisation des aéroports par exemple, la circulation sur les aéroports. Plutôt qu'avoir les avions roulant avec leurs réacteurs allumés, il y aura des petits véhicules les faisant circuler jusqu'en bout de piste par exemple... Ce genre de chose se mettra en place suivant les nécessités... L'économie draconienne d'énergie est aussi un paramètre dont il va falloir tenir compte et dont on ne tient pas encore trop compte aujourd'hui. Donc il y a beaucoup de paramètres influant sur l'automatisation totale. Et parmi eux quels sont les paramètres essentiels ? Je n'en sais rien...

G.B. Tu parlais de fin du siècle pour la fin du pétrole, d'après ce qu'on dit, c'est plutôt dans quarante ans.

J.P. Oui d'accord, mais enfin au fur et à mesure que le pétrole va devenir plus cher, on va pouvoir investir dans d'autres recherches et l'on va trouver encore d'autres gisements de pétrole ainsi que des possibilités de nouveaux carburants. On pourra éventuellement avoir du kérosène biologique, pourquoi pas...

G.B. Tout à fait, on va fabriquer du pétrole.

J.P. On a déjà fabriqué de l'essence avec du charbon. La durée des ressources de charbon est estimée à deux cents ans. Je pense que tout cela va évoluer vers une recherche de la plus grande efficacité dans l'utilisation de l'énergie.

G.B. Il est vrai que l'aéronautique va connaître une évolution par la force des choses, essentiellement par la pénurie de pétrole – une évolution que nous avons aujourd'hui du mal à imaginer – mais d'un point de vue général, la prise en compte des facteurs humains dans la production technologique reste de toute façon un problème et elle le sera d'autant plus que les sources d'énergie se raréfient. Lors d'une conférence à l'Académie de l'Air et de l'Espace, l'autre jour, sur le réchauffement climatique et sur les problèmes écologiques que nous connaissons aujourd'hui, j'ai été étonné de la progression extrêmement rapide du gaz carbonique dans l'atmosphère. Surtout pendant une période très courte, cinq ans, c'est exponentiel. Il y a là un gros problème qui nous arrive en pleine figure du choix de la société et de la vie dans lesquelles nous voulons évoluer. En particulier, si nous voulons conserver le niveau de vie actuel, en tout cas dans les pays occidentaux tels que nous les connaissons aujourd'hui, il semblerait que nous ne puissions plus nous passer de l'énergie nucléaire. C'est la conclusion que j'ai tirée de cet exposé.

J.P. Oui c'était très clair…

G.B. Le nucléaire semble donc inévitable si nous voulons conserver le style de vie que nous avons aujourd'hui. La France y contribue énormément, c'est probablement l'un des pays qui est le mieux placé au monde dans ce secteur. Les problèmes de sécurité se posent de façon peut-être encore plus importante. Qui dit problèmes de sécurité dit aussi problèmes d'interaction Homme-machine et de facteurs humains, parce que si l'on multiplie les centrales, on va multiplier les risques.

J.P. D'où le problème des erreurs, de leur détection, de leur correction, de leur évitement, de leur tolérance…

G.B. Nous revenons toujours à la fiabilité humaine. Il serait utile et opportun de lancer un gros programme, peut-être avec l'industrie automobile ? L'aéronautique et le nucléaire ont établi une expérience solide dans le domaine de la fiabilité humaine ; ne pourrait-on pas lancer un programme plus global sur ce sujet-là pour tous les systèmes à risques ? Je pense que oui… Maintenant il va falloir motiver et convaincre parce que je pense qu'il ne faut pas lancer une succession de petites études à court terme comme nous avons l'habitude de le faire. Risques pour risques, prenons le risque de lancer un gros programme ! Nous avons suffisamment de connaissances sur ces sujets pour établir une feuille de route solide.

J.P. Je rappelle en passant que nous avons à notre disposition un gisement de connaissances potentielles des causes d'incidents et d'accidents avec les banques de données de retour d'expérience en matière de facteurs humains. Ce gisement est certes exploité mais insuffisamment par absence de méthode rapide et fiable d'exploitation des données humaines incomplètes et souvent subjectives.

Chapitre 16

Conclusion

UN SUJET RECURRENT : LA MODELISATION

G.B. Je me pose la question générale suivante : « Est-il possible de raisonnablement penser modéliser les facteurs humains, une modélisation de l'être humain en situation de travail, en situation d'interaction avec un système ? » Pour résumer, qu'est-ce que l'être technologique ?

J.P. Jusqu'à présent nous avons parlé d'une ingénierie et, dès qu'on parle d'une ingénierie, on parle aussi de rationalisation. Une rationalisation impose aussi d'avoir des modèles, des références, de façon à pouvoir mesurer quelque chose. Et nous avons mené ces entretiens parce que nous croyons en cette possibilité. Donc, la réponse à ta question est positive. Nous pouvons et devons modéliser l'humain en situation de travail, en interaction avec une machine. Cette tâche est difficile et parfois réputée impossible, mais je pense qu'il faut avoir l'ambition de débroussailler le terrain peu connu de la rationalisation des facteurs humains, mais de façon raisonnable.

G.B Qu'entends-tu par raisonnable ?

J.P. Aujourd'hui, nous avons les moyens de modéliser la dynamique de l'interaction Homme-machine à condition de se limiter aux questions opérationnelles, sans essayer d'extrapoler vers la vie courante. Dans ces conditions, nous devons observer le comportement de l'opérateur humain manipulant ou interagissant avec une machine, ou plus généralement un système technologique. Il convient de restreindre le nombre des paramètres à traiter, bien que nous soyons obligés de considérer quelque chose laissée jusqu'à présent de côté, un peu tabou : les paramètres affectifs. Les comptes-rendus d'incidents et d'accidents montrent que les paramètres affectifs interviennent de façon très importante dans la conduite opérationnelle des systèmes complexes. Il va donc falloir introduire ces facteurs qui sont plus difficiles à cerner que les habiletés, le respect des procédures... Ceci est nouveau, mais déjà évoqué avec les questions de CRM, de gestion des ressources humaines dans le cockpit. Il va falloir modéliser les émotions d'une certaine manière. Mais, chaque chose en son temps !

G.B. Tu mets le doigt sur deux questions liées à la modélisation : la question du domaine d'application et celle des paramètres affectifs. En ce qui concerne les domaines d'application, je suis tout à fait d'accord sur le fait qu'on ne peut pas tout aborder ; avoir un modèle général de l'opérateur humain n'est pas concevable autrement qu'en surface. Si on veut entrer dans les détails, il faut entrer aussi dans des domaines d'application. Alors bien sûr, il y a des catégories de domaines d'application que nous commençons à connaître : le problème de pilotage, le problème de contrôle de grands systèmes... Disons qu'il y a un certain nombre de catégories dans lesquelles on retrouve des gens qui discutent entre eux ; des communautés de recherche. Le domaine d'application est donc quelque chose d'important. Dans nos discussions, nous avons abordé essentiellement les paramètres cognitifs. Il est d'usage de distinguer entre facteurs cognitifs et affectifs pour y voir plus clair.

J.P. Pourquoi les avons-nous distingués ?

G.B. En fait, ils sont intimement liés. La distinction permet de faciliter l'analyse... jusqu'à un certain point. Les problèmes cognitifs ont occupé les chercheurs en facteurs humains, et maintenant les industriels, de façon effective depuis à peu près une vingtaine d'années – je parle des problèmes de facteurs humains dans l'ingénierie. Ce n'est pas encore terminé, loin de là. On vient de s'apercevoir qu'on a laissé un peu de côté tout ce qui est émotion et affectif. Les facteurs émotionnels et affectifs sont effectivement à l'origine d'un certain nombre de problèmes et notamment d'accidents. Nous avons commencé par tout ce qui était raison et cognitif parce que le support analytique était certainement plus disponible. Il est temps de commencer à s'intéresser à l'affectif, sans oublier l'expertise et l'apprentissage. Je pose une question à un pilote d'essais : « Peut-on, avec de l'expertise et une forte expérience, maîtriser certains problèmes affectifs ? »

J.P. Ma réponse est oui. Mais là, je fais une remarque en liaison directe avec ce que nous venons de dire. Tu as dit très justement qu'on s'est surtout intéressé au cognitif et quand je regarde les problèmes qu'on essaie de résoudre avec les pilotes ou avec les contrôleurs aériens, c'est-à-dire avec les opérationnels, on parle de compétences. Ainsi le cognitif semble automatiquement déboucher sur les compétences humaines requises pour pouvoir utiliser opérationnellement et de façon correcte un système technologique. Nous pouvons en observer les conséquences : à partir du moment où l'on parle de compétences, on y associe automatiquement l'exécution correcte des procédures. De plus, quand on s'attaque aux problèmes de sécurité, on s'attaque évidemment aux problèmes cognitifs, aux problèmes de compétences et qu'est-ce qu'on fait ? On renforce les procédures. Nous savons désormais que l'application stricte des procédures est soumise à de nombreux aléas, causes d'erreurs et d'oublis ; l'humain n'étant pas une mécanique automatique parfaite... Renforcer les procédures se heurte à une limitation humaine dans leur exécution, quel que soit le degré de discipline de la personne. Interviennent alors les paramètres affectifs qui sont plutôt en relation avec ce que j'appellerais les qualités des opérateurs, par exemple entre autres le sang-froid, la reconnaissance d'erreur, l'estimation du risque, le bon diagnostic, bien que ce dernier soit encore associé au cognitif, aux choix et aux décisions...

G.B. L'apprentissage et l'entraînement sont basés sur l'acquisition et l'utilisation de procédures...

J.P. Ce sont des qualités obligatoirement à inclure dans l'instruction, ou plutôt l'éducation des opérateurs. Je pense qu'il y a un certain dévoiement, j'avance le mot avec beaucoup de prudence, dans la conséquence logique des processus de recherche cognitive, lorsqu'on essaie de mettre les opérateurs dans un canal de procédures, de les enfermer dans des procédures, alors qu'on sait par expérience qu'il est impossible de les y enfermer totalement, pour des raisons techniques, d'environnement, mais aussi humaines. Avec l'affectivité, en tenant compte des qualités requises, on complète efficacement la partie cognitive. On complète les procédures en introduisant des paramètres de libre-arbitre liés justement aux qualités requises. Le domaine est entièrement ouvert car on s'y est très peu intéressé jusqu'à présent. L'affectif et le cognitif doivent marcher en parallèle.

G.B. Les problèmes liés aux procédures m'intéressent depuis longtemps et je suis arrivé à la conclusion qu'en premier lieu, les procédures fournissent un cadre solide pour l'interaction. L'interaction, dénotant l'interaction Homme-machine, mais aussi l'interaction Homme-Homme...

J.P. J'ajoute qu'elles sont nécessaires...

G.B. ... pour fournir un cadre. En d'autres termes, on ne peut pas imaginer un film ou une pièce de théâtre sans scénario.

J.P. Absolument...

G.B. Et une fois que les gens connaissent le scénario, ils peuvent improviser et c'est à ce moment-là qu'ils peuvent effectivement faire des choses extraordinaires. Mais sans le scénario, sans le cadre de travail, sans les procédures d'une manière générale, justement tout peut devenir extrêmement dangereux et même, à la limite, s'il n'y en a pas, c'est un peu n'importe quoi ! De ce point de vue-là, l'aéronautique est exemplaire. En effet, nous avons étudié, pour des questions de sécurité essentiellement, ce type de cadre de travail à un niveau de grain tellement fin qu'il est possible de discuter de déviation par rapport aux procédures. D'une manière générale, les pilotes restent toujours dans le cadre fixé par les procédures et ils ne peuvent d'ailleurs en sortir que de façon très exceptionnelle.

J.P. Il serait intéressant de méditer sur cette question de cadre pour la vie de tous les jours.

G.B. En effet, la vie de tous les jours a des cadres que l'on qualifie de culturels, ethnologiques et civiques. Dans certains pays, les gens respectent plus les règles et les lois que dans d'autres. Certains justement mettent un point d'honneur à sortir de certaines règles trop rigides. C'est la culture qui régule l'ensemble et le particulier. Il est important de reconnaître qu'il y aura toujours des règles pour que la vie soit possible. Les règles donnent des garde-fous pour que l'être humain se maintienne dans un cadre de vie raisonnable, pour qu'il reste en vie, enfin pour qu'il reste stable. Je vois trois types de règles, trois types de procédures. Je reviens à ma pyramide AUTOS. Il y a les règles relatives à l'interaction avec des outils (A de AUTOS), ou artefacts : par exemple, on ne peut pas utiliser un couteau, une fourchette, un avion ou une voiture sans un certain nombre de règles. La deuxième catégorie concerne les règles relatives aux tâches qu'on a à effectuer (T de AUTOS). Ces règles sont des supports à l'exécution de tâches. Pour faire la cuisine par exemple, il y a des règles. Une fois qu'il connaît ces règles-là, le chef par exemple se permet de faire des innovations ou des improvisations, à la plus grande joie de ses convives ! Ces improvisations sont basées sur un certain nombre de règles fortement compilées depuis longtemps, on parle de « *patterns* ». Enfin, il y a les règles relatives à l'organisation, par rapport aux autres acteurs finalement (O de AUTOS). Ce sont des règles sociales qui se traduisent sous la forme de comportements. On sait par exemple que certains comportements sont incompatibles avec le bon fonctionnement de l'organisation et inversement. Aujourd'hui, nous avons des cadres de travail pour analyser ce genre de choses. Les perturbations les plus difficilement prévisibles viennent généralement des Hommes et de l'environnement, des utilisateurs et des situations (U et S de AUTOS). Encore une fois, les procédures ou les règles donnent un cadre de travail qui est absolument nécessaire à la régulation des ces « perturbations ».

J.P. Moi-même d'ailleurs lorsque j'étais responsable de la formation des pilotes d'Airbus, je me suis efforcé d'aller dans le détail des règles. Quand je recevais des stagiaires venant de n'importe quelle partie du monde, il me fallait leur donner des règles un peu plus détaillées que celles qu'ils avaient acquises au cours de leur formation ou de leur expérience. Nous sommes allés très loin dans l'établissement des règles d'utilisation des avions Airbus. Mais cela ne veut pas dire que ces règles devaient être respectées de façon permanente et en toutes circonstances, car, malgré tous nos efforts, il était impossible de prévoir toutes les combinaisons de paramètres environnementaux, de configurations, de situations, où elles devaient s'appliquer... L'ensemble constituait un énorme bazar difficile à manier, et dont la règle d'utilisation relevait en définitive beaucoup plus d'un choix personnel qu'il fallait éduquer. En fait, le bazar en question était le plus souvent résumé en quelques « principes » simples à énoncer qui permettaient d'éduquer un comportement général satisfaisant. Comme exemple, je peux citer les « règles d'or », *les « Golden Rules »*, enseignées par Airbus Training pour guider les stagiaires aux prises avec les nouveaux automatismes des Airbus, intéressantes au plan pédagogique :

1. *The aircraft can be flown like any other aircraft.*
2. *Fly, navigate, communicate, in that order.*
3. *One head up at all times.*
4. *Cross check the accuracy of the FMS.*
5. *Know your FMA at all times.*
6. *When things don't go as expected – TAKE OVER.*
7. *Use the proper level of automation for the task.*
8. *Practice task sharing and back-up each other.*

On revient ici à ce nécessaire compromis entre procédure et choix, difficile à définir parce que le nombre de paramètres est là très important. Je suis toutefois persuadé qu'en s'attaquant aussi aux paramètres affectifs, donc à des qualités particulières des êtres humains, on devrait pouvoir arriver à en trouver le fil d'Ariane.

LA CULTURE ENTRE COGNITIF ET AFFECTIF

G.B. Nous avons parlé de culture pour compléter les études analytiques. Certaines cultures orientales n'ont pas les mêmes façons d'appréhender le monde que les cultures occidentales. Je discutais récemment avec un professeur d'Aïkido de très bon niveau. En Aïkido, on apprend la maîtrise de son corps, la maîtrise de tous ses muscles, savoir comment être, se positionner à tel ou tel moment. Pour augmenter la concentration sur ce positionnement, il faut apprendre la maîtrise de soi, la maîtrise de l'affectif.

J.P. Ceci revient à dire que dans la formation des êtres humains à l'utilisation de systèmes technologiques, on trouve une partie technique, certes, mais aussi une partie humaine n'étant pas uniquement limitée à la discipline du respect des procédures, qui intéresse en particulier les qualités que tu as évoquées, cette maîtrise de soi, cette façon d'accepter les situations et surtout de les maîtriser. Ce volet est implicite dans la formation des pilotes par exemple, mais il n'est qu'implicite. Autrement dit, on ne s'attache pas à bien définir les performances de ce genre comme on définit les performances d'habileté et les performances de respect des procédures. On les estime subjectivement d'après des critères de jugement du comportement.

G.B. Revenons sur le fait que les études des facteurs cognitifs ont été privilégiées par rapport à celles des facteurs affectifs. Pourquoi ? Tout d'abord, il faut reconnaître qu'il y a une vingtaine d'années, quand on parlait de cognitif, peu de techniciens comprenaient de quoi il s'agissait. Nous avons commencé par quelque chose de rationalisable et donc maîtrisable pour le développement d'une technologie anthropocentrée. Nous avons commencé par faire des études sur le raisonnement et la perception dans l'interaction. Nous avons aussi étudié l'utilisation des procédures : comment les gens respectent ou ne respectent pas les procédures opérationnelles. Nous avons constaté que dans certains cas de non-respect des procédures, les opérationnels agissent à bon escient et ont souvent raison. Pourquoi ? Le contexte joue un rôle fondamental. En d'autres termes, les procédures ont été construites dans un certain contexte pour un autre contexte, et utilisées encore dans un autre contexte, le plus souvent difficilement prévisible. Quand on parle de contexte, je pense qu'il faut aussi parler d'accumulation d'expérience et d'expertise, c'est-à-dire que c'est au cours du temps que l'individu ou le groupe qui apprend élargit sa propre perception ou considération du contexte. Les différences de contexte entraînent des mondes différents, en particulier celui des concepteurs et celui des utilisateurs. Un retour d'expérience bien fait et suffisamment long peut amener les deux mondes à mieux se comprendre, et plus spécifiquement c'est le monde des premiers qui doit mieux comprendre le monde des seconds. Il est important de remarquer que ces deux mondes sont de plus en plus en liaison grâce aux spécialistes des facteurs humains. Je ne peux que le constater dans le domaine aéronautique. Le retour d'expérience est donc crucial : les procédures et les systèmes sont en constante évolution grâce à leur mise à l'épreuve... leur mise en contexte. Peut-on sérieusement modéliser le contexte ? C'est une question que je me pose depuis des années. J'ai essayé d'y apporter des réponses, notamment dans trois livres[66]. L'objectif opérationnel du travail sur le « contexte » peut se résumer en une phrase : « *avoir la bonne information au bon moment sous le bon format* ». Les procédures ont pour objectif de fixer un guide d'utilisation, un contexte d'utilisation... celui qu'a prévu le concepteur. Il y a un certain nombre de règles (procédures) à respecter pour utiliser correctement un outil. Le mieux serait que ces procédures soient négociées et co-construites par les deux mondes. Il faut

[66] « *Intelligent Assistant Systems* », « *Cognitive Function Analysis* » et « L'ingénierie cognitive : IHM et cognition ».

rajouter qu'en ce début de vingt et unième siècle tout va de plus en plus vite. La technologie se développe vite et les pratiques doivent évoluer à la même vitesse pour que « nous restions dans la course ». Il faut apprendre constamment et très vite à utiliser des outils, à interagir avec des gens d'une façon qui n'était pas forcément installée auparavant. Il faut souvent réagir dans l'urgence.

L'ADAPTATION... ET L'EVOLUTION DE L'I.C.

J.P. Oui, nous avons déjà évoqué la technologie galopante. Jusqu'à il y a à peine quelques décennies, on pensait que l'Homme pourrait s'adapter sans trop de difficulté à ces évolutions technologiques. Or, aujourd'hui, on s'aperçoit que c'est faux et qu'il faut faire quelque chose de plus pour que l'adaptation soit correcte. On s'aperçoit aussi d'une chose paraissant extraordinaire, évoquée dans les chapitres précédents : les machines n'arrivent pas à supprimer totalement les erreurs, elles les diminuent souvent, mais aussi elles les déplacent. L'erreur est bien humaine et ce constat en amène un autre. L'humain est un invariant, disons dans les périodes de temps qui nous intéressent, dans les siècles que nous vivons. C'est peut-être d'ailleurs un point clé sur lequel on pourrait s'appuyer. On pourrait ainsi chercher quels sont, à l'intérieur de l'Homme, à l'intérieur du cerveau en particulier, ces invariants qu'il faudrait modéliser afin que les technologies, les artefacts déduits de l'évolution technologique, puissent à leur tour s'adapter. On commence à y penser, mais c'était l'inverse qu'on essayait de faire jusqu'à présent.

G.B. Un exemple d'invariant, ce sont les *affordances*. Gibson[67] a vraiment mis le doigt sur un aspect crucial de la relation entre un être humain et un objet. Mais il y en a bien d'autres...

J.P. Et là, nous avons un grave problème, celui du thème central de notre ouvrage : l'ingénierie cognitive, l'I.C.. Elle n'est plus uniquement cognitive. Alors quel autre nom pourrait-on donner à cette discipline naissante ?

---

[67] Gibson, J. J. (1979). *The Ecological Approach to Visual Perception.* London: Lawrence Erlbaum Associates.

G.B. Nous n'avons pas arrêté d'en discuter. Dans un groupe de travail du Centre National de Recherche Technologique Aéronautique et Espace, j'avais proposé la terminologie « ingénierie de l'interaction ». Cette terminologie est, à mon sens, plus large que « ingénierie cognitive ».

J.P. Il faudrait trouver un terme qui soit représentatif, montrant bien qu'aujourd'hui, si le cognitif a dépassé l'ergonomie, le cognitif est, à son tour, une partie du problème.

G.B. L'ingénierie cognitive en est à ses débuts. Nous avons beaucoup à démontrer et à développer. Dans les années soixante, les médecins étaient les principaux acteurs l'approche « facteurs humains ». Les médecins et physiologistes de la NASA se sont occupés de la sélection des astronautes et de leur santé à l'entraînement et à bord. Les médecins du travail se sont occupés des conditions de travail dans les usines. À la fin des années soixante-dix, ce sont les psychologues qui sont entrés en scène, et qui progressivement ont mis en évidence les aspects cognitifs du travail. Aujourd'hui, je pense que les « facteurs humains » évoluent dans deux directions : la direction sociale, c'est-à-dire l'étude de l'interaction Homme-Homme, de la gestion des ressources humaines, du travail coopératif et des facteurs sociaux dans les organisations ; et la direction des neurosciences qui nourrissent le « *neuroengineering* ». Ces deux perspectives de l'interaction sont multi-agents, l'une macroscopique, et l'autre microscopique.

Table des matières

CHAPITRE 4

CHAPITRE 5

CHAPITRE 6

CHAPITRE 7

CHAPITRE 12

CONCEPTION ANTHROPOCENTREE 181

CHAPITRE 13

LES METHODES 197

CHAPITRE 14

L'OBSERVATION DE L'IHM 211

CHAPITRE 15

INDUSTRIE ET RECHERCHE 225

CHAPITRE 16

L'HARMATTAN, ITALIA
Via Degli Artisti 15 ; 10124 Torino

L'HARMATTAN HONGRIE
Könyvesbolt ; Kossuth L. u. 14-16
1053 Budapest

L'HARMATTAN BURKINA FASO
Rue 15.167 Route du Pô Patte d'oie
12 BP 226
Ouagadougou 12
(00226) 50 37 54 36

ESPACE L'HARMATTAN KINSHASA
Faculté des Sciences Sociales,
Politiques et Administratives
BP243, KIN XI ; Université de Kinshasa

L'HARMATTAN GUINEE
Almamya Rue KA 028
En face du restaurant le cèdre
OKB agency BP 3470 Conakry
(00224) 60 20 85 08
harmattanguinee@yahoo.fr

L'HARMATTAN COTE D'IVOIRE
M. Etien N'dah Ahmon
Résidence Karl / cité des arts
Abidjan-Cocody 03 BP 1588 Abidjan 03
(00225) 05 77 87 31

L'HARMATTAN MAURITANIE
Espace El Kettab du livre francophone
N° 472 avenue Palais des Congrès
BP 316 Nouakchott
(00222) 63 25 980

L'HARMATTAN CAMEROUN
BP 11486
(00237) 458 67 00
(00237) 976 61 66
harmattancam@yahoo.fr

www.ingramcontent.com/pod-product-compliance
Lightning Source LLC
LaVergne TN
LVHW010954061026
849535LV00006B/1718